新世纪电工电子系列"十二五"规划教材

电子技术基础实验(上)

模拟电子电路

主　编　陈　军

参　编　胡健生　龚　晶
　　　　刘　斌　许凤慧

东 南 大 学 出 版 社

·南　京·

内容提要

《电子技术基础实验》全书分为2册，上册为《模拟电子电路》，下册为《数字电子电路》。

《模拟电子电路》分为3篇，第1篇是模拟电子技术实验基础知识，主要包括模拟电子电路实验基础知识、基本测量技术、常用电子元器件基础知识；第2篇是基础型(验证性)实验，共有13个独立的模拟电子电路实验内容；第3篇是提高型(设计性)实验，主要包括针对第2篇各实验内容的模拟电子电路Multisim仿真实验和几个有代表性的模拟电子电路设计性实验。

本教材是高等学校电子信息类、计算机类学生"电子技术基础实验"、"模拟电子电路实验"、"低频电子线路实验"、"数字电子电路实验"等课程的教材，也可以供从事电子技术工作的工程技术人员、非电子信息和计算机类相关课程的教师及学生参考。

图书在版编目(CIP)数据

电子技术基础实验.上，模拟电子电路/陈军主编.
南京：东南大学出版社，2011.3
新世纪电工电子系列"十二五"规划教材
ISBN 978-7-5641-2653-7

Ⅰ.①电… Ⅱ.①陈… Ⅲ.①电工技术-实验-高等学校-教材 ②模拟电路-实验-高等学校-教材
Ⅳ.①TN-33

中国版本图书馆CIP数据核字(2011)第023210号

电子技术基础实验(上)：模拟电子电路

出版发行 东南大学出版社
出 版 人 江建中
社 址 南京市四牌楼2号
邮 编 210096

经 销 全国各地新华书店
印 刷 南京京新印刷厂
开 本 787 mm×1092 mm 1/16
总 印 张 23.75
总 字 数 593千字
版 次 2011年3月第1版
印 次 2011年3月第1次印刷
书 号 ISBN 978-7-5641-2653-7
定 价 48.00元(共两册)

(凡因印装质量问题，请与我社读者服务部联系。电话：025-83792328)

前　言

随着现代科学技术的飞速发展，实验已成为建立在科学理论基础之上的一门技术和内容十分庞大的知识体系。电子技术日新月异，已渗透到人们工作、生活等各个方面。电子技术基础实验是电类、计算机类专业的重要专业基础课程之一，在培养学生理论联系实际能力、动手实践能力、创新思维能力，以及培养和激发学生对电子技术的学习兴趣等方面发挥着至关重要的作用。作为电子技术基础实验课程的指导性教材，其内容的科学性、合理性、新颖性等将在一定程度上决定着实验课的教学效果。电子技术基础实验是一个课程体系，为适应科技发展、知识拓展、教学需要，其实验教材的编写按照传统分类，常将低频电子电路（或称模拟电子电路）和高频电子电路（或称通信电子电路）归于模拟电子技术基础实验部分，而将脉冲电路、数字电路、逻辑设计归于数字电子技术基础实验部分。

本教材是在对课程和教学内容体系改革进行充分调研论证之后，在充分总结实践教学经验和教学改革成果的基础上，依据相关专业人才培养方案和课程标准编写而成的。本教材的编写充分考虑课程教学体系的完整性，立足于新世纪的科技发展，主动适应实际工作和社会发展需要，突出应用性和创新性，增强设计性和综合性。实验内容丰富、层次清晰，既有传统的基础型（验证性）实验，也有提高型（设计性）实验内容，旨在培养学生的学习兴趣、实践能力、综合应用能力、创新思维能力，以适应教育转型、高素质人才培养目标的要求。本教材各章节和实验相对独立，便于根据教学需要选择不同的教学内容。教材的编写注重教学效果和实践经验总结，注重夯实基础和心智培养，注重实践技能和创新能力培养。

感谢东南大学出版社编辑朱珉老师在本书出版过程中的支持。由于编者水平有限，时间仓促，书中错误和不妥之处恳请读者批评指正。

编　者

2010年11月

目　录

第1篇　实验基础知识

1　模拟电子电路实验基础知识

1.1　模拟电子电路实验的意义、目的和要求

1.1.1　模拟电子电路实验课的意义

众所周知，科学技术的发展离不开实验，实验是促进科学技术发展的重要手段。电子技术基础基本理论的建立，有许多是从实验中得到启发，并通过实验得到验证。通过实验可以揭示电子世界的奥秘，可以发现现有理论存在的问题（近似性和局限性等），从而促进电子技术基础理论的发展。

对于模拟电子技术基础这样一门具有工程特点和实践性很强的课程，加强实践锻炼，特别是技能训练，对于培养学生的素质和能力具有十分重要的作用。

进入21世纪，社会对人才的要求越来越高，不仅要求具有丰富的知识，还要具有更强的对知识的运用能力及创新能力。为适应新形势的要求，实验课内容已有新的改变。本课程体系中，将传统的实验教学内容划分为基础验证性实验、提高设计性实验、综合应用性实验、虚拟仿真性实验几个层次。

通过基础实验教学，可使学生掌握元器件的性能、模拟电子电路基本原理及基本实验方法，从而验证理论并发现理论知识在实际应用中的局限性，培养学生从枯燥的实验数据中总结规律、发现问题的能力。另外，实验要求分成必做和选做两部分，可使学习优秀的学生有发挥的余地。

通过设计性实验教学，可提高学生对基础知识、基本技能的运用能力，掌握参数及模拟电子电路的内在规律，真正理解模拟电路参数“量”的差别和工作“状态”的差别。

通过综合性实验教学，可提高学生对单元功能电路的理解，了解各功能电路之间的相互影响，掌握各功能电路之间参数的衔接和匹配关系，以及模拟电路与数字电路之间的结合，可提高学生综合运用知识的能力。

通过虚拟仿真实验教学，使学生掌握模拟电子电路常用仿真设计应用软件，培养学生掌握和应用模拟电子电路实验的新技术和新方法。

1.1.2　模拟电子电路实验课的特点和学习方法

1) 模拟电子电路实验的特点

(1) 电子器件(如半导体管、集成电路等)品种繁多,特性各异。在进行实验时,首先面临如何正确、理性地选择电子器件的问题。如果选择不当,则难以获得满意的实验结果,甚至造成电子器件的损坏。因此,必须了解所用电子器件的性能。

(2) 电子器件(特别是模拟电子器件)的特性参数离散性大,电子元件(如电阻、电容等)的元件值也有较大的偏差。因此,使得实际电路性能与设计要求有一定的差异,实验时就需要进行调试。调试电路所花的精力有时甚至会超过制作电路。对于已调试好的电路,若更换了某个元器件,也有重新调试的问题。因此,掌握调试方法、积累调试经验是非常重要的。

(3) 模拟电子器件的特性大多数都是非线性的。因此,在使用模拟电子器件时,就有如何合理选择与调整工作点以及如何使工作点稳定的问题。工作点是由偏置电路确定的,因此,偏置电路的设计与调整在模拟电子电路中占有极重要的地位。另一方面,模拟电子器件的非线性特性使得模拟电子电路的设计难以精确,因此通过实验进行调试是必不可少的。

(4) 模拟电子电路的输入输出关系具有连续性、多样性与复杂性。这决定了模拟电子电路测试手段的多样性与复杂性。针对不同的问题采用不同的测试方法,是模拟电子电路实验的特点之一。而数字电子电路的输出输入关系比较简单,但各测试点电平之间的逻辑关系或时序关系则应搞清楚。

(5) 测试仪器的非理想特性(如信号源具有一定的内阻、示波器和毫伏表输入阻抗不够大等)会对被测电路的工作状态有影响。了解这些影响,选择合适的测试仪器和分析由此引起的误差,是模拟电子电路实验中一个不可忽视的问题。

(6) 模拟电子电路中的寄生参数(如分布电容、寄生电感等)和外界电磁干扰在一定条件下可能对电路的特性有重大影响,甚至产生自激而使电路不能正常工作。这种情况在工作频率高时更容易发生。因此,元器件合理布局和合理连接、接地点的合理选择和地线的合理安排、必要的去耦和屏蔽措施等在模拟电子电路实验和应用中相当重要。

(7) 模拟电子电路各单元电路相互连接时经常会遇到匹配的问题,尽管各单元电路都能正常工作,若不能做到很好匹配,则相互连接后的总体电路也可能不能正常工作。为了匹配,除了在设计时就要考虑选择合适的元器件参数或采取某些特殊措施外,在实验时也要注意这些问题。

模拟电子电路实验的上述特点决定了其实验的复杂性,也决定了实验能力和实际经验的必要性。了解这些特点,有利于掌握模拟电子电路的实验技术,分析实验中出现的问题并提高实验能力。

2) 模拟电子电路实验的学习方法

为了学好模拟电子电路实验课,应注意以下几点:

(1) 掌握实验课的学习规律。实验课是以实验为主的课程,每个实验都要经历预习、实验和总结三个阶段,每个阶段都有明确的任务与要求。

① 预习:任务是弄清实验的目的、内容、要求、方法及实验中应注意的问题,并拟定出实验步骤,画出记录表格;此外,还要对实验结果做出估计,以便在实验时可以及时检验实验结果的正确性。预习是否充分,将决定实验能否顺利完成和收获的大小。

② 实验:任务是按照预定的方案进行实验。实验的过程既是完成实验任务的过程,又是锻炼实验能力和培养实验作风的过程。在实验过程中,既要动手,又要动脑,要养成良好的实验作风,要做好原始数据的记录,要分析与解决实验中遇到的各种问题。

③ 总结:任务是在实验完成后整理实验数据、分析实验结果、总结实验收获和写出实验报告。这一阶段是培养总结归纳能力和编写实验报告能力的主要手段。一次实验收获的大小,除决定于预习和实验外,总结也具有重要作用。

(2) 应用已学理论知识指导实验。首先要从理论上来研究实验电路的工作原理与特性,然后再制定实验方案。在调试电路时,也要用理论来分析实验现象,从而确定调试措施。盲目调试是错误的,虽然有时也能获得正确结果,但对调试电路能力的提高不会有什么帮助。对实验结果的正确与否及与理论的差异也应从理论的高度来进行分析。

(3) 注意实际知识与经验的积累。实际知识和经验需要靠长期积累才能丰富起来,在实验过程中,对所用的仪器与元器件,要记住它们的型号、规格和使用方法。对实验中出现的各种现象与故障,要记住它们的特征。对实验中的经验教训,要进行总结。为此,可准备一本“实验知识与经验记录本”,及时记录与总结。这不仅对当前有用,而且可供以后查阅。

(4) 增强自觉提高实际工作能力的意识。要将实际工作能力的培养从被动变为主动。在学习过程中,有意识地、主动地培养自己的实际工作能力,不应过分依赖老师的指导,而应力求自己解决实验中的各种问题。要不怕困难和失败,从一定意义上来说,困难与失败正是提高自己实际工作能力的良机。

1.1.3 模拟电子电路实验课教学目的

模拟电子电路实验课的目的是加强学生对电子技术基础知识的掌握,使学生通过实验过程掌握模拟电子电路基本的实验技能。要求学生达到的目标可概括为以下几个方面:

(1) 使学生学到一定的元器件使用技术。学会识别元器件的类型、型号、规格,并能根据设计的具体要求选择元器件。元器件是组成电子电路的基本单元,通过导线把不同的元器件连接在一起就组成了电子电路。所以,电子电路实验中的一个核心问题就是元器件的正确使用。元器件的正确使用包括对其电气特性和机械特性的了解和正确操作、对其引脚的正确识别和使用等。电子电路实验中的许多故障,往往都是因为不能正确使用元器件所造成的。因此,正确使用元器件是电子电路实验的基本教学内容。

(2) 使学生得到一定的基本技能训练,如焊接、组装等基本技能。要实现一个电子电路,必须对电路中各种不同的元器件实现正确的电路连接。电路连接技术虽然不像元器件的使用技术那样复杂,但对于不同的元器件应采用怎样的连接方法、什么样的连接是正确的,以及判断连接正确与否也不是一件容易的事,需要在电子电路实验课程中不断地认识和实践,只有经过反复操作练习才能掌握电路的正确连接技术。此外,电路连接技术还将直接影响电路的基本特性和安全性,需要在电子电路实验中不断地学习总结。电路连接技术是实验中的基本教学内容之一,也是必须掌握的一项基本技术。

(3) 使学生学到一定的仪器使用技术。电子电路实验的一个重要内容就是各种类型电子仪器(如万用表、示波器、信号源、稳压电源等)的使用和操作技术。电子仪器的使用包括两个方面的含义,一是仪器本身技术特性的应用,二是被测电路的基本技术特性。只有使仪器本身技术特性与被测电路的技术特性相对应,才能取得良好的测量结果。对于电类学科的学生来说,正确操作电子仪器是学科基本技术素质和工程素质之一,在实验课程中,必须十分注意学习并掌握各种电子仪器的正确使用和操作方法。

(4) 使学生学到一定的测量系统设计技术。在进行电子电路设计和调试时需要使用各种不同的仪器对电路进行测量,以便确定电路的状态、判断电路是否按设计要求工作并达到了设计指标。为了保证测量对电路没有影响,在电子电路设计和实验中还必须对测量系统进行设计,以决定采用什么样的测量系统和如何进行测量。测量系统设计的基本依据是电子电路的参数特性,例如电路的最高电压、最高频率、输入电阻、输出电阻、频率特性等。测量系统设计技术不仅涉及测量仪器的一些知识,还直接与电子电路系统结构有关,因此,测量系统设计技术是一门综合技术。测量系统设计技术是实验的基本学习内容之一,只有合理的测量系统设计,才能保证测量结果的正确。

(5) 使学生学到一定的仿真分析技术。仿真分析是一项以计算机和电子技术理论为基础的电子电路实验技术。对于现代电子工程技术人员来说,必须十分注意使用计算机仿真技术。计算机仿真技术不仅可以节省电路设计和调试的时间,更可以节约大量的硬件费用。电子系统的计算机仿真技术已成为现代电子技术中的一个重要组成部分,也已经成为现代电子工程技术人员的基本技术和工程素质之一。因此,电子电路实验课程的一个重要内容就是学习使用有关的电子电路设计和仿真软件。在一个电路进入实际制作和调试之前,先用计算机进行仿真,使电路设计合理,并使用仿真软件对电路进行测试,这是电子电路实验课程的一个基本内容。

(6) 使学生学到一定的测量结果分析技术。电子电路的一个特点是,电路的功能可以直接从调试过程中得到证实,而有关的技术指标和一些技术特性则需要通过对测量结果数据进行分析处理才能得到。所以,如何处理实验中的测量结果,是电子电路实验的一项基本技能。

(7) 使学生能够利用实验的方法完成具体任务,如根据具体的实验任务拟定实验方案(测试电路、仪器、测试方法等),独立地完成实验,对实验现象进行理论分析,并通过实验数据的分析得到相应的实验结果,撰写规范的实验报告等。

(8) 培养学生独立解决问题的能力,如独立完成某一项设计任务(查阅资料、方案确定、器件选择、安装调试),从而使学生具备一定的科学研究能力。

(9) 培养学生实事求是的科学态度和踏实细致的工作作风。

1.1.4　模拟电子电路实验的一般要求

为了使实验能够达到预期效果,确保实验顺利完成,并培养学生良好的工作作风,充分发挥学生的主观积极作用,对学生提出如下基本要求:

1) 实验前的要求

(1) 实验前要充分预习,包括认真阅读理论教材和实验教材,深入了解本次实验的目的，弄清实验电路的基本原理，掌握主要参数的测试方法。

(2) 阅读实验教材中仪器使用的章节，熟悉所用仪器的主要性能和使用方法。

(3) 估算测试数据、实验结果，并写出预习报告。

2) 实验中的要求

(1) 按时进入实验室并在规定的时间内完成实验任务。遵守实验室的规章制度，实验后整理好实验工作台。

(2) 严格按照科学的操作方法进行实验，要求接线正确、布线整齐和合理。

(3) 按照仪器的操作规程正确使用仪器，不得野蛮操作和使用。

(4) 实验中出现故障时，应利用所学知识冷静分析原因，并能在教师的指导下独立解决。对实验中的现象和实验结果要能进行正确的解释。

(5) 测试参数时要做到心中有数，细心观测，原始记录完整、清楚，实验结果正确。

3) 实验后的要求

撰写实验报告是整个实验教学中的重要环节，是对实验人员的一项基本训练，一份完美的实验报告是一次成功实验的最好答卷。因此，实验报告的撰写要按照以下要求进行：

(1) 普通验证性实验报告的要求

① 实验报告用规定的实验报告纸书写，上交时应装订整齐。

② 实验报告中所有的图都用同一颜色的笔绘制。

③ 实验报告要书写工整，布局合理、美观，不应有涂改。

④ 实验报告内容要齐全，应包括实验目的、实验原理、实验电路、元器件型号规格、测试条件、测试数据、实验结果、结论分析及教师签字的原始记录等。

(2) 设计性实验报告的要求

① 标题。包括实验名称、实验日期等。

② 已知条件。包括主要技术指标、实验用仪器(名称、型号、数量)。

③ 电路原理。如果所设计的电路由几个单元电路组成，则阐述电路原理时，最好先用总体框图说明，然后结合框图逐一介绍各单元电路的工作原理。

④ 单元电路的设计与调试步骤

a. 选择电路形式。

b. 电路设计(对所选电路中的各元器件参数进行定量计算或工程估算)。

c. 电路装配与调试。

⑤ 整机联合调试与测试。各单元电路调试正确后，按以下步骤进行整机联调。

a. 测量主要技术指标。实验报告中要说明各项技术指标的测量方法，画出测试原理图，记录并整理实验数据，正确选取有效数字的位数。根据实验数据进行必要的计算，列出表格，在方格纸上绘制出波形或曲线。

b. 分析故障，说明在单元电路和整机调试中出现的主要故障及解决办法，若有波形失真，要分析失真的原因。

c. 绘制出完整的电路原理图，并标明调试后的各元器件型号、规格和参数。

⑥ 测量结果的误差分析。用理论计算值代替真值，求得测量结果的相对误差，并分析产生误差的原因。

⑦ 思考题解答与其他实验研究。

⑧ 电路改进意见及本次实验中的收获体会。

实验电路的设计方案、元器件参数及测试方法等都不可能尽善尽美,实验结束后,感到某些方面如果作适当修改可进一步改善电路性能或降低成本,以及实验方案的修正、内容的增删、步骤的改进等,都可写出改进建议。

学生每完成一项实验都有不少收获体会,既有成功的经验,也有失败的教训,应及时总结,不断提高。每份实验报告除了上述内容外,还应做到文理通顺、字迹端正、图形美观、页面整洁。

1.2 模拟电子电路实验方法

1.2.1 模拟电子电路实验规则

为避免盲目性,保证实验顺利进行,培养学生实事求是、科学严谨的学风,通常有以下实验规则。

1) 预习要求

(1) 各实验中指定的“预习要求”内容。

(2) 了解每个实验中所使用仪器的基本原理和操作方法。

2) 合理布线

首先应按照实验电路图正确合理布线,布线的原则以直观、便于检查为宜。例如:电源的正极、负极和地可以用不同颜色的导线加以区分,一般电源正极用红色,负极用蓝色,地用黑色,这样便于查错。低频实验时,尽量用短的导线,防止电路产生自激振荡。高频实验时,最好焊接在通用电路板上,如果用面包板,元器件引脚和连线应该尽量短而直,以免分布参数影响电路性能。

3) 检查实验电路

在连接完实验电路后,不急于加电,要认真检查。检查的内容包括以下几方面。

(1) 连线是否正确。包括有没有接错的导线,有没有多连或少连的导线。检查的方法是对照电路图,按照一定的顺序逐一进行检查,例如从输入端开始,一级一级地排查,一直检查到输出端。

(2) 连接的导线是否导通。需要用万用表的欧姆挡,对照电路图一个点一个点地检查,例如在电路图中应该连接的点是否导通、有电阻的两点之间电阻是否存在等。

(3) 检查电源的正、负极连线和地线是否正确,信号源连线是否正确。

(4) 电源到地之间是否存在短路。如果电路比较复杂,常会将电源正极与地接在一起,造成电源短路,如果这时不认真检查,急于通电,则容易损坏元器件。

4) 电路调试

检查完实验电路后,进入调试阶段。调试包括静态调试和动态调试。在调试前,应先观察电路有无异常现象,包括有无冒烟、是否有异常气味、用手摸元器件是否发烫、电源是否有短路现象等。如果出现异常情况,应该立即切断电源,排除故障后再加电。

(1) 静态调试

在模拟电子电路实验中，静态调试是指在不加输入信号的条件下所进行的直流调试和调整，例如测量交流放大器的直流工作点等。在数字电路中，静态调试是指在电路的输入端加入固定的高、低电平值，测试输出的高、低电平值。

(2) 动态调试

在模拟电子电路实验中，动态调试是以静态调试为基础，静态调试正确之后给电路输入端加入一定频率和幅度的信号，用示波器观察输出端的信号，再用仪器测试电路的各项指标是否符合实验指标要求。如果出现异常，还要查出故障的原因，排除故障后继续调试。在数字电子电路实验中，动态调试是指用示波器观察输入、输出信号波形，以此判断电路时序是否正确。

在进行比较复杂的系统性实验的调试时，应该接好一级电路便调试一级，其中包括静态调试和动态调试，正确之后，再将上一级电路的输出加至下一级电路的输入端，接着调试下一级电路，这样，可以解决电路一次连接后由于导线过多而造成调试比较困难的问题，不但节省时间，还可以减少麻烦。

5) 实验结束后的要求

实验中所记录的实验结果(数据、波形等)须经教师审查后才能拆除实验电路；实验所用仪器应保持良好，实验室应保持整洁。

1.2.2 电路调试中应注意的问题

测量结果的正确与否直接受测量方法和测量精度的影响，因此，要得到正确的测量结果，应选择正确的测量方法，提高测量精度。为此，在电路调试中应注意以下几点。

1) 正确使用仪器的接地端

在电路调试过程中，仪器的接地端是否连接正确，是一个重要方面，如果接地端连接不正确，或者接触不良，会直接影响测量精度，甚至影响测量结果的正确与否。在实验中，直流稳压电源的“地”即是电路的地端，所以，直流稳压电源的“地”一般要与实验板的“地”连接。稳压电源的“地”与机壳连接，就形成了一个完整的屏蔽系统，减少了外界信号的干扰，这就是常说的“共地”。示波器的“地”应该与电路的“地”连在一起，否则看到的信号处于“虚地”状态，是不稳定的。信号发生器的“地”也应与电路的“地”连接在一起，否则会导致输出信号不正确。特别是毫伏表的“地”如果悬空，就得不到正确的结果，如果地端接触不良，就会影响测量精度，正确的接法是毫伏表的“地”应尽量直接连接到电路的接地端，而不要用导线连接至电路接地端，以减少测量误差。

此外，在模拟数字混合电路中，数字“地”与模拟“地”应该分开连接，遇到“热地”，即接入了交流 220 V 的火线，则应该用隔离变压器分开，以免因测量而造成元器件损坏。

2) 采用电源去耦电路

在模拟电路实验中，往往会由于安装时的引线电阻、电源和信号源的内阻，使电路产生自激振荡，也称为寄生振荡。消除引线电阻的方法是改变布线方式，尽量使用比较短的导线。对于电源内阻引起的寄生振荡，消除的方法是采用 RC 去耦电路，如图 1.2.1 所示，电阻一般应选 100 Ω 左右，不能过大，以免降低电源电压或形成超低频振荡。在数字电路实验中,在电源端常常加电容滤波器,用以消除纹波干扰和外界信号干扰。

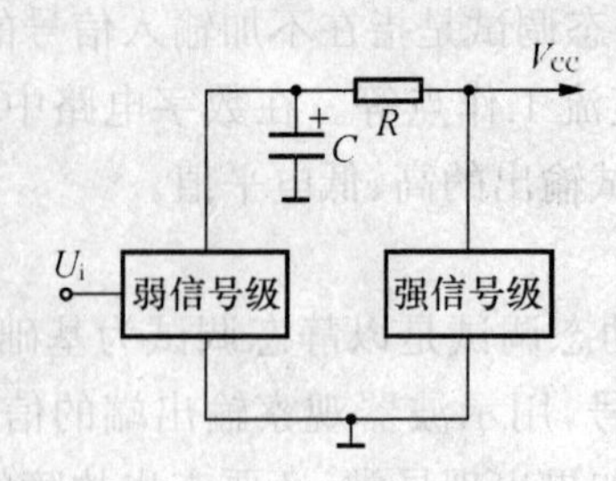

图 1.2.1 RC 去耦电路

3) 正确使用测量仪器

在测量过程中,测量电压所用仪器的输入阻抗必须大于被测电路的等效阻抗,如果测量仪器的输入阻抗小,在测量时会引起分流,从而引起很大的测量误差。另外,测量仪器的带宽必须大于被测电路的带宽。

4) 认真查找与排除故障

调试过程中,要认真查找故障原因,千万不能遇到故障解决不了就拆掉电路重新安装,这是许多人做实验时的通病,这样既浪费时间,又学不到真正的实验技能。遇到故障不一定是坏事,通过查找故障直至排除故障,可以提高查找和排除故障的能力,使实验技能得到进一步提高。如果实验一帆风顺,反而得不到锻炼和提高,重新安装也起不了什么作用。正确的方法是,认真检查电路,查找故障,运用所学的知识分析故障原因,达到解决问题的目的,最后得到正确的结果。

1.2.3 查找和排除故障的一般方法

在实验操作中,肯定会遇到各种各样的故障,分析、查找和排除故障是每一个实验者必须具备的基本技能。很多人在做实验时,遇到问题往往感到束手无策,如果掌握了正确的查找和排除故障的方法,就能正确处理了。对于一个比较复杂的系统,要在连接了很多元器件的电路中分析、查找、排除故障,是一件不容易的事情,关键是要透过现象分析故障产生的原因,对照电路原理图,采取一定的方法,逐步找出故障。

以下是查找故障的常用方法。

1) 直观检查法

(1) 不通电检查

首先对照电路原理图,用万用表欧姆挡检查电路中应该连接的点是否连通,是否断线和接错线,特别是电源到地有无短路现象。

(2) 通电检查

用万用表电压挡测量电源电压准确后,再将电源电压加至电路中,测量电源到地的电压是否正确,如果是集成电路,直接测量引脚上的正、负电源是否正确。然后,测量电路的静态工作点,在数字电路中,当输入端加入一个固定的高低电平后,测量输出端的电位,其量值与正确值相差较大时,需要通过分析找到故障。

2) 动态检查法

借助于示波器等仪器来测量观察电路的输入、输出信号波形,用以判断电路工作是否正常。这种方法可以由前级到后级(也可以由后级到前级)逐级观察信号的波形及幅度值的变化情况,如果哪一级出现异常,则故障就出在这一级。这种方法特别适合比较复杂的模拟电路和数字电路系统。

3) 元器件替换法

有时故障比较隐蔽,难以很快排除,这时可以利用更换元器件的方法将怀疑已经损坏的元器件进行更换,再进行调试,如果故障排除,则说明是元器件损坏,反之,就是其他原因引起的故障。这样可以缩小故障的范围,有利于进一步查找故障。

4) 断路法

采用断开一级电路的方法,也可以起到压缩故障范围的作用。例如,将一台直流稳压电源接入有故障的电路,这时如果电流过大,可断开电路中的某一支路,如果这时电流恢复正常,则说明故障就在所断开的这一支路中,因此,可以仅在该支路查找故障。

1.3 实验室的安全操作规则

为了保证人身及仪器的安全,使实验顺利进行,进入实验室后要遵守实验室的规章制度和实验室的安全规则。

1.3.1 实验室安全注意事项

(1) 实验前应检查电源线、插头、插座、熔断器(即保险丝(管))、闸刀开关等是否安全可靠。使用市电时要注意仪器、装置连线等应绝缘良好,带电的部分不能裸露。

(2) 在任何情况下均不能用手来鉴定接线端或裸露导线是否带电。

(3) 安装或检验设备时应先切断电源。实验装置(或实验电路)接好后需经认真检查,确定无误后方可接通电源,在接通电源之前需通知实验合作者。

(4) 更换熔断器时,应先切断电源,切勿带电操作。

(5) 测高电压时需有良好的习惯。在将测试线(或测试棒)与高压点连接前先切断电源,把所有的测试线都接好,然后接通电源。如果不能这样做,应特别注意避免偶然触及仪器设备或其他接地的物体。测试时手指不要接触金属部分,通常采用单手操作,并站在绝缘物体(垫)上。

(6) 在实验中除要避免严重触电外,还应防止轻微触电(例如:触及已充电电容器等),因为有时轻微触电也很危险,例如轻微触电有时会使实验者触及高压或使其摔伤。

(7) 在实验中遇到有人触电、火灾等险情时,应立即切断电源,然后采取相应的措施。

(8) 在使用较高电压做具有一定危险性的实验时,应至少有 2 人合作进行操作,并要始终集中精力互相配合。

(9) 实验结束后应切断电源,拆除连线。

1.3.2 实验室仪器使用注意事项

(1) 使用仪器前应阅读其使用说明书或有关资料,了解使用方法和注意事项,以便按正确的方法操作。

(2) 看清仪器所需电源电压(110 V或220 V),将电压选择插座开关置于合适的位置。

(3) 按要求正确接线。

(4) 实验中不要随意扳动、旋转仪器面板上的旋钮、开关等。扳动开关、旋钮用力要轻,以免造成仪器挡位选择开关错位或旋钮、开关、电位器等部件损坏。

(5) 不得随意拆卸实验装置上已经固定好的元器件。

(6) 实验时应随时注意仪器及电路的工作状态,如发现熔断器熔断、内部打火、烧煳味、冒烟、不正常的响声、仪器失灵、读数失常、元器件发烫等异常现象时,应立即切断电源,保持现场,待查明原因并排除故障后方可重新加电。

(7) 仪器使用完毕后,面扳上各旋钮、开关应扳动到合适的位置,例如毫伏表量程开关应旋至最高挡位、三用表功能选择旋钮应置于断点位置。

1.4 实验用工具和材料

为了快速准确地安装和调试电路,除需要了解电路理论知识、实验技能之外,检修工具和材料是必不可少的,否则也将一事无成。本节介绍电路制作中所需的基本工具、材料以及它们的使用方法、技巧和经验。

1.4.1 主要工具

1) 螺丝刀

螺丝刀是用来拆卸和装配螺钉不可缺少的工具。有以下几种常用规格的螺丝刀:扁口螺丝刀;十字螺丝刀;钟表修理小螺丝刀。

螺丝刀在使用中应注意以下几点:

(1) 根据螺钉口的大小选择合适的螺钉刀,螺丝刀口太小会拧毛螺钉口,从而导致螺钉无法拆卸。

(2) 在拆卸螺钉时,若螺钉很紧,不要硬去拆卸,应先按顺时针方向拧紧该螺钉,以便让螺钉先松动,再逆时针方向拧下螺钉。

(3) 将螺丝刀刀口在扬声器背面的磁钢上擦几下,以便刀口带一些磁性,这样在装螺钉时能够吸住螺钉,可防止螺钉落到机壳内部。但要注意,用于专门维修调整录音机磁头的螺丝刀不能这样处理,否则会使磁头带磁,影响磁头的工作性能。

2) 电烙铁

电烙铁是用来焊接电路元器件、导线等的工具。为了获得高质量的焊点,除需要掌握焊接技能、选用合适的焊剂外,还要根据焊接对象、环境温度,合理选用电烙铁。如电路均采用晶体管器件,则焊接温度不宜太高,否则,容易烫坏器件。

电烙铁的使用主要注意以下问题:

(1) 20～40 W内(外)热式电烙铁,主要用来拆卸晶体管、集成电路、电阻和电容等元器件。内热式电烙铁具有预热时间快、体积小、效率高、使用寿命长等优点。60 W左右的电烙铁可用来焊接一些引脚较粗的元器件,例如变压器、插座引脚等。

(2) 购买的电烙铁电源引线一般为橡胶质电源线,当烙铁头碰到引线时就会烫坏外皮线，为安全考虑，应换成防火的花线。更换电源线后，还要进行安全检查，要求引线头不能碰在电烙铁的外壳上。

3) 吸锡器

与电烙铁配合使用，用于拆卸集成电路等多引脚的元器件。

1.4.2 主要材料

1) 焊锡丝

焊锡丝最好使用低熔点的细锡丝，细焊锡丝管内的助焊剂量正好与焊锡用量一致，而粗焊锡丝的焊锡量较多。在焊接过程中，若发现焊点成为豆腐渣状态时，则是焊锡质量不好，或是高熔点的焊锡丝，或是电烙铁的温度不够，豆腐渣状的焊点质量是不可靠的。

2) 助焊剂

用助焊剂辅助焊接，可以提高焊接质量和速度，助焊剂是焊接中必不可少的。在焊锡丝的管芯中就有助焊剂，当烙铁头熔解焊锡丝时，管芯内的助焊剂便与熔解的焊锡熔合在一起。在焊接电路板时，只用焊锡丝中的助焊剂一般是不够的，需要有专门的助焊剂。助焊剂主要有以下两种：

(1) 成品助焊剂。是酸性材料，对电路板有一定的腐蚀作用，用量不能太多，焊完焊点后最好擦去多余的助焊剂。

(2) 松香。平时常用松香作为助焊剂，松香对电路板没有腐蚀作用，但使用松香后的焊点有斑点，不美观，此时可用酒精和棉花擦净。

1.4.3 辅助工具

1) 钢针

钢针用来穿孔，即拆卸元器件后，电路板上被焊锡堵住的引脚孔，此时用钢针在电烙铁的配合下穿通焊脚孔。钢针可以自制，取一根自行车辐条，一端弯成一个圆圈，另一端锉成细针尖状，以便能够方便穿透元器件的焊锡孔。钢针也可用医用注射器针头代替。

2) 刀片

刀片主要用来切断电路板上的铜箔线路。在电路调试中，时常要对某个元器件脱开电路进行测试检查，此时用刀片切断该元器件的有关引脚相连的铜箔，这样可避免拆卸元器件的不便。刀片可用断锯条自制。刀片还可用于刮除需要焊接的元器件引脚上的氧化层，以便于焊接。

3) 镊子

镊子是配合焊接不可缺少的辅助工具，可以用来拉引线、送引脚，以方便焊接。另外，镊子还有散热功能，可以减少元器件被烫坏的可能。当镊子夹住元器件引脚后，烙铁焊接时的热量便通过金属的镊子传递散热，防止元器件承受更多的热量。

4) 剪刀

剪刀可用来修剪引线等软材料，例如剥去导线外层的绝缘层。方法是：用剪刀口轻轻夹住引线头，抓紧引线的一头，将剪刀向外拨动，便可剥下外皮；也可以先在引线头外轻轻剪一圈，割断引线外皮，再剥引线皮。需要注意，剪刀口要锋利，剪刀夹紧引线头时既不能太紧也不能太松,太紧会剪断或损伤内部的引线,太松又剥不下外皮。

5) 钳子

钳子可用来剪硬的材料和作为紧固的工具。要准备一把尖嘴钳和一把偏口钳,尖嘴钳可以用来安装、加固一些小的零件,偏口钳可以用来剪元器件的引脚,还可以用来拆卸和紧固某些特殊的引脚和螺母。

2 基本测量技术

2.1 概述

一个物理量的测量可以通过不同的方法来实现。电子测量技术是一门发展十分迅速的学科，这里仅简要介绍基本电量测量中的一些共性问题。

为了检验实际电路是否达到设计要求，通常必须借助电子仪器（如万用表、信号产生器、示波器等），测量电路的某些参数，然后根据测量数据进行分析。若电路工作不正常，或主要性能参数达不到设计要求，则必须适当调整电路元器件或其参数，使电路性能满足要求。

2.1.1 测量方法的分类

1）直接测量与间接测量

（1）直接测量

直接测量是直接得到被测量值的测量方法。例如用直流电压表测量稳压电源的输出电压等。

（2）间接测量

与直接测量不同，间接测量是利用直接测量的量与被测量之间已知的函数关系，得到被测量值的测量方法。例如，测量放大器的电压放大倍数 A_u，一般是分别测量交流输出电压 U_o 与交流输入电压 U_i，因为 $A_u=U_o/U_i$，即可算出 A_u。这种方法常用于被测量不便直接测量，或者间接测量的结果比直接测量更为准确的场合。

（3）组合测量

组合测量是兼用直接测量和间接测量的方法，将被测量和另外几个量组成联立方程，最后通过求解联立方程得出被测量的大小。这种方法用计算机求解比较方便。

2）直读测量与比较测量

（1）直读测量

直读测量是直接从仪器的刻度线或显示器上读出测量结果的方法。例如，用电流表测量电流，它具有简单方便等优点。

（2）比较测量

比较测量是在测量过程中将被测量与标准量直接进行比较而获得测量结果的方法。电桥利用标准电阻（电容、电感）对被测量进行测量就是一个典型例子。

应当指出，直读测量与直接测量、比较测量与间接测量并不相同，二者互有交叉。例如，用电桥测电阻，是比较测量法，属于直接测量；用电压、电流表测量功率，是直读测量，但属于间接测量。

3) 按被测量性质分类

虽然被测量的种类很多,但根据其特点,大致可分为以下几类:

(1) 频域测量

频域测量技术又称为正弦测量技术。测量参数表现为频域的函数,与时间因素无关。测量时,电路处于稳定工作状态,因此又称为稳定测量。

频域测量采用的信号是正弦信号,线性电路在正弦信号作用下,所有电压和电流都有相同的频率,仅幅度和相位有差别。利用这个特点,可以实现各种电量的测量,如放大器增益、相位差、输入阻抗和输出阻抗等。此外,还可以观察非线性失真。其缺点是不宜用于研究电路的瞬态特性。

(2) 时域测量

时域测量技术与频域测量技术不同,它能观察电路的瞬变过程及其特性,如上升时间、平顶降落、重复周期和脉冲宽度等。

时域测量技术采用的主要仪器是脉冲信号产生器和示波器。

(3) 数域测量

数域测量是用逻辑分析仪对数字量进行测量,它具有多个输入通道,可以同时观察许多单次并行数据。例如微处理器地址线、数据线上的信号,可以显示时序波形,也可以用"1"、"0"显示其逻辑状态。

(4) 噪声测量

噪声测量属于随机测量。在电子电路中,噪声与信号是相对存在的,不与信号大小相联系来讲噪声大小是无意义的。因此,工程技术中常用噪声系数 F_N 来表示电路噪声的大小,即

$$F_N=\frac{R_{SNRi}}{R_{SNRo}}=\frac{\dfrac{P_{Si}}{P_{Ni}}}{\dfrac{P_{So}}{P_{No}}}=\frac{1}{A_P}\frac{P_{No}}{P_{Ni}}$$

式中:R_{SNRi}、R_{SNRo}分别为电路的输入信噪比、输出信噪比;P_{Si}、P_{Ni}分别为电路输入端的信号功率、噪声功率;P_{So}、P_{No}分别为电路输出端的信号功率、噪声功率;A_P 为电路对信号的功率增益,$A_P=P_{So}/P_{Si}$。

若 $F_N=1$,则说明该电路本身没有产生噪声。一般放大电路的噪声系数都大于1。放大电路产生的噪声越小,F_N 就越小,放大微弱信号的能力就越强。

4) 其他分类

测量方法还可以根据测量的方式分为:自动测量和非自动测量、原位测量和远距离测量等。

此外,在电子测量中,还经常用到各种变换技术,例如变频、分频、检波(如测量交流电压有效值的原理就是首先利用各种检波器将交流量变成直流量,然后再测量)、斩波、A/D转换、D/A转换等,在此不详细讨论。

2.1.2 选择测量方法的原则

在选择测量方法时,应首先研究被测量本身的特性及所需要的精确程度、环境条件及

所具有的测量设备等因素,综合考虑后再确定采用哪种方法和选择哪些测量仪器。

一个正确的测量方法,可以得到好的结果,否则,不仅测量结果不可信,而且有可能损坏测量仪器和被测电路或元器件。

例如:用万用表的 R×1 挡测试晶体管的发射结电阻或用晶体管图示仪显示其输入特性曲线时,由于限流电阻较小,而使晶体管基极电流过大,结果可能会使被测晶体管在测试过程中损坏。

2.2 电压测量

2.2.1 电压测量的特点

在电子测量领域,电压是基本参数之一,许多电参数,如增益、频率特性、电流、功率、调幅度等都可视为电压的派生量。各种电路工作状态,如饱和、截止等,通常都以电压的形式反映出来。不少测量仪器也都用电压来表示。因此,电压的测量是许多电参数测量的基础。电压测量对电子电路的调试是不可缺少的。

电子电路中电压测量的特点如下:

(1) 频率范围宽

电压的频率可以从直流到数百兆范围内变化,对于甚低频或高频范围的电压测量,一般万用表是不能胜任的。

(2) 电压范围宽

电压范围由微伏级到千伏级以上,对于不同的电压挡位必须采用不同的电压表进行测量。例如,用数字电压表可测出 10^{-9} V 数量级的电压。

(3) 存在非正弦量电压

被测信号除了正弦电压外,还有大量的非正弦电压。如用普通仪器测量非正弦电压,将造成测量误差。

(4) 交、直流电压并存

被测电压中常常是交流与直流并存,甚至还夹杂有噪声干扰等成分。

(5) 要求测量仪器有高输入阻抗

由于电子电路一般是高阻抗电路,为了使仪器对被测电路的影响足够小,要求测量仪器有较高的输入电阻。此外,在测量电压时,还应考虑输入电容的影响。

如果测量精度要求不高,用示波器就可以解决。如果测量精度要求较高,则要全面考虑,选择合适的测量方法,合理选择测量仪器。

2.2.2 高内阻回路直流电压的测量

一般说来,任何一个被测电路都可以等效成一个电源电压 U_o 和一个阻抗 Z_o 串联,如图 2.2.1 所示。

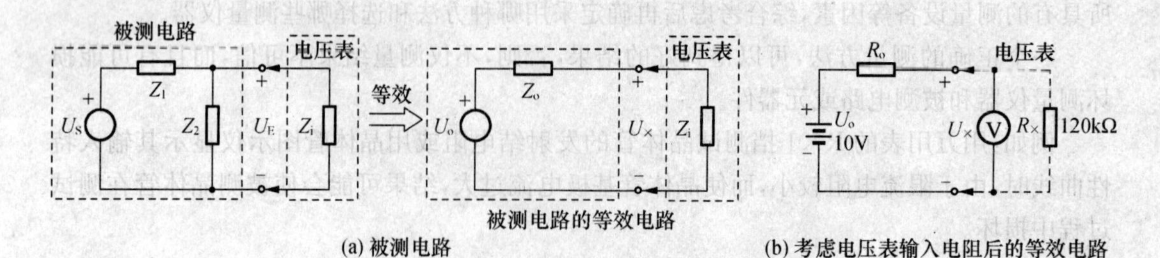

(a) 被测电路　　(b) 考虑电压表输入电阻后的等效电路

图 2.2.1　电压表输入阻抗对被测电路的影响

设电路参数和电压表输入阻抗 Z_i 如图 2.2.1(a)所示，则考虑电压表输入阻抗(即电表内阻)的等效电路如图 2.2.1(b)所示。由图可见，电压表的指示值 $U_\times$ 等于电表内阻 $R_\times$(=Z_i)与电路阻抗 Z_o(=R_o)和等效电源电压的分压，即

$$U_\times=\frac{R_\times}{R_\times+R_o}U_o$$

绝对误差为：

$$\Delta U=U_\times-U_o$$

相对误差为：

$$\gamma=\frac{\Delta U}{U_o}=\frac{U_\times-U_o}{U_o}=\frac{R_\times}{R_o+R_\times}-1=-\frac{R_o}{R_o+R_\times}$$

因此，可算出图 2.2.1(b)所示的相对误差为$-1/2$。

显然，要减小误差，就必须使电压表的输入电阻 $R_\times$ 远大于 R_o。

电子电路中，为了提高仪器输入电阻和有利于弱直流信号电压的测量，在电压表中常加入集成运算放大器构成集成运算放大器型电压表，如果再加上场效应管电路做输入级，则可构成一种高内阻电压表。

2.2.3　交流电压的测量

电子式交流电压表有模拟型和数字型两大类，此处仅讨论模拟型。

根据电子电路电压测量的特点，对仪器的输入阻抗、量程范围、频带和被测波形都有一定的要求。

电子式交流电压表一般为有效值刻度，而电表本身多为直流微安表，因此需要进行转换。电子式交流电压表的最基本结构形式有以下两种：

(1) 检波放大式电压表

检波放大式电压表的电路结构如图 2.2.2 所示。先将被测电压 $U_\times$ 通过检波(整流)变成直流电压，再将直流信号送入直流放大器放大并驱动微安表偏转。由于放大器放大的是直流电压，对放大器的频率响应要求低，测量电压的频率范围主要决定于检波电路的频率响应。

图 2.2.2　检波放大式电压表的组成

如果采用高频探头进行检波，其上限工作频率可达 1 GHz，通常所用的高频毫伏表即属于此类。

这种结构的主要缺点是，检波二极管导通时有一定的起始电压(死区电压)，使刻度呈非线性；此外，还存在输入阻抗低、直流放大器有零点漂移等缺点。因此，仪器的灵敏度不高，不适宜于测量小信号。

(2) 放大检波式电压表

放大检波式电压表的电路结构如图 2.2.3 所示。被测交流电压先经放大再检波，由检波后得到的直流电压驱动微安表偏转。

图 2.2.3 放大检波式电压表的组成

由于结构上采用先放大，就避免了检波电路在小信号时所造成的刻度非线性和直流放大器存在的零点漂移问题，灵敏度较高，输入阻抗也高一些，缺点是测量电压的频率范围受放大器频带限制。这种电压表的上限频率约为兆赫级，最小量程为毫伏级。

为了解决灵敏度与频率范围的矛盾，结构上还可以采取其他措施进行改进，例如采用调制式电压表和外差式电压表，可以进一步使电压表上限频率提高、最小量程减小(例如可测微伏级)。

2.2.4 电压测量的数字化方法

数字化测量是将连续的模拟量变换成断续的数字量，然后进行编码、存储、显示及打印等。进行这种处理，较方便的测量仪器是数字电压表和数字频率计。

数字电压表的优点是：

(1) 准确度高。利用数字电压表进行测量，最高分辨力达到 1 μV 并不困难，显然比模拟式仪器精度高很多。

(2) 数字显示，读取方便。完全消除了指针式仪表的视觉误差。

(3) 数字式仪器内部有保护电路，过载能力强。

(4) 测量速度快，便于实现数字化。

(5) 输入阻抗高，对被测量电路的影响小。一般数字电压表的 R_i 约为 10 MΩ，最高可达 10^{10} Ω。

数字电压表的缺点是：测量频率范围不够宽，一般只能达到 100 kHz 左右。

直流数字电压表的基本框图如图 2.2.4 所示。输入电路由模拟电路构成；计数器及逻辑控制由数字电路构成；最后通过显示器(包括译码)显示被测电压的数值。A/D 转换器用来实现将被测模拟量转换成数字量，从而达到模拟量的数字化测量，所以它是数字电压表的核心。

各种数字电压表的区别主要是 A/D 转换方式不同。

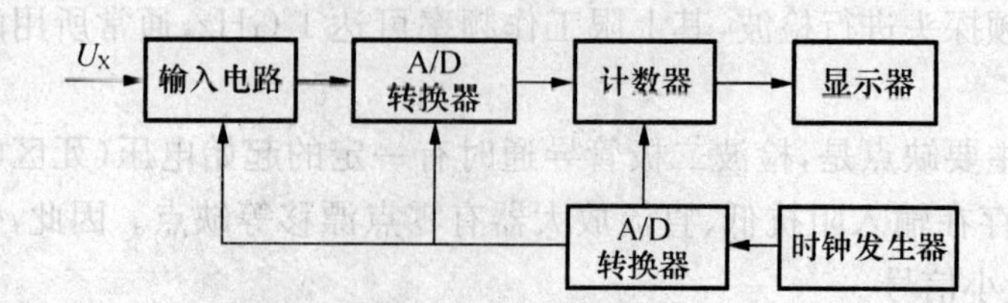

图 2.2.4　直流数字电压表的组成

2.3　阻抗测量

有源二端口网络也称四端网络，在电子电路中是一类很重要的网络。通常遇到的二端口网络其中一个为输入口，另一个为输出口。放大器、滤波器和变换器(变压器等)通常都是二端口网络。

下面简单介绍在低频条件下，有源二端口网络(如放大器)输入电阻 R_i 和输出电阻 R_o 的测量方法。

2.3.1　输入电阻的测量

下面主要介绍用替代法和换算法测量输入电阻 R_i。

1) 用替代法测量输入电阻

电路如图 2.3.1 所示。图中，R_i 为二端口网络的等效输入电阻，U_S、R_S 分别为信号源电压和内阻。将开关 S 置点 c 时，测 a、b 两点电压为 U，将 S 置点 d 时，调节电阻 R 使 a、b 两点电压仍为 U 值，则 R 的值等于输入电阻值。

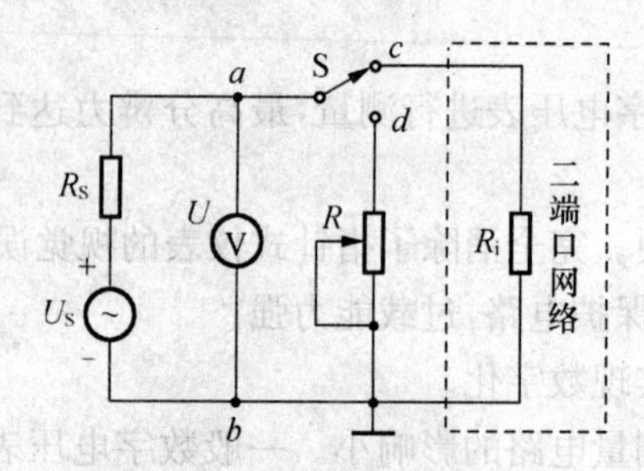

图 2.3.1　用替代法测量输入电阻

2) 用换算法测量输入电阻

电路如图 2.3.2 所示。设 R 的阻值为已知，只要分别用毫伏表测出 a、c 间和 b、d 间的电压 U_S 和 U_i，则输入电阻 R_i 为：

$$R_i=\frac{U_i}{U_S-U_i}R$$

R 与 R_i 应选择为同一数量级，R 取值过大易引起干扰，取值过小则测量误差较大。

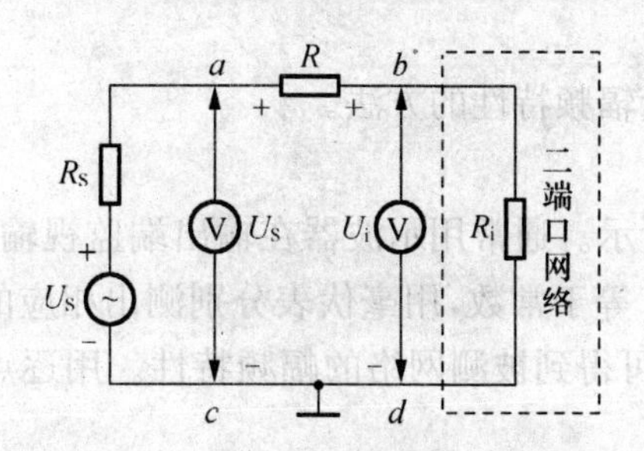

图 2.3.2 用换算法测输入电阻

2.3.2 输出电阻的测量

常用的测量输出电阻 R_o 的电路如图 2.3.3 所示。分别测出负载 R_L 断开时放大器输出电压 U'_o 和负载电阻 R_L 接入时的输出电压 U_o，则输出电阻 R_o 为：

$$R_o=\left(\frac{U'_o}{U_o}-1\right)R_L$$

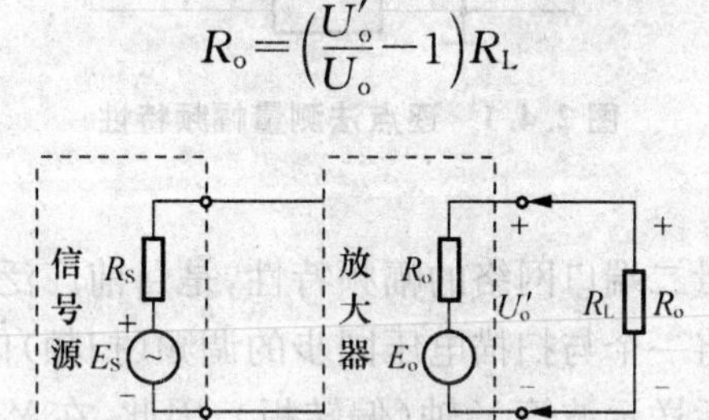

图 2.3.3 用换算法测输出电阻

2.4 增益及幅频特性测量

增益是网络传输特性的重要参数。一个有源二端口网络的电流、电压、功率增益(或放大倍数)可用下式表示：

$$A_i=\frac{I_o}{I_i}$$

$$A_u=\frac{U_o}{U_i}$$

$$A_p=\frac{P_o}{P_i}=A_iA_u$$

在通信系统中，常用分贝(dB)表示增益，因此，上述各式可改写为：

$$A_i=20\lg\frac{I_o}{I_i}(\text{dB})$$

$$A_u=20\lg\frac{U_o}{U_i}(\text{dB})$$

$$A_p=20\lg\frac{P_o}{P_i}(\text{dB})$$

二端口网络的幅频特性是一个与频率有关的量，所研究的是网络输出电压与输入电压的比值随频率变化的特性。

下面简单介绍两种测量辐频特性的方法。

1) 逐点法

测量电路如图 2.4.1 所示。通常用示波器在输出端监视输出波形不能失真，改变输入信号频率，保持输入信号 U_i 等于常数，用毫伏表分别测出相应的输出电压 U_o 有效值，并计算电压增益 $A_u=U_o/U_i$，即可得到被测网络的幅频特性。用逐点法测出的幅频特性通常称为静态幅频特性。

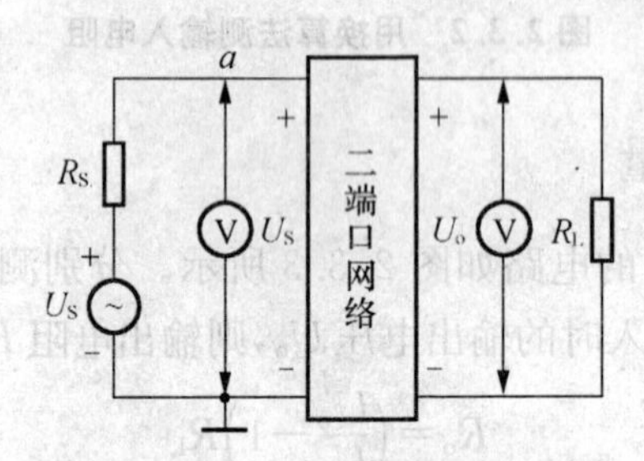

图 2.4.1　逐点法测量幅频特性

2) 扫频法

扫频法是用扫频仪测量二端口网络的幅频特性，是目前广泛应用的方法。其工作原理如图 2.4.2 所示。扫频仪将一个与扫描电压同步的调频(扫频)信号送入网络输入端口，并将网络输出端口电压检波后送示波管 Y 轴(偏转板)，因此，在 Y 轴方向显示被测网络输出电压幅度，而示波管 X 轴方向即为频率轴，加到 X 轴偏转板上的电压应与扫频信号频率变化规律一致(注意：扫描电压发生器输出到 X 轴偏转板的电压正符合这一要求)，这样示波管屏幕上才能显示出清晰的幅频特性曲线。

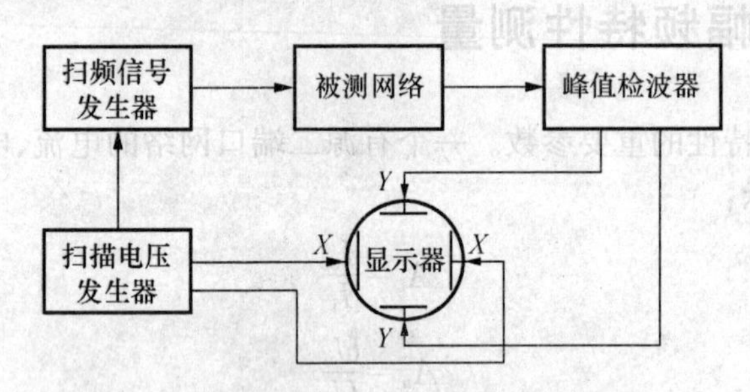

图 2.4.2　用扫频法测幅频特性原理框图

2.5　误差分析和数据处理

在模拟电子电路实验中，被测量有一个真实值，简称真值，它由理论计算求得。在实际测量时，由于受测量仪器精度、测量方法、环境条件或测量者能力等因素的限制，测量值与真值之间不可避免地存在差异，这种差异称为测量误差。

测量数据的处理就是从测量所得到的原始数据中求出被测量的最佳估计值，并计算其精确程度。必要时还要把测量数据绘制成曲线或归纳成经验公式，以便得出更加清晰的结论。

学习有关测量误差和测量数据处理知识,以便在实验中合理选用测量仪器和测量方法,并对实验数据进行正确的分析、处理,以获得符合误差要求的测量结果。

2.5.1 测量误差的表示方法

1)绝对误差

被测量的真实数值称为真值,用 A 表示。由仪器测得的数值称为指示值,用 X 表示。在测量时,由于受到仪器精度、测量方法、环境条件或测试者能力等因素的影响,指示值与真值之间不可避免地存在差异,这就是测量误差,又称为绝对误差,可用 ΔX 表示:

$$\Delta X = X - A$$

式中:ΔX 为示值绝对误差;X 为测量仪器的指示值;A 为被测量的真实数值即真值。

$X>A$ 时,ΔX 是正值;$X<A$ 时,ΔX 是负值。所以 ΔX 是具有大小、正负和量纲的数值。它的大小和符号分别表示测量值偏离真值的程度和方向。

2) 相对误差

相对误差是指测量的绝对误差 ΔX 与被测量的真值 A 之比(用百分数表示)。相对误差用 γ 表示,即

$$\gamma = \frac{\Delta X}{A} \times 100\%$$

2.5.2 误差的来源

1) 仪器误差

仪器本身电气或机械性能不良造成的误差称为仪器误差。例如:仪器校正不好、定度不准等造成的误差。消除仪器误差的方法是:预先对仪器进行校准,根据精度高一级的仪器确定修正值,在测量中根据修正值加入适当的补偿来抵消仪器误差。

2) 使用误差

使用仪器过程中,仪器和其他设备的安装、调节、布置不当或使用不正确等造成的误差称为使用误差。例如:把规定垂直安装的仪器水平安装、接线太长、未考虑阻抗匹配、接地不良、未按规定预热仪器、未调节或校准等,都会产生使用误差。测量者应严格按照操作规程使用仪器,改变不正确的习惯和方法,努力提高自身的实验技能和分析问题、解决问题的能力。

3) 方法误差

由于测量方法不合理所造成的误差(包括测量方法所依据的理论不够严格或采用不适当的简化和近似公式引起的误差)称为方法误差。例如:用伏安法测量电阻时,若直接以电压指示值和电流指示值之比作为测量结果而不计算电表本身内阻的影响就可能引起误差。

4) 人为误差

由于测量者本身的原因引起的误差称为人为误差。例如:测量者的分辨能力、视觉疲劳、固有习惯以及缺乏责任心等造成的误差。

2.5.3 误差的分类

根据误差的性质及产生的原因,测量误差可分为系统误差、偶然误差(随机误差)、过失误差(粗大误差)三类。在实验中应尽量减小误差,才能取得可信的实验结果。为此,需要掌握分析和处理误差的一般方法。

1) 系统误差

实验时在规定的条件下对同一电量进行多次测量,如果误差的数值保持恒定或按某种规律变化,则称这类误差为系统误差。

系统误差产生的原因是:测量仪器本身的缺陷;测量时的环境条件与仪器要求的环境条件不一致;采用近似测量方法和近似计算公式;测量人员读数不准确,习惯偏于某一方向或滞后读数等。

系统误差产生的原因是多方面的,但总是有规律的,找出它产生的根源并采取一定的措施,就能使减小或者消除(例如仪器不准确,可以通过校验取得修正值,就可以减小系统误差)。

2) 随机误差(偶然误差)

随机误差是指在规定的条件下对同一电量进行多次测量,若误差的数值发生不规则的变化,则这种误差称为偶然误差。例如:外界干扰和实验者感觉器官无规律的微波变化等引起的误差。如果测量的次数足够多,则偶然误差的平均值的极限会趋于 0,因此,消除偶然误差的方法是多次测量并取平均值。在实验中若发现在相同条件下测量同一电量所得的结果不同,应多次重复测量,并将所得的数据取平均值,作为测量结果。

3) 疏失误差(粗大误差)

疏失误差是指在一定测量条件下,测量结果显著地偏离真值时所对应的误差。

疏失误差产生的原因是:测量者缺乏经验,操作不当等造成读错刻度、读错读数或计算错误;电源电压、机械冲击等引起仪器显示值的改变而造成的误差等。凡是经过确认含有疏失误差的测量数据称为坏值,这种测量数据应该删除不用。

2.6 测量数据处理

2.6.1 测量数据的采集

测量数据的采集包括实验的观察、数据的读取与记录。实验观察是指在实验过程中要聚精会神地观察全部细节,并尽可能做好记录,注意切不可把观察到的客观现象与个人对现象的解释相混淆。

读取测量数据时首先应明确应读取哪些数据以及如何读取。具体思路如下。

(1) 应明确所研究的电路指标是通过哪些电量来体现或计算的,而这些电量需要通过怎样的测量工具以及电路中哪些节点来测量。

(2) 测量数据应保证是在电路处于正常工作状态下测量获得的有效数据。

(3) 电子实验通常是可重复再现的,为了减少测量误差,应对同一被测量进行多次重复测量,主要是防止偶然误差。

(4) 读取测量数据时,通常要求在读出的可靠数字之后再加上1位不可靠数字,共同组成数据的有效数字(有效数字位数规定为:第1个不为0的数字位及其后面的所有位数,例如:0.650 0是4位有效数字;2.45是3位有效数字;0.03是1位有效数字)。有效数字表示读取数据的准确度,不能随意增减,即使在进行单位换算时也不能增减有效数字位数。

对测量数据做好客观全面的记录是对实验者的基本实验素质要求,具体应进行如下处理:

(1) 对实验现象和数据必须以原始形式做好记录,不能作近似处理,也不能只记录经过计算或换算过的数据,而且必须保证数据的真实性。

(2) 测量数据记录应全面,包括实验条件、实验中观察到的现象以及客观存在的各种影响,甚至是失败的数据或是被认为与该实验无关的数据,因为有些数据可能隐含着解决问题的新途径或者可以作为分析电路故障的参考依据。另外,要注意记录有关信号的波形。

(3) 数据记录一般采用表格方式,以方便处理。

(4) 在记录数据的同时,要将其与提前或及时估算出的理论值或理想值进行比较,以便及时判断测量数据的正误,及时检查测量方法或调整实验电路。

2.6.2 实验数据的处理

在实验中,通过各种仪器观察得到的各种数据和波形是分析总结实验结果的主要依据。直接观察仪器显示得到的数据称为原始数据,经过分析、计算、综合后用来反映实验结果的数据称为结论数据。

原始数据很重要,读取、记录原始数据时,方法和读数应正确。实验结束后,所保留的原始数据在任何情况下都不应更改。

1) 实验数据的读取

仪器显示的测量结果有三种类型:指针指示、波形显示和数字显示。使用不同类型的仪器进行测量时,应采用正确的方法,减小读数误差。

(1) 指针指示式仪器数据的读取

读数时要确定表盘刻度线上各分度线所表示的刻度值,然后根据指针所处的位置进行读数。当指针停在刻度上两条分度线之间时需要估读一个近似的读数,这个数即为欠准数字。

使用指针指示式仪表时,为减小读数误差应注意以下问题:

① 对一些可测量不同量程的多种电量的仪器(如万用表的刻度),读数时要正确地选用刻度线并确定其上各分度线所表示的刻度值,防止读数时用错刻度线而造成较大的过失误差。

② 有的仪器刻度线是非线性的,读数时必须弄清刻度线所代表的正确刻度值和各分格所代表的数值。

③ 测量时,选择量程应尽量使指针指示停在刻度线的2/3以上部分,这样测量结果相对误差较小。

④ 使用指针指示式仪器读数时,要掌握适当的视觉角度,即要求眼睛的视线垂直正对

指针所在处的刻度盘表面,否则会引起视觉误差。

(2) 波形显示式仪器的读数

波形显示式仪器即为各类示波器和图示仪。波形显示式仪器可将被测量的波形直观地显示在荧光屏上,据此可读出被测量的有关参数。

波形显示式仪器的读数方法是:先确定在 X 轴、Y 轴方向每一坐标格所表示的量的数值,然后根据波形在 X 轴、Y 轴方向占有的格数进行读数(读数=每一格量的数值×总格数)。要注意荧光屏上的坐标格是固定的,但每一坐标格所代表的数值是可变的。每一坐标格可以代表不同的量和不同的数值。

使用波形显示式仪器时应注意以下问题:

① 调整好仪器的"亮度"和"聚焦",使显示出的波形细而清晰,以便准确读数。

② 注意屏幕的有效面积,波形大小要合适。波形幅度太大,将超出屏幕上坐标格而无法读数,有时还会出现非线性失真;波形幅度太小,也无法准确地读数。

③ 使用示波器测量电压幅度,一般先测电压的峰—峰值然后换算成峰值、有效值,因为测量峰—峰值电压时,电压的最大值和最小值所在的位置最为明显,容易读数,误差较小。

④ 读取数据时,应适当调整波形在 X 轴(Y 轴)方向的位置,使读数点位于 X 轴(Y 轴)线上,因为 X 轴(Y 轴)线有小坐标,读取的数据较准确。

(3) 数字显示式仪器的读数

数字显示式仪器靠发光二极管(LED)显示屏或液晶显示屏或数码管显示屏直接显示测量结果。每一显示屏可显示 0~9 共 10 个阿拉伯数字。

使用数字显示式仪器,可根据仪器显示的数字直接进行读数,有的仪器还可以显示被测量的单位。使用数字显示式仪器读取数据不存在刻度误差和读数误差,因而读数更加方便、准确。

使用数字显示式仪器读数时应注意以下问题:

① 应选好量程,尽可能多地显示几位有效数字,以提高测量精度。另外,合理选用量程可以防止数据超量溢出。有些仪器具有超量程指示,据此可以调整量程。

② 测量较小被测量时,因为仪器灵敏度较高,会使显示数字中最后一位数字不停地跳动,这位数字应作为欠准数字,读取数据时,可根据其跳动范围进行估读。例如,最后一位数在 3~7 之间跳动,可取最后这位欠准数字为 5。

③ 要注意小数点的位置。数字显示屏上每一位数字后都有小数点的显示符,读数时不应忽视小数点的位置(点亮小数点显示符),以防止出现错误数据。

2) 实验数据的记录

(1) 记录实验数据的基本要求

实验中正确地记录数据很重要。实验前应准备好记录数据的图表和记录波形的坐标纸;记录数据要认真,不应随意涂改。所有数字都应注明单位,必要时要记下测量条件。

(2) 用有效数字表示数据

实验中测得的结果都是近似值,这些近似值通常用有效数字的形式表示。

有效数字是指数据左边第一个非零数字开始直到右边最后一个数字为止所包含的数字。右边最后一位数字通常是在测量时估读出来的,称为欠准数字,其左边的各位有效数字都是准确数字。

记录数据时，应只保留1位欠准数字。准确数字和欠准数字对测量结果都是不可缺少的，它们都是有效数字。

欠准数字中要特别注意“0”的情况。例如：测得某电阻值为3 170 Ω，表明3、1、7这3个数字是准确数字，最后一位数0是欠准数字；如果改写成3.17 kΩ，则表明3、1这2个数字是准确数字，最后一位数字7是欠准数字。这两种写法虽表示同一数值，但实际上却反映了不同的测量准确度。

3) 实验数据的处理

实验结果（即结论数据）可用数字或曲线表示。要将实验记录的原始数据整理成结论数据，必须掌握数字和曲线的处理方法。

(1) 有效数字的处理

① 有效数字的取舍

对于测量或通过计算获得的数据，在规定精度范围外的数字，一般都应按照“四舍五入”的规则进行处理。例如：只取 N 位有效数字，则包括 $N+1$ 位以后的各位数字都应舍去。

② 有效数字的运算

a. 加减运算

参加运算的各数据必须是相同单位的同一量，因此，小数点后面位数最少的数据其精度最差。在进行运算前应将各数据小数点后所保留的位数处理成与精度最差的数据相同，然后再进行运算。

b. 乘除运算

运算前以有效数字位数最少的数据为准，处理各数据，使有效数字的位数相同，所得的积或商的有效数字保留相同的位数。

若有效数字位数最少的数据中其中第一位数为8或9，则有效数字应多计1位。

(2) 曲线的处理

实验结果除了用数值表示外，还常用各种曲线来表示。其方法是将被测量随1个或几个因素变化的规律用曲线表示，以便于分析。

利用曲线表示实验结果，绘制出的曲线或波形应画在坐标纸上。绘制曲线前要选好坐标系，比例要适当，坐标轴上应标明量的符号和单位，并注明曲线或波形的名称。

① 根据屏幕显示的波形绘制曲线

首先，在屏幕所显示的曲线上找一些合适的数据点，记下这些相应的数据。作图时，先在坐标纸上根据这些点的数据标出各点的位置，然后对照显示的波形将这些点连接起来，便可以完成曲线的绘制。

② 根据测得的数值绘制曲线

为了使曲线能够较准确地反映实验结果，绘制曲线时应剔除粗差点，并用曲线修匀的方法绘制曲线。具体方法如下：

a. 剔除粗差点

首先按上述处理有效数字的规则整理测得的数据。然后粗略地分析一下数据，若发现有个别数据远远偏离其他数据，这些数据一般是因为读数、记录数据或其他操作过失造成的错误数据，这些数据存在的严重误差称为粗差(或过失误差)。存在粗差的数据点为粗差点，它对绘制曲线毫无意义，应剔除。

粗差点的判断方法是：绘制曲线前先根据所有的数据点估画一条预想曲线，正常的数据点应位于预想曲线的附近，若某些点远离预想曲线，与附近的数据点差别很大，这些数据点一般为粗差点。

b. 用分组平均法绘制曲线

实验中由于存在偶然误差，测得的数据点不可能全部落在一条光滑的曲线上。根据这些数据点绘制出一条尽量符合实际情况的光滑曲线，这就是曲线的修匀。曲线修匀一般用分组平均法，即将数据点分成若干组，每组含 2～4 个点，每组点数可以不相等，然后分别估计各组的几何重心，再将这些重心连接起来。由于进行了数据平均，可以在一定程度上减少偶然误差的影响，从而使曲线较为平坦。

③ 绘制曲线应注意的问题

a. 为了便于绘制曲线，在测量过程中应注意数据点的选择，根据预计曲线的具体形状，使数据点沿曲线附近均匀分布，曲线斜率较大或变化规律较重要的地方可多设数据点，曲线较平坦的区域可少设一些。

b. 选好坐标，一般采用直角坐标系，若自变量变化范围很宽，可采用对数坐标。

c. 坐标分度应考虑误差的大小，分度过细会夸大测量精确度，分度过粗会增加作图误差。

d. 横坐标与纵坐标的比例很重要，二者分度可以不同，根据具体情况适当选择。

e. 注意作图幅面的选择，如果要求作图的精度较高而测得数据的有效位数较多，图幅可以大一些，分度可以细一些。一般情况下不宜过大。

3 常用电子元器件基础知识

常用电子元器件包括电阻、电容、电感、晶体二极管、晶体三极管、场效应管等半导体分立器件以及常用集成电路，它们是构成电子电路的基本部件。了解常用电子元器件的基础知识，学会识别和测量，是组装、调试、维修电子电路必须具备的基本技能。

无源元件基础知识已在《电路分析实验》中介绍，本章仅对有源电子器件晶体二极管、晶体三极管等半导体分立器件和常用集成电路作简要介绍。

3.1 半导体分立器件型号命名法

常用半导体器件型号命名法如表 3.1.1～表 3.1.3 所示。

表 3.1.1 中国半导体分立器件型号命名法

第1部分		第2部分		第3部分				第4部分	第5部分
用数字表示器件的电极数目		用汉语拼音字母表示器件的材料		用汉语拼音字母表示器件的类型				用数字表示器件的序号	用汉语拼音字母表示规格号
符号	意义	符号	意义	符号	意义	符号	意义		
2	二极管	A	N型 锗材料	P	普通管	D	低频大功率管		
		B	P型 锗材料	V	微波管	A	高频大功率管		
		C	N型 硅材料	W	稳压管	Y	体效应器件		
		D	P型 硅材料	X	参量管	B	雪崩管		
				Z	整流器	J	阶跃恢复管		
				L	整流堆	CS	场效应器件		
3	三极管	A	PNP 锗材料	S	隧道管	BT	半导体特殊器件		
		B	NPN 锗材料	N	阻尼管	FH	复合管		
		C	PNP 硅材料	U	光电器件	PIN	PIN 型管		
		D	NPN 硅材料	X	低频小功率管	JG	激光器件		
		E	化合物材料	G	高频小功率管	T	晶闸管器件		
						FG	发光管		

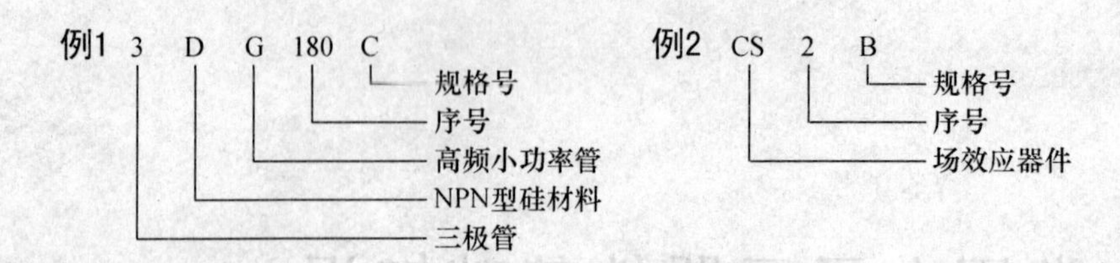

注:场效应器件、半导体特殊器件、复合管、PIN管和激光器件的型号命名只有第3、4、5部分。

表 3.1.2 日本半导体分立器件型号命名法

第1部分		第2部分		第3部分		第4部分		第5部分	
用数字表示器件有效电极数目或类型		JEIA注册标志		用字母表示器件使用材料极性和类型		器件在JEIA的登记号		同一型号的改进型产品标志	
符号	意义	符号	意义	符号	意义	符号	意义	符号	意义
0	光电二极管或三极管及上述器件的组合管	S	已在JEIA注册登记的半导体器件	A	PNP高频晶体管	多位数字	这一器件在JEIA的注册登记号,性能相同但不同厂家生产的器件可以使用同一登记号	A	表示这一器件是原型号产品的改进型
1	二极管			B	PNP低频晶体管			B	
2	三极管或具有3个电极的其他器件			C	NPN高频晶体管			C	
3	具有4个有效电极的器件			D	NPN低频晶体管			D	
n−1	具有n个有效电极的器件			F	P控制极晶闸管			⋮	
				G	N控制极晶闸管				
				H	N基极单结晶体管				
				J	P沟道场效应管				
				K	N沟道场效应管				
				M	双向晶闸管				

注:JEIA为日本电子工业协会。

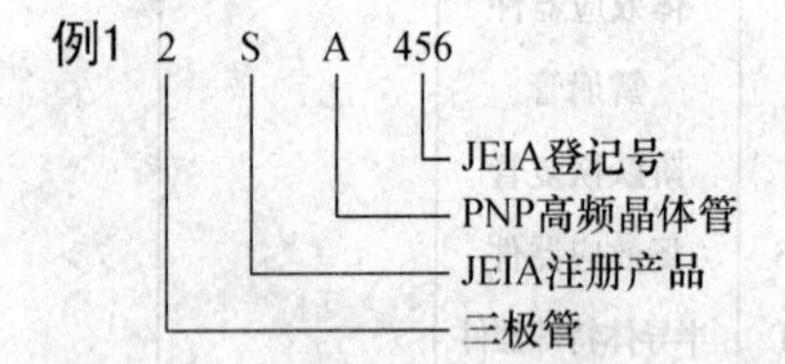

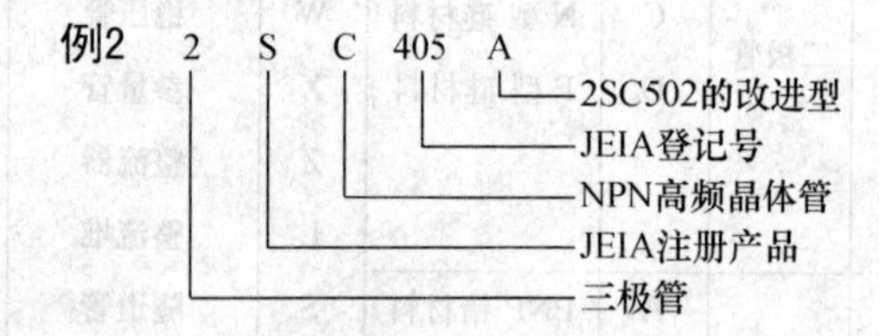

表 3.1.3 国际电子联合会半导体分立器件型号命名法

第1部分		第2部分				第3部分		第4部分	
用字母表示器件使用的材料		用字母表示器件的类型及主要材料				用数字或字母加数字表示登记号		用字母对同一型号器件进行分挡	
符号	意义	符号	意义	符号	意义	符号	意义	符号	意义
A	锗材料	A	检波二极管、开关二极管、混频二极管	M	封闭磁路中的霍尔元件	3位数字	表示通用半导体器件的登记序号	A	表示同一型号半导体器件按某一参数进行分挡的标志
B	硅材料	B	变容二极管	P	光敏器件			B	
		C	低频小功率三极管	Q	发光器件			C	
C	砷化镓材料	D	低频大功率三极管	R	小功率晶闸管			D	
		E	隧道二极管	S	小功率开关管				
		F	高频小功率管	T	大功率晶闸管				
D	锑化铟材料	G	复合器件及其他器件	U	大功率开关管				
		H	磁敏二极管	X	倍增二极管	1个字母加2位数字			
		K	开放磁路中的霍尔元件	Y	整流二极管				
R	复合材料	L	高频大功率三极管	Z	稳压二极管				

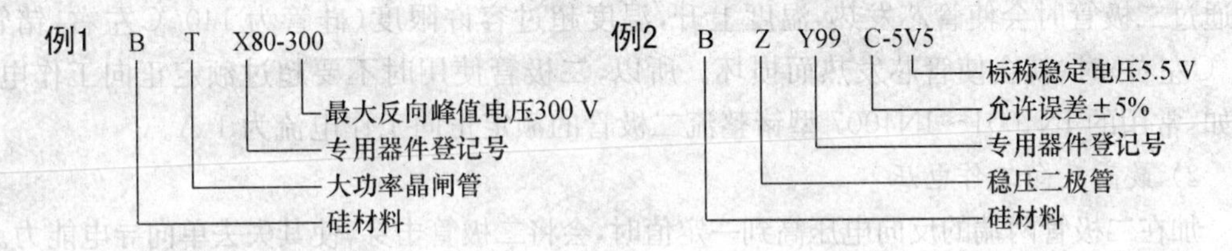

3.2 晶体二极管

3.2.1 晶体二极管的分类和图形符号

晶体二极管又称为半导体二极管，简称二极管，是常用的半导体分立器件之一。二极管的内部构成本质上为一个 PN 结，P 端引出电极为正极，N 端引出电极为负极。主要特性为单向导电性，广泛应用于整流、稳压、检波、变容、显示等电子电路中。

普通二极管一般有玻璃和塑料两种封装形式，其外壳上均印有型号和标记，识别很简单：小功率二极管的负极（N 极），外壳上大多采用一道色环标识，也有采用符号“P”、“N”来确定二极管的极性。发光二极管的正负极可从引脚长短来识别，长脚为正，短脚为负。

1）晶体二极管的分类

晶体二极管的种类很多，其分类如下。

（1）按材料分类：锗材料二极管、硅材料二极管。

（2）按结构分类：点接触型二极管、面接触型二极管。

（3）按用途分类：检波二极管、整流二极管、高压整流二极管、高压整流二极管、硅堆二极管、稳压二极管、开关二极管。

（4）按封装分类：玻璃外壳二极管（小型用）、金属外壳二极管（大型用）、塑料外壳二极管、环氧树脂外壳二极管。

(5) 按用途分类:发光二极管、光电二极管、变容二极管、磁敏二极管、隧道二极管。

2) 晶体二极管的图形符号

常用类型二极管所对应的电路图形符号如图 3.2.1 所示。

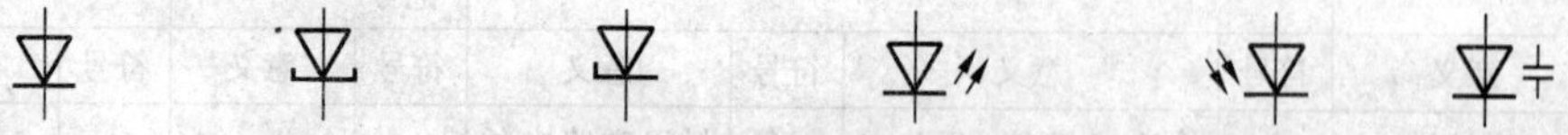

(a) 普通二极管 (b) 隧道二极管 (c) 稳压二极管 (d) 发光二极管 (e) 光电二极管 (f) 变容二极管

图 3.2.1 常用类型二极管电路图形符号

3.2.2 晶体二极管的主要技术参数

不同类型晶体二极管所对应的主要特性参数有所不同,具有普遍意义的特性参数有以下几个:

1) 额定正向工作电流

额定正向工作电流是指二极管长期连续工作时允许通过的最大正向电流值。因为电流通过二极管时会使管芯发热,温度上升,温度超过容许限度(硅管为 140 ℃左右,锗管为 90 ℃左右)时,就会使管芯发热而损坏。所以,二极管使用时不要超过额定正向工作电流。例如:常用的 IN4001~IN4007 型锗整流二极管的额定正向工作电流为 1 A。

2) 最高反向工作电压

加在二极管两端的反向电压高到一定值时,会将二极管击穿,使其失去单向导电能力。为了保证使用安全,规定了最高反向工作电压值。例如:IN4001 型二极管反向耐压为 50 V,IN4007 型二极管反向耐压为 1 000 V。

3) 反向电流

反向电流是指二极管在规定的温度和最高反向电压作用下,流过二极管的反向电流。反向电流越小,则二极管的单向导电性能越好。值得注意的是,反向电流与温度有着密切的关系,温度每升高约 10 ℃,反向电流将增大 1 倍。硅二极管比锗二极管在高温下具有较好的稳定性。

3.2.3 常用晶体二极管

1) 整流二极管

整流二极管的作用是将交流电整流成脉动直流电,它是利用二极管单向导电特性工作的。整流二极管正向工作电流较大,工艺上大多用面接触结构,其电容较大,因此,整流二极管工作频率一般小于 3 kHz。

整流二极管主要有全封闭金属结构封装和塑料封装两种封装形式。通常,额定正向工作电流在 1 A 以上的整流二极管采用金属封装,以利于散热;额定正向工作电流在 1 A 以下的整流二极管采用塑料封装。另外,由于工艺技术的不断提高,也有不少较大功率的整流二极管采用塑料封装,在使用中应以区别。

整流电路通常为桥式整流电路,有将 4 个整流管封装在一起的元件,称为整流桥或整流全桥(简称全桥),如图 3.2.2 所示。

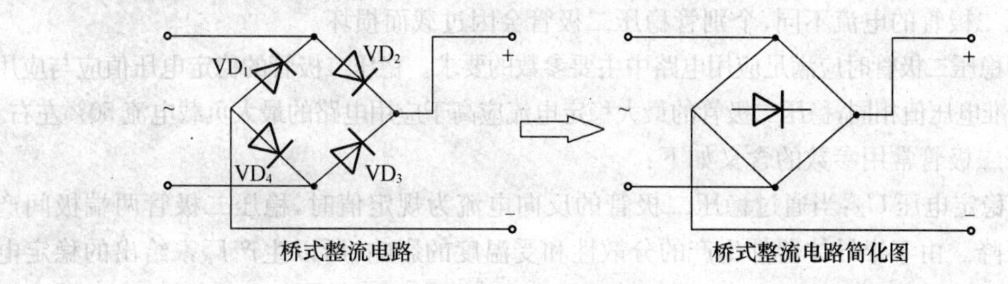

图 3.2.2　桥式整流电路

选用整流二极管时，主要应考虑其最大整流电流、最大反向工作电流、截止频率及反向恢复时间等参数。普通串联稳压电源电路中使用的整流二极管，对截止频率和反向恢复时间要求不高(可用 1N 系列、2CZ 系列、RLR 系列的整流二极管)。开关稳压电源的整流电路及脉冲整流电路中使用的整流二极管，应选用工作频率高、反向恢复时间较短的整流二极管(例如：RU 系列、EU 系列、V 系列、1SR 系列或快速恢复二极管)。

2) 检波二极管

检波二极管是利用 PN 结伏安特性的非线性把叠加在高频信号上的低频信号分离出来的一种二极管。检波二极管要求正向压降小、检波效率高、结电容小、频率特性好，其外形一般采用丙烯酸乙酯(EA)玻璃封装结构。一般检波二极管采用锗材料点接触型结构。

选用检波二极管时，应根据电路的具体要求选择工作频率高、反向电流小、正向电流足够大的检波二极管。部分 2AP 型检波二极管主要参数如表 3.2.1 所示。

表 3.2.1　部分 2AP 型检波二极管的主要参数

型　号	击穿电压 U_R(V)	反向漏电流 I_R(μA)	最高反向工作电压 U_{RM}(V)	额定正向电流 I_F(mA)	检波损耗 L_{rd}(dB)	截止频率 f(MHz)	势垒电容 C_B(pF)
2AP9	20	≤200	15	≥8	≥20	100	≤0.5
2AP10	40	≤200	30				

检波二极管常用参数的含义如下：

(1) 正向电压降 U_f：检波二极管通过正向电流为规定值时，在极间产生的电压降。

(2) 击穿电压 U_R：检波二极管通过反向电流为规定值时，在极间产生的电压降。

(3) 检波效率 η：输出低频电压幅值与输入高频调幅波包络幅值之比。当输出为直流电压时则与输入为高频等幅波的幅值之比。

(4) 零点结电容 G_{j0}：零偏压下检波二极管的总电容。

(5) 浪涌电流 I_{sur}：通过检波二极管正向脉冲电流最大允许值。

3) 稳压二极管

稳压二极管又称齐纳二极管，有玻璃封装、塑料封装和金属外壳封装三种。稳压二极管是利用 PN 结反向击穿时电压基本上不随电流变化的特点来达到稳压的目的。稳压二极管正常工作时工作于反向击穿状态，外电路要加合适的限流电阻，以防止烧毁稳压二极管。

稳压二极管根据击穿电压分挡，其稳定电压值就是击穿电压值。稳压二极管主要作为稳压器或电压基准元件使用，可以串联使用，其稳定电压值为各稳压二极管稳定电压值之和。稳压二极管不能并联使用，原因是每个稳压二极管的稳定电压值有差异，并联后通过每个稳压二极管的电流不同,个别管稳压二极管会因过载而损坏。

选用稳压二极管时应满足应用电路中主要参数的要求。稳压二极管的稳定电压值应与应用电路的基准电压值相同,稳压二极管的最大稳定电流应高于应用电路的最大负载电流 50%左右。

稳压二极管常用参数的含义如下:

(1) 稳定电压 U_Z:当通过稳压二极管的反向电流为规定值时,稳压二极管两端极间产生的电压降。由于半导体器件生产的分散性和受温度的影响,所以生产厂家给出的稳定电压是一个电压范围。

(2) 动态电阻 R_Z:在测试电流下,稳压二极管两端电压的变化量与通过稳压二极管的电流变化量之比。对于一个稳压二极管来说,通常是工作电流越大则动态电阻越小,动态电阻越小则稳压性能越好。

(3) 最大耗散功率 P_{ZM}:在给定的条件下,稳压二极管允许承受的最大功率。

(4) 最大工作电流 I_{ZM}:在最大耗散功率下,稳压二极管允许通过的电流。

(5) 正向压降 U_f:稳压二极管正向通过规定的电流时,极间产生的电压降。

(6) 反向漏电流 I_R:稳压二极管在规定反向电压下,产生的漏电流。

(7) 最高结温 T_{JM}:在工作状态下,稳压二极管 PN 结的最高温度。

部分稳压二极管主要参数如表 3.2.2 所示。

表 3.2.2 部分 IN 系列、2CW、2DW 型稳压二极管的主要参数

<table>
<tr><th>型　号</th><th>稳定电压
U_Z(V)</th><th>动态电阻
R_Z(Ω)</th><th>温度系数
C_{TV}(1/℃)</th><th>工作电流
I_Z(mA)</th><th>最大电流
I_{ZM}(mA)</th><th>额定功耗
P_Z(W)</th></tr>
<tr><td>1N748</td><td>3.8～4.0</td><td>100</td><td></td><td rowspan="2">20</td><td rowspan="4"></td><td rowspan="5">0.5</td></tr>
<tr><td>1N752</td><td>5.2～5.7</td><td>35</td><td></td></tr>
<tr><td>1N962</td><td>9.5～11.9</td><td>25</td><td></td><td rowspan="2">10</td></tr>
<tr><td>1N964</td><td>13.5～14.0</td><td>35</td><td></td></tr>
<tr><td>2CW50</td><td>1.0～2.8</td><td>50</td><td>$\geqslant -9\times10^{-4}$</td><td rowspan="2">10</td><td>83</td></tr>
<tr><td>2CW54</td><td>5.5～6.5</td><td>30</td><td>$-3\times10^{-4}\sim5\times10^{-4}$</td><td>38</td><td rowspan="9">0.25</td></tr>
<tr><td>2CW58</td><td>9.2～10.5</td><td>25</td><td>$\geqslant -8\times10^{-4}$</td><td rowspan="2">5</td><td>23</td></tr>
<tr><td>2CW60</td><td>11.5～12.5</td><td>40</td><td>$\geqslant -9\times10^{-4}$</td><td>19</td></tr>
<tr><td>2CW64</td><td>18～21</td><td>75</td><td>$\leqslant 10\times10^{-4}$</td><td rowspan="3">3</td><td>11</td></tr>
<tr><td>2CW66</td><td>20～24</td><td>85</td><td>$\leqslant 10\times10^{-4}$</td><td>9</td></tr>
<tr><td>2CW68</td><td>27～30</td><td>95</td><td>$\leqslant 10\times10^{-4}$</td><td>8</td></tr>
<tr><td>2DW230
(2DW7A)</td><td>5.8～6.6</td><td>≤25</td><td>$\leqslant \lvert 0.05\rvert \times10^{-4}$</td><td rowspan="3">10</td><td rowspan="3">30</td></tr>
<tr><td>2DW231
(2DW7B)</td><td>5.8～6.6</td><td>≤15</td><td>$\leqslant \lvert 0.05\rvert \times10^{-4}$</td></tr>
<tr><td>2DW232
(2DW7C)</td><td>6.0～6.5</td><td>≤10</td><td>$\leqslant \lvert 0.05\rvert \times10^{-4}$</td><td>0.2</td></tr>
</table>

注:最大电流可根据公式 $I_{ZM}=P_Z/U_Z$ 计算得出。工作电流一般取最大电流的 1/5～1/2,稳压效果较好。

4) 变容二极管

变容二极管是利用反向偏压来改变二极管 PN 结电容量的特殊半导体器件。变容二极管相当于一个电压控制的电容量可变的电容器,它的两个电极之间的 PN 结电容大小,随加到变容二极管两端反向电压大小的改变而变化。变容二极管主要应用于电调谐、自动频率控制、稳频等电路中,作为一个可以通过电压控制的自动微调电容器,起到改变电路频率特性的作用。

选用变容二极管时应考虑其工作频率、最高反向工作电压、最大正向电流和零偏压结电容等参数是否符合应用电路的要求，应选用结电容变化大、高 Q 值、反向漏电流小的变容二极管。部分变容二极管的主要参数如表 3.2.3 所示。

表 3.2.3　部分 2CC、1N 系列变容二极管的主要参数

型　号	反向工作峰值电压 U_{RM}(V)	最大结电容 C_{max}(pF)	最大变容比 C_{max}/C_{min}	反向电流 I_R(μA)
2CC12A	10	10	4	
2CC12C		30±6	8.7	
2CC12D	12	40±6	11.5	≤20
2CC12E	15	45	9	
1N5439		3.3	2.3～3.1	
1N5443	≥30	10.0	2.6～3.1	≤20
1N5447		20.0	2.6～3.1	
测试条件	$I_R=0.5\mu A$	$U_R=0$	$U_R=U_{RM}$	$U_R=U_{RM}$

5）光敏二极管

光敏二极管在光照射下其反向电流与光照度成正比，常应用于光电转换及光控、测光等自动控制电路中。

部分 2CU 型硅光敏二极管的主要参数如表 3.2.4 所示。

表 3.2.4　部分 2CU 型硅光敏二极管的主要参数

型　号	最高反向工作电压 U_{RM}(V)	暗电流 I_D(μA)	光电流 I_L(μA)	峰值波长 λ_P(Å)	响应时间 t_r(ns)
2CU1A	10				
2CU1B	20	≤0.2	≥80		
2CU1C	30			8 800	≤5
2CU2A	10				
2CU2B	20	≤0.1	≥30		
2CU2C	30				
测试条件	$I_R=I_D$	无光照 $U=U_{RM}$	光照度 $E=1\,000$ lx $U=U_{RM}$		$R_L=50\ \Omega$ $U=10$ V $f=300$ Hz

6）发光二极管

发光二极管(LED)能把电能直接快速地转换成光能，属于主动发光器件。常用做显示、状态信息指示等。

发光二极管除了具有普通二极管的单向导电特性之外，还可以将电能转换为光能，给发光二极管外加正向电压时，它也处于导通状态，当正向电流流过管芯时，发光二极管就会发光，将电能转换成光能。

发光二极管的发光颜色主要由制作材料以及掺入杂质种类决定。目前常见的发光二极管发光颜色主要有蓝色、绿色、黄色、橙色、红色、白色等，其中白色发光二极管为新产品，主要应用于手机背光灯、液晶显示器背光灯、照明等领域。

发光二极管的工作电流通常为 2～25 mA，其工作电流不能超过额定值太多，否则有烧毁的危险。因此，通常在发光二极管回路中串联一个电阻作为限流电阻，限流电阻的阻值 R

为:$R=(U-U_F)/I_F$,式中,U 是电源电压,U_F 是工作电压,I_F 是工作电流。

工作电压(即正向压降)随着材料的不同而不同,普通绿色、黄色、红色、橙色发光二极管的工作电压约 2 V,白色发光二极管的工作电压通常高于 2.4 V,蓝色发光二极管的工作电压通常高于 3.3 V。

红外发光二极管是一种特殊的发光二极管,其外形和发光二极管相似,只是发出的是红外光,正常情况下人眼是看不见的。其工作电压约为 1.4 V,工作电流一般小于 20 mA。

有些公司将两个不同颜色的发光二极管封装在一起,使之成为双色发光二极管(又称变色发光二极管),这种发光二极管通常有 3 个引脚,其中一个是公共脚,可以发出三种颜色的光(其中一种是两种颜色的混合色),故通常作为不同工作状态的指示器件。

部分发光二极管主要参数如表 3.2.5 所示。

表 3.2.5　部分 2EF 系列发光二极管主要参数

型　号	工作电流 I_F(mA)	正向电压 U_F(V)	发光强度 I(mcd)	最大工作电流 I_{FM}(mA)	反向耐压 U_{BR}(V)	发光颜色
2EF401	10	1.7	0.6	50	≥7	红
2EF411	10	1.7	0.5	30	≥7	红
2EF441	10	1.7	0.2	40	≥7	红
2EF501	10	1.7	0.2	40	≥7	红
2EF551	10	2.0	1.0	50	≥7	黄绿
2EF601	10	2.0	0.2	40	≥7	黄绿
2EF641	10	2.0	1.5	50	≥7	红
2EF811	10	2.0	0.4	40	≥7	红
2EF841	10	2.0	0.8	30	≥7	黄

7) 双向触发二极管

双向触发二极管也称二端交流器件(DIAC)。它是一种硅双向触发开关器件,当双向触发二极管两端施加的电压超过其击穿电压时,两端即导通,将持续到电流中断或降到器件的最小保持电流才会再次关断。双向触发二极管常应用在过压保护电路、移相电路、晶闸管触发电路、定时电路中。双向触发二极管在常用的调光灯中的应用电路如图 3.2.3所示。

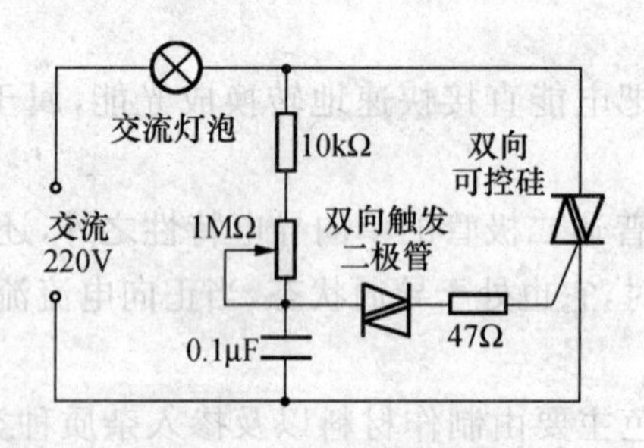

图 3.2.3　调光台灯电路

8) 其他特性二极管

(1) 肖特基二极管

肖特基二极管具有反向恢复时间很短、正向压降较低的特性,可用于高频整流、检波、高速脉冲钳位等。

(2) 快速恢复二极管

快速恢复二极管正向压降与普通二极管相近，但反向恢复时间短，耐压比肖特基二极管高得多，可用做中频整流元件。

(3) 开关二极管

开关二极管的反向恢复时间很短，主要用于开关脉冲电路和逻辑控制电路中。

3.2.4 晶体二极管使用注意事项

1) 普通二极管

(1) 在电路中应按注明的极性进行连接。

(2) 根据需要正确选择型号。同一型号的整流二极管可串联、并联使用。在串联、并联使用时，应视实际情况决定是否需要加入均衡(串联均压，并联均流)装置(或电阻)。

(3) 引出线的焊接或弯曲处，离管壳距离不得小于 10 mm。为防止因焊接时过热而损坏，要使用功率低于 60 W 的电烙铁，焊接时间要快(2～3 s)。

(4) 应避免靠近发热元件，并保证散热良好。工作在高频或脉冲电路的二极管，引线要尽量短。

(5) 对整流二极管，为保证其可靠工作，反向电压常降低 20%使用。

(6) 切勿超过手册中规定的最大允许电流和电压值。

(7) 硅管和锗管不能互相代换。二极管代换时，代换的二极管其最高反向工作电压和最大整流电流不应小于被代换管。根据工作特点，还应考虑其他特性，如截止频率、结电容、开关速度等。

2) 稳压二极管

(1) 可将任意稳压二极管串联使用，但不得并联使用。

(2) 工作过程中，所用稳压二极管的电流与功率不允许超过极限值。

(3) 稳压二极管接在电路中，应工作于反向击穿状态，即工作于稳压区。

(4) 稳压二极管替换时，必须使替换的稳压二极管的稳定电压额定值 U_Z 与原稳压二极管的稳定电压额定值相同，而最大工作电流则要相等或更大。

3.2.5 晶体二极管的变通运用

晶体二极管包括整流管、检波管、稳压管、发光二极管等，它们除了正常功能外，还可以变通运用。这些变通运用方法，在应急或买不到合适器件的特殊情况下，是解决问题的有效方法。

1) 普通二极管用做稳压管

利用普通二极管具有较稳定的正向压降的特性，普通二极管(整流管、检波管或开关二极管)可以作为低电压的稳压二极管使用。如图 3.2.4 所示。

硅二极管串接一限流电阻 R 后，正向接入电源与地之间，在二极管的正极可得到 0.7 V 的稳定电压；锗二极管串接一限流电阻 R 后，正向接入电源与地之间，在二极管的正极可得到0.3 V的稳定电压；限流电阻 R 的作用是控制流过二极管的正向电流 I_{VD}，通常 I_{VD} 为数毫

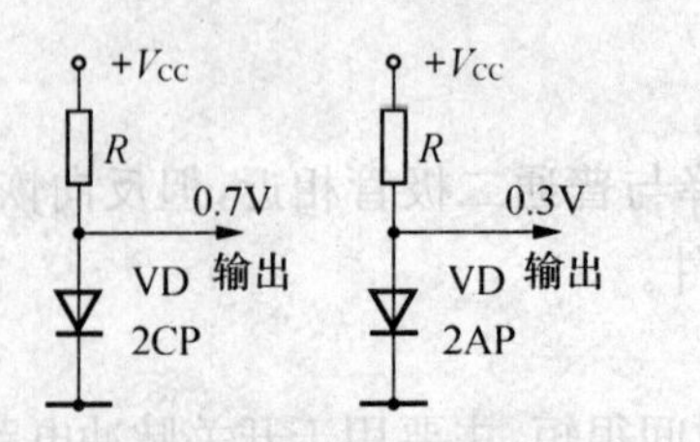

图 3.2.4 普通二极管用做稳压管

安,例如硅管的限流电阻为:$R=(+V_{CC}-0.7)/I_{VD}$。

如果需要较高的稳定电压值,可采用几个硅二极管正向串接。

2) 用二极管提高稳压管的稳定电压值

在没有合适的稳压管的情况下,可以用普通二极管来提高稳压二极管的稳定电压值。例如,需要 5.8 V 的稳定电压,但只有 5.1 V 的稳压二极管,则可在稳压二极管 VD_1 回路中正向串入一只硅二极管 VD_2,就可得到+5.8 V 的稳定电压,如图 3.2.5 所示。R 为原稳压二极管 VD_1 的限电阻,一般可不作调整。

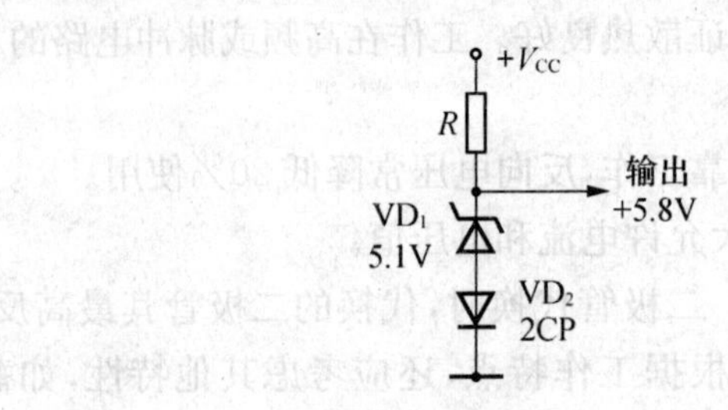

图 3.2.5 提高稳定电压值的电路

3.3 晶体三极管

晶体三极管是电子电路中广泛应用的有源器件之一,在模拟电子电路中主要起放大作用。晶体三极管还能用于开关、控制、振荡等电路中。

3.3.1 晶体三极管的分类和图形符号

1) 晶体三极管的分类

晶体三极管的分类如下:

(1) 按导电类型分类:NPN 晶体三极管,PNP 晶体三极管。

(2) 按频率分类:高频晶体三极管,低频晶体三极管。

(3) 按功率分类:小功率晶体三极管,中功率晶体三极管。

(4) 按电性能分类:开关晶体三极管,高反压晶体三极管,低噪声晶体三极管。

(5) 按按工艺方法和管芯结构分类:合金晶体三极管(均匀基区晶体三极管),合金扩散晶体三极管(缓变基区晶体三极管),台面晶体三极管(缓变基区晶体三极管),平面晶体三极管、外延平面晶体三极管(缓变基区晶体三极管)。

2）晶体三极管的图形符号和引脚排列

晶体三极管按内部半导体极性结构的不同，划分为 NPN 型和 PNP 型，这两类三极管电路符号和引脚排列如图 3.3.1 所示。

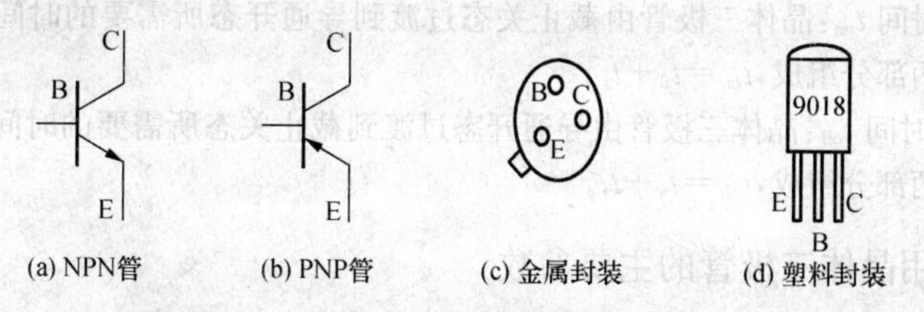

图 3.3.1 三极管图形符号和小功率管引脚排列

三极管引脚排列因型号、封装形式与功能等的不同而有所区别，小功率三极管的封装形式有金属封装和塑料外壳封装两种，大功率三极管外形一般分为“F”型和“G”型两种。

3.3.2 晶体三极管的主要技术参数

晶体三极管主要技术参数含义如下：

(1) 集电极-基极反向电流 I_{CBO}：发射极开路，集电极与基极间的反向电流。

(2) 集电极-发射极反向电流 I_{CEO}：基极开路，集电极与发射极间的反向电流（俗称穿透电流），$I_{CEO}\approx\beta I_{CBO}$。

(3) 基极-发射极饱和压降 U_{BES}：晶体三极管处于导通状态时，输入端 B、E 之间的电压降。

(4) 集电极-发射极饱和压降：U_{CES}：在共发射极电路中，晶体三极管处于饱和状态时，C、E 端间的输出压降。

(5) 输入电阻 r_{BE}：晶体三极管输出端交流短路即 $\Delta U_{CE}=0$ 时 B、E 极间的电阻。$r_{BE}=\Delta U_{BE}/\Delta I_B(U_{CE}=$常数)。

(6) 共发射极小信号直流电流放大系数 h_{FE}：$h_{FE}=I_C/I_B$。

(7) 共发射极小信号交流电流放大系数 β：$\beta=\Delta I_C/\Delta I_B(U_{CE}=$常数)。

(8) 共基极电流放大系数 α：$\alpha=I_C/I_E$。

(9) 共发射极截止频率 f_β：晶体三极管共发应用时，其 β 值下降 0.707 倍时所对应的频率。

(10) 共基极截止频率 f_α：晶体三极管共基应用时，其 α 值下降 0.707 倍时所对应的频率。

(11) 特征频率 f_T：当晶体三极管共发应用时，其 β 下降为 1 时所对应的频率，它表征晶体三极管具备电流放大能力的极限。

(12) 功率增益 K_p：晶体三极管输出功率与输入功率之比。

(13) 最高振荡频率 f_{max}：晶体三极管的功率增益 $K_p=1$ 时所对应的工作频率，它表征晶体三极管具备功率放大能力的极限。

(14) 集电极-基极反向击穿电压 U_{CBO}：发射极开路时集电极与基极间的击穿电压。

(15) 集电极-发射极反向击穿电压 U_{CEO}：基极开路时集电极与发射极间的击穿电压。

(16) 集电极最大允许电流 I_{CM}:是 β 值下降到最大值的 1/2 或 1/3 时的集电极电流。

(17) 集电极最大耗散功率 P_{CM}:是集电极允许耗散功率的最大值。

(18) 噪声系数 N_F:晶体三极管输入端的信噪比与输出端信噪比的相对比值。

(19)开启时间 t_{on}:晶体三极管由截止关态过渡到导通开态所需要的时间,它由延迟时间和上升时间两部分组成,$t_{on}=t_d+t_r$。

(20) 关闭时间 t_{off}:晶体三极管由导通开态过渡到截止关态所需要的时间,它由储存时间和下降时间两部分组成,$t_{off}=t_s+t_f$。

3.3.3 常用晶体三极管的主要参数

常用晶体三极管的主要参数如表 3.3.1、表 3.3.2 所示。

表 3.3.1 部分常用中、小功率晶体三极管主要参数

型 号	U_{CBO}(V)	U_{CEO}(V)	I_{CM}(A)	P_{CM}(W)	h_{FE}	f_T(MHz)
9011(NPN)	50	30	0.03	0.4	28~200	370
9012(PNP)	40	20	0.5	0.625	64~200	370
9013(NPN)	40	20	0.5	0.625	64~200	270
9014(NPN)	50	45	0.1	0.625	60~1 800	270
9015(PNP)	50	45	0.1	0.45	60~600	190
9016(NPN)	30	20	0.025	0.4	28~200	620
9018(NPN)	30	15	0.05	0.4	28~200	1 100
8050(NPN)	40	25	1.5	1.0	85~300	110
8550(PNP)	40	25	1.5	1.0	60~300	200
2N5401		150	0.6	1.0	60	100
2N5550		140	0.6	1.0	60	100
2N5551		160	0.6	1.0	80	100
2SC945		50	0.1	0.25	90~600	200
2SC1815		50	0.15	0.4	70~700	80
2SC965		20	5.0	0.75	180~600	150
2N5400		120	0.6	1.0	40	100

表 3.3.2 晶体三极管常用参数符号及其意义

型 号	P_{CM}(W)	f_T(MHz)	I_{CM}(A)	U_{CEO}(V)	U_{CES}(V)	I_{CBO}(mA)	t_{on}(μs)	t_{off}(μs)	h_{FE}
3DK4	0.7	100	0.6	30~45	0.5	1	0.05	—	30
3DK7	0.3	150	0.1	15	0.3	1	0.05	—	30
3DK9	0.7	120	0.8	20~80	0.5	1	0.1	—	30
3DK101	100	3	10	50~250	1.5	0.1	1.0	0.8	7~120
3DK200	200	2	12	<800	1.5	0.1	1.5	1.2	7~120
3DK201	200	3	20	50~250	1.5	0.1	1.2	1.0	7~120
DK55	40	5	3	400	1	0.2	—	—	>10
DK56	40	5	5	500	1	0.2	—	—	>10

3.3.4 晶体三极管使用注意事项

使用晶体三极管时应注意以下几点:

(1) 加到晶体三极管上的电压极性应正确。PNP 管的发射极对其他 2 个电极是正电位，而 NPN 管则应是负电位。

(2) 不论是静态、动态或不稳定态(如电路开启、关闭时)，均需防止电流、电压超出最大极限，也不得有两项以上参数同时达到极限。

(3) 选用晶体三极管主要应注意极性和下述参数：P_{CM}、I_{CM}、U_{CEO}、U_{EBO}、I_{CEO}、β、f_T 和 f_B。由于 $U_{CBO}>U_{CES}>U_{CER}>U_{CEO}$，因此只要 U_{CEO} 满足要求就可以了。一般高频工作时要求：$f_T=(5\sim10)f$，f 为工作频率。开关电路工作时则应考虑晶体三极管的开关参数。

(4) 代换晶体三极管时，只要其基本参数相同就能代换，性能高的可代换性能低的。对低频小功率管，任何型号的高、低频小功率管都可以低换，但 f_T 不能太高，只要 f_T 符合要求，一般就可以代换高频小功率管，但应选取内反馈小的晶体三极管，$h_{FE}>20$ 即可。对于低频大功率管，一般只要 P_{CM}、I_{CM}、U_{CEO} 符合要求即可，但应考虑 h_{FE}、U_{CES} 的影响。对电路中有特殊要求的参数(如 N_F、开关参数)应满足。此外，通常锗管和硅管不能互换。

(5) 工作于开关状态的晶体三极管，因 U_{CEO} 一般较低，所以应考虑是否要在基极回路加保护线路(如线圈两端并联续流二极管)，以防线圈反电动势损坏晶体三极管。

(6) 晶体三极管应避免靠近发热元件，减小温度变化和保持管壳散热良好。功率放大管在耗散功率较大时应加散热片，管壳与散热片应紧贴固定，散热装置应垂直安装，以利于空气自然对流。

(7) 国产晶体三极管 β 值的大小通常采用色标法表示，即在晶体三极管顶面涂上不同的色点，各种颜色对应的 β 值见表 3.3.3。部分进口晶体三极管在型号后加上英文字母来表示其 β 值，见表 3.3.4。

表 3.3.3 部分国产晶体三极管用色点表示的 β 值

颜色	棕	红	橙	黄	绿	蓝	紫	灰	白	黑
β	5～15	15～25	25～40	40～55	55～80	80～120	120～180	180～270	270～400	400 以上

表 3.3.4 部分进口晶体三极管用字母表示 β 值

型号	字母								
	A	B	C	D	E	F	G	H	I
9011				29～44	39～60	54～80	72～108	97～146	132～198
9018				29～44	39～60	54～80	72～108	97～146	132～198
9012				64～91	78～112	96～135	118～116	144～202	180～350
9013				64～91	78～112	96～135	118～116	144～202	180～350
9014	60～150	100～300	200～600	400～1 000					
9015	60～150	100～300	200～600	400～1 000					
8050		85～160	120～200	160～300					
8550		85～160	120～200	160～300					
5551	82～160	150～240	200～395						

3.4 场效应晶体管

3.4.1 场效应晶体管的特点

场效应是指半导体材料的导电能力随电场改变而变化的现象。

场效应晶体管(FET)是当给晶体管加上一个变化的输入信号时,信号电压的改变使加在晶体管上的电场改变,从而改变晶体管的导电能力,使晶体管的输出电流随电场信号改变而改变。其特性与电子管相似,同是电压控制器件。电子管中的电子是在真空中运动完成导电任务;而场效应晶体管是多数载流子(电子或空穴)在半导体材料中运动而实现导电的,参与导电的只有一种载流子,故又称其为单极型晶体管,简称场效应管。场效应管的内部基本构成也是PN结,是一种通过电场实现电压对电流控制的新型三端电子元器件,其外部电路特性与晶体管相似。

场效应管的特点是:输入阻抗高,在电路中便于直接耦合;结构简单,便于设计,容易实现大规模集成;温度稳定性好,不存在电流集中的问题,避免了二次击穿生;是多子导电的单极器件,不存在少子存储效应,开关速度快,截止频率高,噪声系数低;其 I、U 成平方律关系,是良好的线性器件。因此,场效应管用途广泛,可用于开关、阻抗匹配、微波放大、大规模集成等领域,构成交流放大器、有源滤波器、直流放大器、电压控制器、源极跟随器、斩波器、定时电路等。

3.4.2 场效应晶体管的分类和图形符号

1) 场效应晶体管的分类

(1) 按内部构成特点分类

主要分为结型场效应管和金属-氧化物-半导体场效应管(通常简称MOSFET)两种类型。

(2) 按工作原理分类

结型场效应管分为N沟道和P沟道两种类型;MOSFET也分为N沟道和P沟道两种类型,但每一类又分为增强型和耗尽型两种,因此MOSFET有四种类型,即N沟道增强型MOSFET、N沟道耗尽型MOSFET、P沟道增强型MOSFET、P沟道耗尽型MOSFET。

(3) 按结构和材料分类

分为以下几类:

① 结型FET (JFET)

a. 硅FET(SiFET):分为单沟道、V形槽、多沟道三类。

b. 砷化镓FET(GaAsFET):分为扩散结、生长结、异质结三类。

② 肖特基栅FET(MESFET)

a. SiMESFET。

b. GaSsMESFET:分为单栅、双栅、梳状栅三类。

c. 异质结MESFET(InPMESFET)。

③ MOSFET

a. SiMOSFET：分为 NMOS、PMOS、CMOS、DMOS、VMOS、SOS、SOI。

b. GaAsMOSFET。

c. InPMOFET。

(4) 按导电沟道分类

① N 沟道 FET：沟道为 N 型半导体材料，导电载流子为电子的 FET。

② P 沟道 FET：沟道为 P 型半导体材料，导电载流子为空穴的 FET。

(5) 按工作状态分类

① 耗尽型(常开型)：当栅源电压为 0 时已经存在导电沟道的 FET。

② 增强型(常关型)：当栅源电压为 0 时，导电沟道夹断，当栅源电压为一定值时才能形成导电沟道的 FET。

2) 场效应晶体管的图形符号

结型场效应管的图形符号如图 3.4.1 所示。

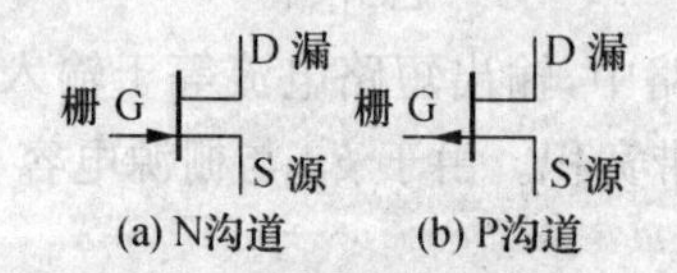

图 3.4.1 结型场效应管图形符号

MOSFET 的图形符号如图 3.4.2 所示。

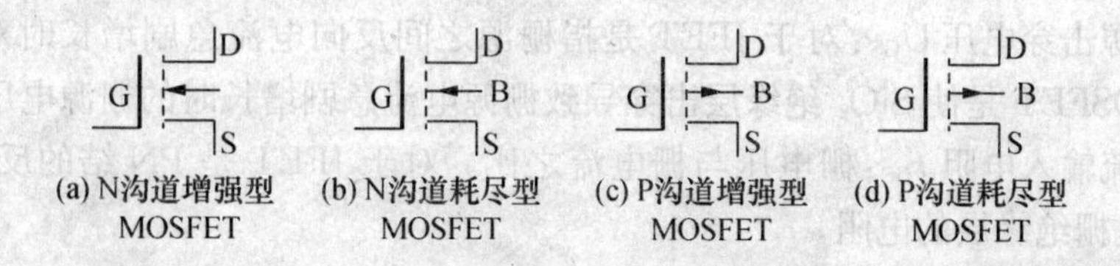

图 3.4.2 MOSFET 图形符号

例如：场效应晶体管表示符号及特性曲线如图 3.4.3 所示。

模式	类型	
	N沟道	P沟道
耗尽型	G D + S −	G D + S −
增强型	G D + S −	G D + S −

(a) JFET与MESFET

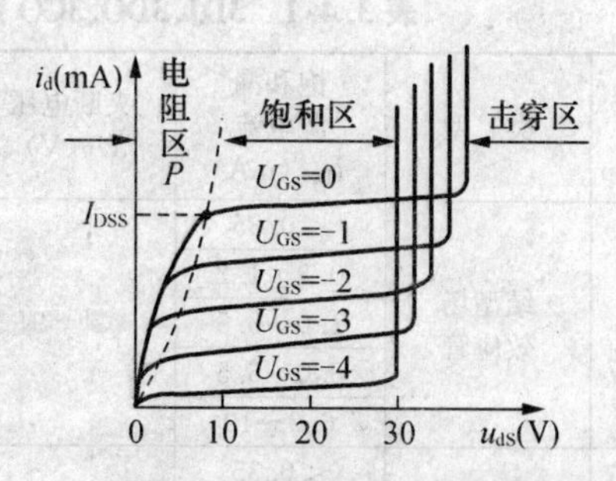

(b) N沟道JFET输出特性曲线

图 3.4.3 场效应晶体管表示符号及特性曲线

3.4.3　场效应晶体管主要技术参数

场效应管主要技术参数的含义如下：

(1) 夹断电压 U_P：在规定的漏源电压下，使漏源电流下降到规定值(即使沟道夹断)时的栅源电压 U_{GS}。此定义适用于耗尽型 JFET MOSFET。

(2) 开启电压(阈值电压)U_T：在规定的漏源电压 U_{DS} 下，使漏源电流 I_{DS} 达到规定值(即发生反型沟道)时的栅源电压 U_{GS}。此定义适用于增强型 MOSFET。

(3) 漏源饱和电流 I_{DSS}：栅源短路($U_{GS}=0$)、漏源电压足够大时，漏源电流几乎不随漏源电压变化，所对应漏源电流为漏源饱和电流。此定义适用于耗尽型 MOSFET。

(4) 跨导 g_m(g_{ms})：漏源电压一定时，栅压变化量与由此而引起的漏电流变化量之比。它表征栅电压对栅电流的控制能力，单位为西门子(S)，

$$g_{ms}=\frac{\Delta I_D}{\Delta U_{GS}}\bigg| U_{DS=\text{常数}}$$

(5) 截止频率 f_T：共源电路中，输出短路电流等于输入电流时的频率。与双极性结晶体管的 f_T 相似，也称为增益-带宽积。由于 g_m 与栅源电容 C_{GS} 都随栅压变化，所以 f_T 亦随栅压改变而改变，

$$f_T=\frac{g_m}{2\pi C_{GS}}$$

(6) 漏源击穿电压 U_{DS}：漏源电流开始急剧增加时所对应的漏源电压。

(7) 栅源击穿电压 U_{GS}：对于 JFET 是指栅源之间反向电流急剧增长时对应的栅源电压；对于 MOSFET 是使 SiO_2 绝缘层击穿导致栅源电流急剧增长时的栅源电压。

(8) 直流输入电阻 r_{GS}：栅电压与栅电流之比。对于 JFET 是 PN 结的反向电阻；对于 MOSFET 是栅绝缘层的电阻。

3.4.4　常用场效应晶体管的主要参数

3DJ、3DO、3CO 系列场效应晶体管的主要参数如表 3.4.1 所示。

表 3.4.1　3DJ、3DO、3CO 系列场效应晶体管的主要参数

<table>
<tr><th>型　号</th><th>类　型</th><th>饱和漏源电流 I_{DSS}(mA)</th><th>夹断电压 U_P(V)</th><th>开启电压 U_T(V)</th><th>共源低频跨导 g_m(mS)</th><th>栅源绝缘电阻 R_{GS}(Ω)</th><th>最大漏源电压 U_{DS}(V)</th></tr>
<tr><td>3DJ6D</td><td rowspan="5">结型场效应管</td><td><0.35</td><td rowspan="5"><|−9|</td><td rowspan="5"></td><td>300</td><td rowspan="5">≥10⁸</td><td rowspan="5">>20</td></tr>
<tr><td>3DJ6E</td><td>0.3～1.2</td><td>500</td></tr>
<tr><td>3DJ6F</td><td>1.0～3.5</td><td rowspan="3">1 000</td></tr>
<tr><td>3DJ6G</td><td>3.0～6.5</td></tr>
<tr><td>3DJ6H</td><td>6.0～10</td></tr>
<tr><td>3D01D</td><td rowspan="5">MOSFET
(N 沟道
耗尽型)</td><td><0.35</td><td rowspan="3"><|−4|</td><td rowspan="5"></td><td rowspan="5">>1 000</td><td rowspan="5">≥10⁹</td><td rowspan="5">>20</td></tr>
<tr><td>3D01E</td><td>0.3～1.2</td></tr>
<tr><td>3D01F</td><td>1.0～3.5</td></tr>
<tr><td>3D01G</td><td>3.0～6.5</td><td rowspan="2"><|−9|</td></tr>
<tr><td>3D01H</td><td>6.0～10</td></tr>
</table>

续表 3.4.1

型号	类型	饱和漏源电流 I_{DSS}(mA)	夹断电压 U_P(V)	开启电压 U_T(V)	共源低频跨导 g_m(mS)	栅源绝缘电阻 R_{GS}(Ω)	最大漏源电压 U_{DS}(V)
3D06A 3D06B	MOSFET (N沟道 增强型)	≤10		2.5~5 <3	>2 000	≥10^9	>20
3C01	MOSFET (P沟道 增强型)	≤10		|−2|~|−6|	>500	10^8~10^9	>15

3.4.5 场效应晶体管的测量

1) 用测电阻法判别结型场效应管的电极

根据场效应管的PN结正、反向电阻值不同的现象,可以判别结型场效应管的3个电极。具体方法是:将万用表拨在R×1 k挡上,任选2个电极,分别测出其正、反向电阻值。当某2个电极正、反向电阻值相等且为几千欧时,则该2个电极分别是漏极D和源极S。因为对结型场效应管而言,漏极和源极可互换,剩下的电极肯定是栅极G。也可以将万用表的黑表笔(红表笔也行)任意接触一个电极,另一只表笔依次去接触其余2个电极,测其电阻值。当出现两次测得的电阻值近似相等时,则黑表笔所接触的电极为栅极,其余2个电极分别为漏极和源极。若两次测出的电阻值均很大,说明是反向PN结,即都是反向电阻,可以判定是N沟道场效应管,且黑表笔接的是栅极;若两次测出的电阻值均很小,说明是正向PN结,即是正向电阻,判定为P沟道场效应管,黑表笔接的也是栅极。若不出现上述情况,可以调换黑、红表笔按上述方法进行测试,直到判别出栅极为止。

2) 用测电阻法判别场效应管的好坏

测电阻法是用万用表测量场效应管的源极与漏极、栅极与源极、栅极与漏极、栅极G1与栅极G2之间的电阻值与场效应管手册标明的电阻值是否相符来判别场效应管的好坏。具体方法是:首先将万用表置于R×10或R×100挡,测量源极S与漏极D之间的电阻,通常在几十欧到几千欧范围(在手册中可知,各种不同型号的场效应管,其电阻值是各不相同的),如果测得的电阻值大于正常值,可能是由于内部接触不良;如果测得的电阻值是无穷大,可能是内部断极。然后把万用表置于R×10 k挡,再测栅极G1与G2之间、栅极与源极、栅极与漏极之间的电阻值,当测得其各项电阻值均为无穷大,则说明场效应管是正常的;若测得上述各阻值太小或为通路,则说明场效应管是坏的。要注意,若2个栅极在场效应管内断极,可用元件代换法进行检测。

3) 用感应信号输入法估测场效应管的放大能力

具体方法是:用万用表的R×100挡,红表笔接源极S,黑表笔接漏极D,给场效应管加上1.5 V的电源电压,此时表针指示出漏、源极间的电阻值。然后用手捏住结型场效应管的栅极,将人体的感应电压信号加到栅极上。这样,由于场效应管的放大作用,漏源电压和漏极电流都要发生变化,也就是漏、源极间电阻发生了变化,由此可以观察到表针有较大幅度的摆动。如果手捏栅极表针摆动较小,说明场效应管的放大能力较差;表针摆动较大,表明场效应管的放大能力大;若表针不动,说明场效应管是坏的。

根据上述方法,用万用表的 R×100 挡测结型场效应管 3DJ2F。先将场效应管的栅极开路,测得漏源电阻为 600 Ω,用手捏住栅极后,表针向左摆动,指示的漏源电阻为 12 kΩ,表针摆动的幅度较大,说明该管是好的,并有较大的放大能力。

采用这种方法时要注意以下几点:

(1) 首先,在测试场效应管用手捏住栅极时,万用表针可能向右摆动(电阻值减小),也可能向左摆动(电阻值增加)。这是由于人体感应的交流电压较高,而不同的场效应管用电阻挡测量时的工作点可能不同(或者工作在饱和区或者工作在不饱和区)所致,试验表明,多数场效应管的漏源电阻增大,即表针向左摆动;少数场效应管的漏源电阻减小,使表针向右摆动。但无论表针摆动方向如何,只要表针摆动幅度较大,就说明场效应管有较大的放大能力。

(2) 此方法对 MOSFET 也适用。但要注意,MOSFET 的输入电阻高,栅极允许的感应电压不应过高,所以不要直接用手去捏栅极,必须用手握螺丝刀的绝缘柄,用金属杆去碰触栅极,以防止人体感应电荷直接加到栅极,引起栅极击穿。

(3) 每次测量完毕,应当将栅、源极间短路一下。这是因为栅、源结电容上会充有少量电荷,建立起栅源电压,造成再进行测量时表针可能不动,只有将栅、源极间电荷短路放掉才行。

4) 用测电阻法判别无标志的场效应管

首先用测量电阻的方法找出 2 个有电阻值的引脚,也就是源极和漏极,余下 2 个引脚为第一栅极 G1 和第二栅极 G2。把先用 2 个表笔测的源极与漏极之间的电阻值记下来,对调表笔再测量一次,把其测得的电阻值记下来,两次测得的电阻值较大的一次,黑表笔所接的电极为漏极,红表笔所接的为源极。用这种方法判别出来的源、漏极,还可以用估测场效应管放大能力的方法进行验证,即放大能力大的黑表笔所接的是漏极,红表笔所接地是源极,两种方法检测结果均应一样。当确定了漏、源极的位置后,按漏、源极的对应位置装入电路,一般 G1、G2 也会依次对准位置,这就确定了 G1、G2 的位置,从而就确定了漏、源极以及 G1、G2 引脚的顺序。

5) 用测反向电阻值的变化判断跨导的大小

对 VMOS N 沟道增强型场效应管测量跨导性能时,可用红表笔接源极、黑表笔接漏极,这就相当于在源、漏极之间加了一个反向电压。此时栅极是开路的,场效应管的反向电阻值是很不稳定的。将万用表的欧姆挡选在 R×10 k 的高阻挡,此时表内电压较高。当用手接触栅极时,会发现场效应管的反向电阻值有明显变化,其变化越大,说明场效应管的跨导值越高;如果被测管的跨导很小,用此法测时,反向电阻值变化不大。

3.4.6 场效应晶体管使用注意事项

(1) 为安全使用场效应管,在电路设计中不能超过场效应管的耗散功率、最大漏源电压、最大栅源电压和最大电流等参数的极限值。结型场效应管的源极、漏极可以互换使用。

(2) 各类型场效应管在使用时,都要严格按要求的偏置接人电路中,要遵守场效应管偏置的极性。如结型场效应管栅、源、漏之间是 PN 结,N 沟道场效应管栅极不能加正偏压,P

沟道场效应管栅极不能加负偏压，等等。

(3) MOSFET 由于输入阻抗极高，所以在运输、贮藏中必须将引脚短路，要用金属屏蔽包装，以防止外来感应电势将栅极击穿。尤其要注意，不能将 MOSFET 放人塑料盒子内，保存时最好放在金属盒内，同时也要注意防潮。

(4) 为了防止场效应管栅极感应击穿，要求一切测试仪器、工作台、电烙铁、电路本身都必须有良好的接地；引脚在焊接时，先焊源极；在连入电路之前，场效应管的全部引线端保持互相短接状态，焊接完后才把短接材料去掉；从元器件架上取下场效应管时，应以适当的方式确保人体接地，如采用接地环等；当然，如果能采用先进的气热型电烙铁，焊接场效应管是比较方便的，并且能确保安全；在未关断电源时，绝对不能把场效应管插人电路或从电路中拔出。以上安全措施在使用场效应管时必须注意。

(5) 在安装场效应管时，注意安装的位置要尽量避免靠近发热元件；为了防止场效应管振动，有必要将管壳体紧固起来；引脚引线弯曲时应在大于根部 5 mm 处进行，以防止弯断引脚和引起漏气等。对于功率型场效应管，要有良好的散热条件，因为功率型场效应管在高负荷条件下应用，必须设计足够的散热器，确保壳体温度不超过额定值，使其长期稳定可靠地工作。

3.5　半导体模拟集成电路

3.5.1　模拟集成电路基础知识

集成电路(IC)按其功能可分为模拟集成电路和数字集成电路。模拟集成电路用来产生、放大和处理各种模拟信号。

模拟集成电路相对数字集成电路和分立元件电路而言具有以下特点：

(1) 电路处理的是连续变化的模拟量电信号，除输出级外，电路中的信号幅度值较小，集成电路内的器件大多工作在小信号状态。

(2) 信号的频率范围通常可以从直流一直延伸至高频段。

(3) 模拟集成电路在生产中采用多种工艺，其制造技术一般比数字电路复杂。

(4) 除了应用于低压电器中的电路，大多数模拟集成电路的电源电压较高。

(5) 模拟集成电路比分立元件电路具有内繁外简的电路特点，内部构成电路复杂，外部应用方便，外接电路元件少，电路功能更加完善。

模拟集成电路按其功能可分为线性集成电路、非线性集成电路和功率集成电路。线性集成电路包括运算放大器、直流放大器、音频电压放大器、中频放大器、高频(宽频)放大器、稳压器、专用集成电路等；非线性集成电路包括电压比较器、A/D 转换器、D/A 转换器、读出放大器、调制解调器、变频器、信号发生器等；功率集成电路包括音频功率放大器、射频发射电路、功率开关、变换器、伺服放大器等。上述模拟集成电路的上限频率最高均在 300 MHz 以下，300 MHz 以上的称为微波集成电路。

3.5.2 集成运算放大器

1) 集成运算放大器简介

集成运算放大器简称集成运放,实质上是一种集成化的直接耦合式高放大倍数的多级放大器。它是模拟集成电路中发展最快、通用性最强的一类集成电路,广泛用于模拟电子电路各个领域。目前除了高频和大功率电路外,凡是由晶体管组成的线性电路和部分非线性电路都能以集成运放为基础的电路来组成。

图 3.5.1 为集成运放电路图形传统符号,它有 2 个输入端,1 个输出端,“-”号端为反向输入端,表示输出信号 U_o 与输入信号 U_- 的相位相反;“+”号端为同相输入端,表示输出信号 U_o 与输入信号 U_+ 的相位相同。集成运放通常还有电源端、外接调零端、相位补偿端、公共接地端等。集成运放的外形有圆壳式、双列直插式、扁平式、贴片式四种。

各种集成运放内部电路主要由输入级、中间级、输出级、偏置电路四部分组成,如图 3.5.2 所示。

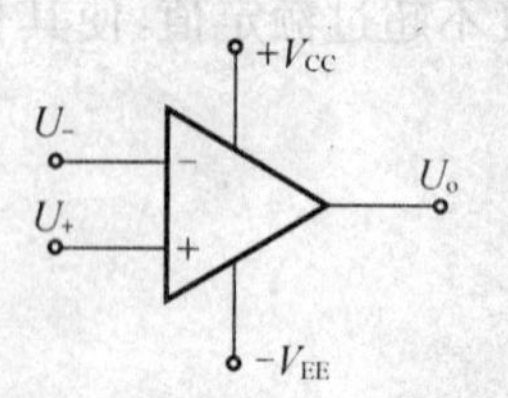

图 3.5.1 集成运放传统符号

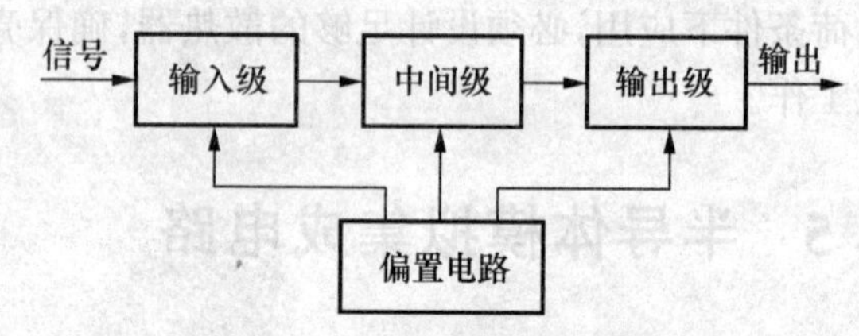

图 3.5.2 集成运放组成框图

当在集成运放的输入端与输出端之间接入不同的负反馈网络时,可以实现模拟信号的运算、处理、波形产生等不同功能。

2) 集成运算放大器的常用参数

集成运放的参数是衡量其性能优劣的标志,同时也是电路设计者选用集成运放的依据。集成运放的常用参数含义如下:

(1) 输入失调电压 U_{io}:输出直流电压为 0 时,2 个输入端之间所加的补偿电压。

(2) 输入失调电流 I_{io}:当输出电压为 0 时,2 个输入端偏置电流的差值。

(3) 输入偏置电流 I_{ib}:输出直流电压为 0 时,2 个输入端偏置电流的平均值。

(4) 开环电压增益 A_{ud}:集成运放工作于线性区时,其输出电压变化 ΔU_o 与差模输入电压变化 ΔU_i 的比值。

(5) 共模抑制比 K_{CMR}:集成运放工作于线性区时,其差模电压增益与共模电压增益的比值。

(6) 电源电压抑制比 K_{SVR}:集成运放工作于线性区时,输入失调电压随电压改变的变化率。

(7) 共模输入电压范围 U_{icr}:当共模输入电压增大到使集成运放的共模抑制比下降到正常情况的一半时所对应的共模电压值。

(8) 最大差模输入电压 U_{idm}:集成运放 2 个输入所允许加的最大电压差。

(9) 最大共模输入电压 U_{icm}:集成运放的共模抑制特性显著变化时的共模输入电压。

(10) 输出阻抗 Z_o:当集成运放工作于线性区时,在其输出端加信号电压,信号电压的变化量与对应的电流变化量之比。

(11) 静态功耗 P_d:在集成运放的输入端无信号输入、输出端不接负载的情况下所消耗的直流功率。

几种常用集成运放的主要参数如表 3.5.1 所示。

表 3.5.1　几种常用集成运放的主要参数

参数名称	参数值			
	μA741	LM324N	LM358N	LM353N
电源电压(V)	±22	3～30	3～30	3～30
电源消耗电流(mA)	2.8	3	2	6.5
温度漂移(μV/℃)	10	7	7	10
失调电压(mV)	5	7	7.5	13
失调电流(nA)	200	50	150	4
偏置电流(nA)	500	250	500	8
输出电压(V)	±10	26	26	24
单位增益带宽(MHz)	1	1	1	4
开环增益(dB)	86	88	88	88
转换速率(V/μs)	0.5	0.3	0.3	13
共模电压范围(V)	±24	32	32	22
共模抑制比(dB)	70	65	70	70

图 3.5.3 为几种常用集成运放外引脚图。

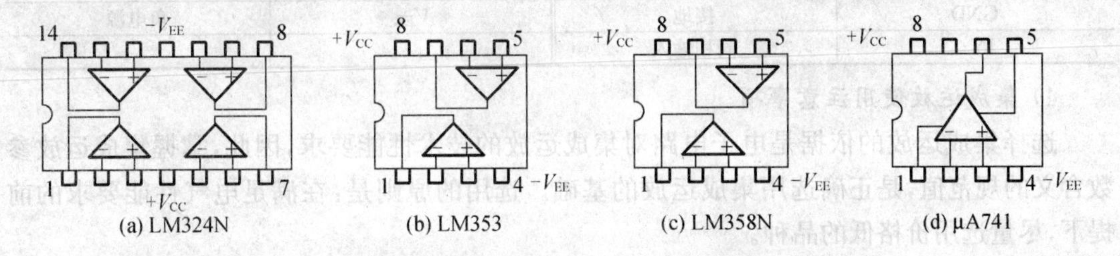

图 3.5.3　几种常用集成运放外引脚

3) 集成运算放大器的分类

集成运放通常主要分为通用型和专用型两大类，如表 3.5.2 所示。

表 3.5.2　集成运算放大器的分类和型号举例

分类			国内型号举例	相当国外型号
通用型	单运放		CF741	LM741、AD741、μA741
	双运放	单电源	CF158/258/358	LM158/258/358
		双电源	CF1558/1458	LM1558/1458、MC1558/1458
	四运放	单电源	CF124/224/324	LM124/224/324
		双电源	CF148/248/348	LM148/248/348
专用型	低功耗		CF253	μPC253
			CF7611/7621/7631	ICL7611/7621/7631/7641
	高精度		CF725	LM725、μA725、μPC725
			CF7600/7601	ICL7600/7601
	高阻抗		CF3140	CA3140
			CF351/353/354/347	LF351/353/354/347
	高速		CF2500/2505	HA2500/2505
			CF715	μA715
	宽带		CF1520/1420	MC1520/1420
	高电压		CF1536/1436	MC1536/1436

续表 3.5.2

分类		国内型号举例	相当国外型号
其他	跨导型	CF3080	LM3080、CA3080
	电流型	CF2900/3900	LM2900/3900
	程控型	CF4250、CF13080	LM4250、LM13080
	电压跟随器	CF110/210/310	LM110/210/310

注:国外型号中数字前面的字符为生产厂商代号,其中 AD 为美国模拟器件公司,CA 为美国无线电公司,HA 为日本日立公司,ICL 为美国 Intersil 公司,LM、LF 为美国国家半导体公司,MC 为美国 Motorola 公司,μA 为美国仙童公司,μPC 为日本电气公司。

集成运放常用引出端功能符号如表 3.5.3 所示。

表 3.5.3　集成运放常用引出端功能

符号	功能	符号	功能
AZ	自动调零	IN−	反向输入
BI	偏置	NC	空端
BOOSTER	负载能力扩展	OA	调零
BW	带宽控制	OUT	输出
COMP	相位补偿	OSC	振荡信号
C_X	外接电容	S	选编
DR	比例分频	V_{CC}	正电源
GND	接地	V_{EE}	负电源
IN+	同相输入		

4) 集成运放使用注意事项

选择集成运放的依据是电子电路对集成运放的技术性能要求,因此,掌握集成运放参数含义的规范值,是正确选用集成运放的基础。选用的原则是:在满足电气性能要求的前提下,尽量选用价格低的品种。

使用时不应超过其极限参数,还要注意调零,必要时要加输入、输出保护电路以及消除自激振荡的措施等,并尽可能提高输入阻抗。

集成运放电源电压典型使用值是±15 V,双电源要求对称,否则会使失调电压加大,共模抑制比变差,影响电路性能。当采用单电源供电时,应参阅生产厂商的产品说明书。

3.5.3　集成稳压器

随着集成电路的发展,稳压电路也制成了集成器件。集成稳压器具有体积小、外接线路简单、使用方便、工作可靠和通用性强等优点,因此在各种电子设备中应用十分普遍,基本上取代了由分立元器件构成的稳压电路。

集成稳压器件的种类很多,应根据设备对直流电源的要求进行选择。对于大多数电子仪器、设备和电子电路来说,通常是选用串联线性集成稳压器,其中以三端集成稳压器应用最为广泛。目前常用的三端集成稳压器是一种固定或可调输出电压的稳压器件,并有过流和过热保护。

1) 集成稳压器基本工作原理

稳压器由取样、基准、比较放大和调整元件几部分组成。工作过程为:取样部分把输出电压变化的全部或部分取出,送到比较放大器与基准电压相比较,并把比较误差电压放大,用来控制调整元件,使之产生相反的变化来抵消输出电压的变化,从而达到稳定输出电压的目的。

串联调整式稳压器基本电路框图如图 3.5.4 所示。

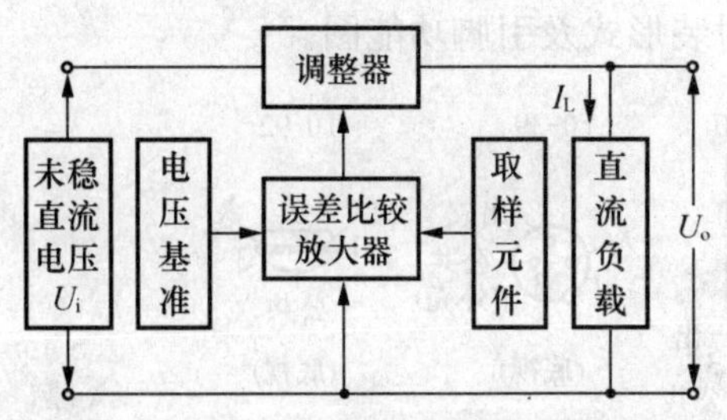

图 3.5.4 串联调整稳压器基本电路框图

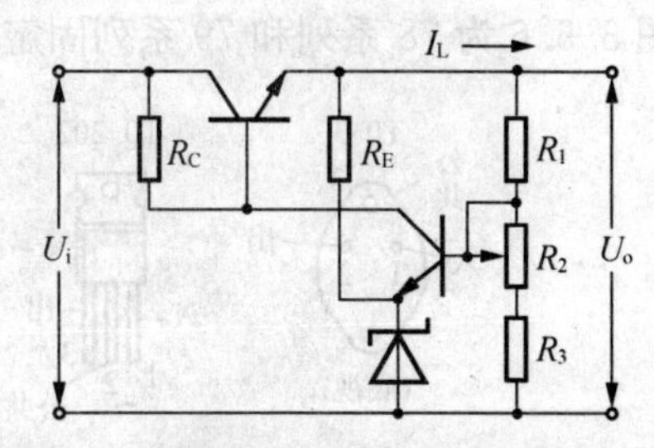

图 3.5.5 最简串联调整稳压器基本电路

当输入电压 U_i 或者负载电流 I_L 的变化引起输出电压 U_o 变化时，通过取样、误差比较放大，使调整器的等效电阻 R_S 作相应的变化，维持 U_o 稳定。

图 3.5.5 为最简单的由分立元器件组成的串联调整稳压器电路图，显然，它的框图就是图 3.5.4 的形式。

对集成串联调整式稳压器来说，除了基本的稳压电路之外，还必须有多种保护电路，通常应有过流保护电路、调整管安全区保护电路和芯片过热保护电路。其中，过流保护电路在输出短路时起限流保护作用，调整管安全区保护电路使调整管的工作点限定在安全工作区的曲线范围内，芯片过热保护电路使芯片温度限制在最高允许结温之下。

2) 集成稳压器使用常识

(1) 集成稳压器的选择

选择集成稳压器的依据是使用中的技术指标要求，例如：输出电压、输出电流、电压调整率、电流调整率、纹波抑制比、输出阻抗及功耗等参数。

集成三端稳压器主要有：固定式正电压 78 系列、固定式负电压 CW79 系列、可调式正电压 CW117/217/317 系列以及可调式负电压 CW137/237/337 系列。

表 3.5.4 为 CW78××系列部分参数。

表 3.5.4 CW78××系列部分参数

参数	CW7805C			CW7812C			CW7815C		
	最小	典型	最大	最小	典型	最大	最小	典型	最大
输入电压 U_i(V)		10			19			23	
输出电压 U_o(V)	4.75	5.0	5.25	11.4	12.0	12.5	14.4	15.0	15.6
电压调整率 S_u(mV)		3.0	100		18	240		11	300
电流调整率 S_i(mV)		15	100		12	240		12	300
静态工作电流 I_D(mA)		4.2	8.0		4.3	8.0		4.4	8.0
纹波抑制比 S_{rip}(dB)	62	78		55	71		54	70	
最小输入输出压差 U_i-U_o(V)		2.0	2.5		2.0	2.5		2.0	2.5
最大输出电流 I_{omax}(A)		2.2			2.2			2.2	

CW79××系列的参数与表 3.5.4 基本相同，只是输入、输出电压为负值。

(2) 集成稳压器的封装形式

由于模拟集成电路品种目前还没有统一命名，没有标准化，因而，各个集成电路生产厂商的集成稳压器的电路代号也各不相同。固定稳压电路和可调稳压电路的品种型号和外形结构很多，功能引脚的定义也不同。使用时需要查阅相应厂商的器件手册。集成三端稳压器固定式和可调式常见的封装形式有:T0-3、T0-202、T0-220、T0-39 和 T0-92 几种。

图 3.5.6 为 78 系列和 79 系列固定稳压器封装形式及引脚功能图。

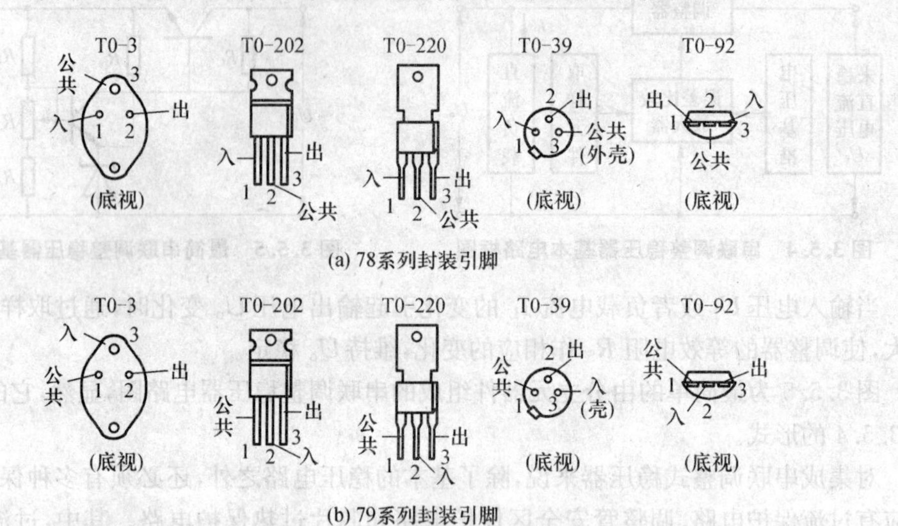

图 3.5.6　78 系列和 79 系列固定稳压器封装形式及引脚功能

3) 集成稳压器电压和电流的扩展

(1) 输入电压的扩展

在实际使用中,所需的电压和电流如果超过所选用的集成稳压器的电压和电流限度时,可以进行电压和电流的扩展。

集成稳压器通常有一个最大输入电压的极限参数,如果整流滤波后所得到的直流电压大于这个参数,就应扩展集成稳压器的输入电压。

通常可采用如图 3.5.7 所示的方法来提高输入电压。

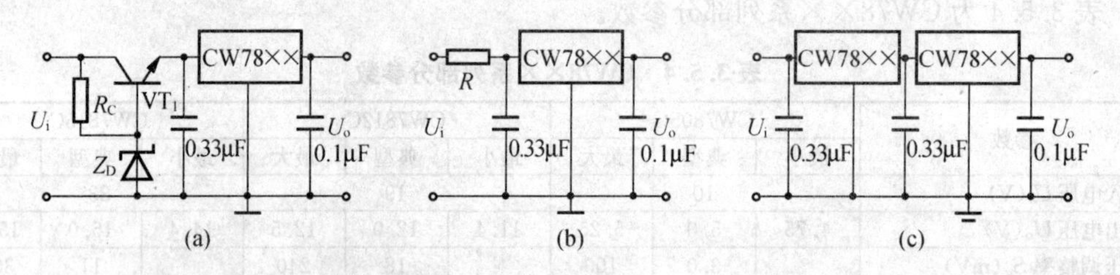

图 3.5.7　集成稳压器输入电压扩展方法

① 稳压管和晶体管降压法

如图 3.5.7(a)所示,利用稳压管稳压值和晶体管的 U_{BE} 作为集成稳压器的输入电压。

② 输入电阻降压法

如图 3.5.7(b)所示,要求集成稳压器能够承受足够高的瞬时过电压,且不允许轻载或空载。

③ 多级集成稳压器级联降压法

如图 3.5.7(c)所示,该方法效果好,但成本高。

(2) 输出电压的扩展

通常可采用如图 3.5.8 所示的方法扩展输出电压。

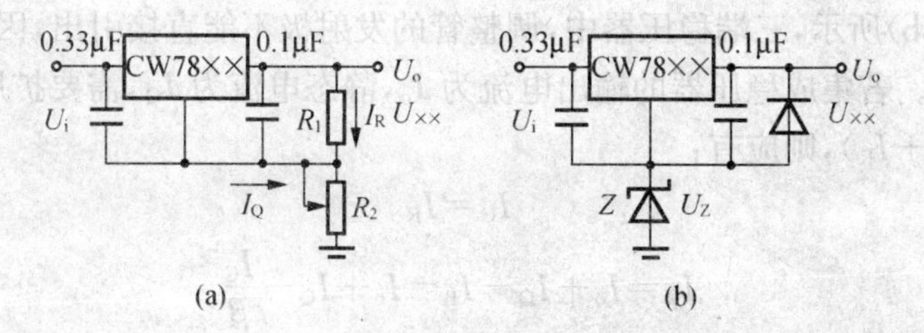

图 3.5.8　集成稳压器输出电压扩展方法

① 固定式集成稳压器输出电压调节方法

如图 3.5.8(a)所示，改变 R_2 可以调节输出电压。

由于

$$U_o = I_R(R_1 + R_2) + I_Q R_2$$

$$I_R = \frac{U_{××}}{R_1}$$

所以，

$$U_o = U_{××}\left(1 + \frac{R_2}{R_1}\right) + I_Q R_2$$

式中：I_Q 为集成稳压器的静态电流；$U_{××}$ 为集成稳压器的标称输出电压值。

② 升高输出电压法

如图 3.5.8(*b*)所示，输出电压为集成稳压器的标称输出电压和稳压二极管 VD 稳定电压之和，即

$$U_o = U_{××} + U_Z$$

(3) 输出电流的扩展

单片三端稳压器的输出电流有：0.1 A、0.5 A、1.5 A、3 A、5 A、10 A。因此，输出电流在 10 A 以内时，一般不需扩展电流。但为了降低成本，也可采取扩展电流的方法。扩展电流的方法如图 3.5.9 所示。

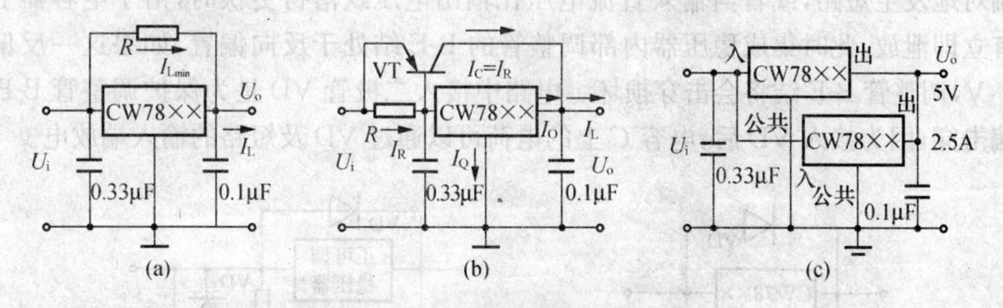

图 3.5.9　集成稳压器输出电流扩展方法

① 并联电阻扩展法

如图 3.5.9(a)所示，扩流电阻与集成稳压器的输入、输出端并联。此方法要求负载有最小的电流值 I_{Lmin}，则可确定电阻值，即

$$R \geqslant \frac{U_{imax} - U_o}{I_{Lmin}}$$

② 接入功率管扩流法

如图 3.5.9(b)所示，三端稳压器中，调整管的发射极不能直接引出，因此不能采用复合管的方式来扩流。若集成稳压器的输出电流为 I_o，静态电流为 I_Q，需要扩展的电流为 I_r(即负载电流 $I_L=I_o+I_R$)，则应有：

$$I_C=I_R$$

$$I_R=I_o+I_Q-I_B=I_o+I_Q-\frac{I_C}{\beta}$$

式中：I_C 为外接功率管 VT 的集电极电流；β 为功率管放大系数。

电阻 R 应取：

$$R=\frac{U_{BE}}{I_R}=\frac{U_{BE}}{I_o+I_Q-\dfrac{I_R}{\beta}}$$

③ 多片集成稳压器并联扩流法

如图 3.5.9(c)所示，以 CW7805 为例，每一片集成稳压器的最大电流为 1.5 A，则 2 片集成稳压器并联，可以使最大输出电流增大近 1 倍(可达到 2 片集成稳压器输出电流之和的约 85%)。但是，2 片集成稳压器并联必须满足以下条件：

a. 2 个集成稳压器的输出电压的偏差小于 30～40 mV；

b. 2 个集成稳压器的负载调整率的偏差小于 15%；

c. 2 个集成稳压器的输出电压温度系数的偏差小于 15%。

4) 集成稳压器保护电路

在大多数线性集成稳压器中，一般在芯片内部都设置了输出短路保护、调整管安全工作区保护及芯片过热保护等功能，因而在使用时不需再设置这类保护。但是，在某些应用中，为确保集成稳压器可靠工作，仍要设置一些特定的保护电路。

(1) 调整管的反偏保护

如图 3.5.10(a)所示，当稳压器输出端接入较大的电容 C 或负载为容性时，若稳压器的输入端对地发生短路，或者当输入直流电压比输出电压跌落得更快时，由于电容器上的电压没有立即泄放，此时集成稳压器内部调整管的 B-E 结处于反向偏置，如果这一反偏电压超过 7 V，调整管 B-E 结将会击穿损坏。电路中接入二极管 VD 是为保护调整管 B-E 结不致反偏击穿，因为接入 VD 后，电容 C 上的电荷可以通过 VD 及短路的输入端放电。

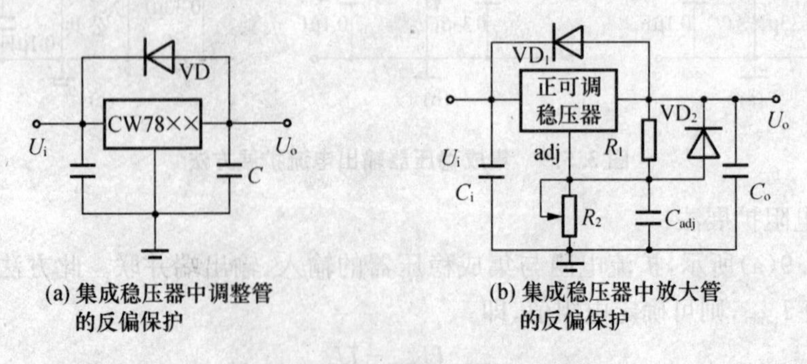

(a) 集成稳压器中调整管的反偏保护　　(b) 集成稳压器中放大管的反偏保护

图 3.5.10　集成稳压器保护电路

(2) 放大管的反偏保护

如图 3.5.10(b)所示，电容 C_{adj} 是为了改善输出纹波抑制比而设置的，电容量在 10 μF 以上，C_{adj} 的上端接 adj 端，此端接到集成稳压器内部一放大管的发射极，该放大管的基极接 U_o 端。如果不接入二极管 VD_2，则在稳压器的输出端对地发生短路时，由于 C_{adj} 不能立即放电而使集成稳压器内部放大管的 B-E 结处于反偏，也会引起击穿。设置二极管 VD_2 后，可以使集成稳压器内部放大管的 B-E 结得到保护。

5) 集成稳压器功能的扩展

集成稳压器的功能经扩展后具有以下功能。

(1) 遥控开关

图 3.5.11 所示为电源的遥控开关电路，利用数字信号即可控制。

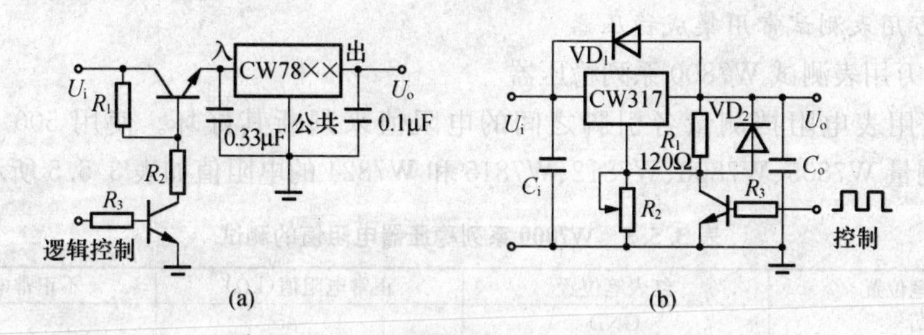

图 3.5.11　电源的遥控开关电路

(2) 光控开关

图 3.5.12 所示为电源的光控开关电路。

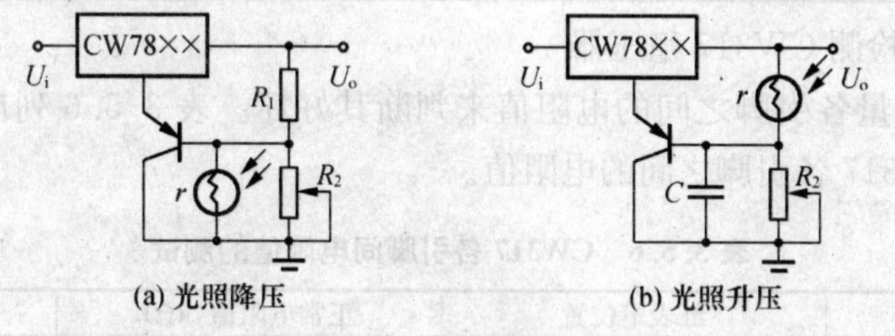

图 3.5.12　光控电源电路

其输出电压为：

$$U_o = U_{\times\times}\left(1+\frac{R_2//r}{R_1}\right)(\text{降压})$$

$$U_o = U_{\times\times}\left(1+\frac{R_2}{r}\right)(\text{升压})$$

(3) 慢启动电源

当要求电源开通后直流电压缓慢输出时，可采用图 3.5.13 所示电路。只有等电容 C 充电到使晶体管 VT 截止，输出电压 U_o 才开始建立。

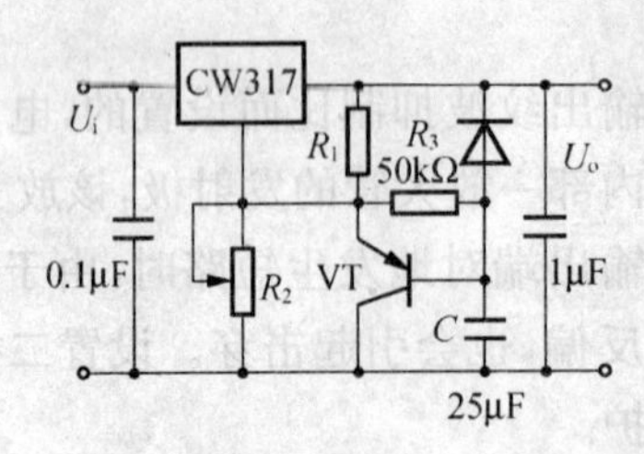

图 3.5.13　慢启动电源

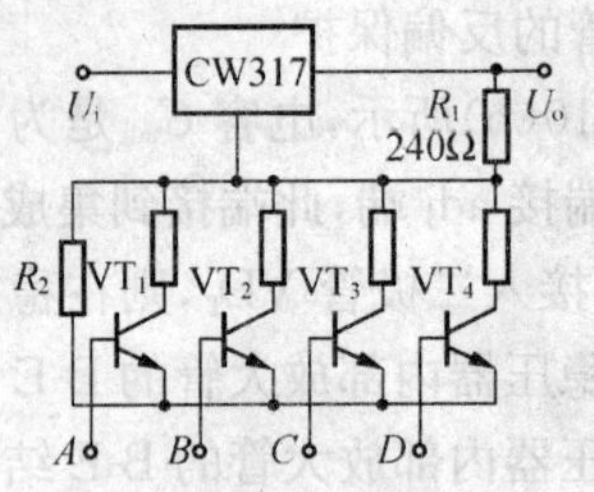

图 3.5.14　程控电源

(4) 程控电源

图 3.5.14 所示是程控电源原理电路。用数字量 A、B、C、D 控制晶体管 $VT_1 \sim VT_4$，可以改变输出电压 U_o 的大小。

6) 用万用表测试常用集成稳压器

(1) 用万用表测试 W7800 系列稳压器

可用万用表电阻挡测量各引脚之间的电阻值来判断其好坏。使用 500 型万用表 R×1 k挡测量 W7805、W7806、W7812、W7815 和 W7824 的电阻值如表 3.5.5 所示。

表 3.5.5　W7800 系列稳压器电阻值的测试

黑表笔位置	红表笔位置	正常电阻值(kΩ)	不正常电阻值
U_i	GND	15～45	—
U_o	GND	4～12	—
GND	U_i	4～6	0 或∞
GND	U_o	4～7	—
U_i	U_i	30～50	—
U_o	U_o	4.5～5.5	—

(2) 用万用表检测 CW317 稳压器

可用万用表测量各引脚之间的电阻值来判断其好坏。表 3.5.6 列出用 500 型万用表 R×1 k挡测量 CW317 各引脚之间的电阻值。

表 3.5.6　CW317 各引脚间电阻值的测试

黑表笔位置	红表笔位置	正常电阻值(kΩ)	不正常电阻值
U_i	GND	150	—
U_o	GND	28	—
GND	U_i	24	0 或∞
GND	U_o	500	—
U_i	U_i	7	—
U_o	U_o	4	—

3.5.4　集成功率放大器

1) 集成功放概述

在实用电路中，通常要求放大电路的输出级能够输出一定的功率，以驱动负载。能够向负载提供足够信号功率的电路称为功率放大电路，简称功放。集成功放广泛应用于电子仪器、音响设备、通信和自动控制系统等领域。总之，扬声器前面必须有功放电路。一些测控系统中的控制电路部分也必须有功放电路。

集成功放的应用电路由集成功放和一些外部阻容元件构成。

集成功放与分立元件功放相比，其优点是：体积小，重量轻，成本低，外接元件少，调试简单，使用方便，性能优越（如温度稳定性好、功耗低、电源利用率高、失真小），可靠性高，有的还采用了过流、过压、过热保护以及防交流声、软启动等技术。

集成功放的主要缺点是：输出功率受限制，过载能力较分立元件功放电路差，原因是集成功放增益较大，易产生自激振荡，其后果轻则使功放管损耗增加，重则会烧毁功放管。

2）集成功放的类型

集成功放普遍采用无输出变压器（OTL）或无输出电容器（OCL）电路。集成功放品种较多，有单片集成功放组件、由集成功率驱动器外接大功率管组成的混合功率放大电路。输出功率从几十毫瓦到几百瓦。目前可制成输出功率 1 000 W、电流 300 A 的厚膜音频功放电路。

根据集成功放内部构成和工作原理的不同，有三种常见类型：OTL 功放、OCL 功放、无平衡变压器（BTL）功放（即桥式推挽功放）。各类功放电路均有各种不同输出功率和不同电压增益的集成电路。使用 OTL 电路时应特别注意与负载电路之间要接一个大电容。

3）集成功放的主要参数

（1）最大输出功率 P_{om}：功放电路在输入信号为正弦波、并且输出波形不失真的状态下，负载电路可获得的最大交流功率。数值上等于在电路最大不失真状态下的输出电压有效值与输出电流有效值的乘积，即

$$P_{omax}=U_{om}I$$

（2）转换效率 η：电路最大输出功率与直流电源提供的直流功率之比，即

$$\eta=\frac{P_{om}}{P_E}$$

式中：P_E 为功放电路电源提供的直流功率，$P_E=I_{CC}V_{CC}$。

3.5.5 集成器件的测试

要对集成电路作出正确判断，首先要掌握该集成电路的用途、内部结构原理、主要参数等，必要时还要分析内部电原理图。如果具有各引脚对地直流电压和波形以及对地正反向直流电阻值，则对正确判断提供了有利条件。然后按故障现象判断其部位，再按部位查找故障元件。有时需要用多种判断方法证明该器件是否确属损坏。一般对集成电路的检查判断方法有以下两种。

1）离线判断

离线判断即不在线判断，是指集成电路未焊入印制电路板时的判断。这种方法在没有专用仪器设备的情况下，要确定该集成电路的质量好坏是很困难的，一般情况下可用直流电阻法测量各引脚对应于接地引脚间的正反向电阻值，并与合格的集成电路进行比较，也可以采用替换法把可疑的集成电路插到正常设备同型号集成电路的位置上来确定其好坏。如有条件，可利用集成电路测试仪对主要参数进行定量检验，这样使用就更有保证。

2）在线判断

在线判断是指集成电路连接在印制电路板上时的判断。在线判断是检修集成电路在

电视、音响、录像设备中最实用的方法。具体方法如下。

(1) 电压测量法

主要是测出各引脚对地的直流工作电压值,然后与标称值相比较,以此来判断集成电路的好坏。用电压测量法来判断集成电路的好坏是检修中最常采用的方法之一,但要注意区别非故障性的电压误差。测量集成电路各引脚的直流工作电压时,如遇到个别引脚的电压与原理图或维修技术资料中所标电压值不符,不要急于断定集成电路已损坏,应该先排除以下几个因素后再确定。

① 所提供的标称电压是否可靠,因为有一些说明书、原理图等资料上所标的数值与实际电压有较大差别,有时甚至是错误的。此时,应多找一些有关资料进行对照,必要时分析内部原理图与外围电路再进行理论上的计算或估算来证明电压是否有误。

② 要区别所提供的标称电压的性质,其电压属于哪种工作状态的电压。因为集成电路的个别引脚随着注入信号的不同而明显变化,所以此时可改变波段或录放开关的位置,再观察电压是否正常。如后者为正常,则说明标称电压属某种工作电压,而该工作电压是指在某一特定条件下而言,即测试的工作状态不同,所测电压也不同。

③ 要注意由于外围电路可变元件引起的引脚电压变化。当测量出的电压与标称电压不符时,可能因为个别引脚或与该引脚相关的外围电路连接的是一个阻值可变的电位器或开关,这些电位器和开关所处的位置不同,引脚电压会有明显不同,所以当出现某一引脚电压不符时,要考虑引脚或与该引脚相关联的电位器和开关的位置变化,可旋动或拨动开头看引脚电压能否在标称值附近。

④ 要防止由于测量造成的误差。由于万用表表头内阻不同或不同直流电压挡会造成误差。一般原理上所标的直流电压都以测试仪表的内阻大于 20 kΩ/V 进行测试的。用内阻小于 20 kΩ/V 的万用表进行测试时,将会使被测结果低于原来所标的电压。另外,还应注意不同电压挡上所测的电压会有差别,尤其用大量程挡,读数偏差影响更显著。

⑤ 当测得某一引脚电压与正常值不符时,应根据该引脚电压对集成电路正常工作有无重要影响以及其他引脚电压的相应变化进行分析,才能判断集成电路的好坏。

⑥ 若集成电路各引脚电压正常,则一般认为集成电路正常;若集成电路部分引脚电压异常,则应从偏离正常值最大处入手,检查外围元件有无故障,若无故障,则集成电路很可能损坏。

⑦ 对于动态接收装置,如电视机,在有无信号时,集成电路各引脚电压是不同的。如发现引脚电压不该变化的反而变化大,应该随信号大小和可调元件不同位置而变化的反而不变化,就可确定集成电路损坏。

⑧ 对于多种工作方式的装置,如录像机,在不同工作方式下,集成电路各引脚电压是不同的。

以上几点就是在集成电路没有故障的情况下,由于某种原因而使所测结果与标称值不同。所以总的来说,在进行集成电路直流电压或直流电阻测试时要规定一个测试条件,尤其是在作为实测经验数据记录时更要注意这一点。

(2) 在线直流电阻普测法

此方法是在发现引脚电压异常后,通过测试集成电路的外围元器件好坏来判定集成电路是否损坏。由于是断电情况下测量电阻值，所以比较安全，并可以在没有资料和数据而且不必了解其工作原理的情况下，对集成电路的外围电路进行在线检测，在相关的外围电路中，以快速的方法对外围元器件进行测量，以确定是否存在较明显的故障。具体操作是：首先，用万用表 R×10 挡分别测量二极管和三极管的正反向电阻值，此时由于欧姆挡位定得很低，外围电路对测量数据的影响较小，可明显地看出二极管、三极管的正反向电阻，尤其是 PN 结的正向电阻增大或短路更容易发现；然后，可对电感是否开路进行普测，正常时电感两端阻值较大，那么即可断定电感开路；最后，根据外围元器件参数的不同，采用不同的欧姆挡位测量电容和电阻，检查有否较为明显的短路和开路性故障，从而排除由于外围电路引起的个别引脚的电压变化。

(3) 电流流向跟踪电压测量法

此方法是根据集成块内部电路图和外围元器件所构成的电路，并参考供电电压，即主要测试点的已知电压进行各点电位的计算或估算，然后对照所测电压是否符合，来判断集成电路的好坏。本方法必须具备完整的集成电路内部电路图和外围电路原理图。

第2篇 基础型(验证性)实验

4 模拟电子电路基础实验

模拟电子电路实验是模拟电子技术基础实验中低频部分的教学内容,是电类和计算机类学生的重要专业基础实验。必须学好电子电路基础理论,掌握电子电路实验技术,掌握各种电子元器件的使用知识、电子工艺技术、电子测量技术等知识,才能顺利地进行实验。

模拟电子电路实验应根据实验目的、要求、注意事项进行实验,通过实验,学会实验的测试、调整、故障排除方法,掌握读取、记录、分析和处理实验数据的方法。实验报告必须正确反映实验过程和实验结果。

模拟电子电路实验,按实验的目的可分为以下三类:

(1) 检测类实验。是为了检测电子部件(包括元器件、电路)的指标参数,为分析、使用电子部件取得必要的数据。

(2) 探索验证类实验。是为了通过实验验证电子电路的有关理论,通过实验发现、探索新的问题。

(3) 试制应用类实验。是为了应用电子电路的有关知识设计并制作实用的电子电路。

在实际工作中,电子技术人员需要分析元器件、电路的工作原理,验证元器件、电路的特性功能,对电路进行调试、排除故障,测试元器件、电路的性能指标,设计制作各种实用电路和整机。所有这些都离不开实验,熟练掌握各种电子电路对从事这方面工作的人员来说是非常重要的。

本章实验内容主要是为了巩固模拟电子电路理论知识的学习,培养基本实验技能,提高运用理论知识分析问题和解决问题的能力。每个实验内容都包括实验目的、实验仪器仪表和器材、实验原理和电路、实验内容及步骤、预习要求、实验报告要求和思考题等项目。通过学习,主要达到以下目的:

(1) 初步培养对单元电子电路进行分析和工程估算的能力。

(2) 学会基本电子电路的正确组装、调整和故障排除方法。

(3) 掌握基本电子电路主要性能指标的测试方法。

(4) 掌握电子电路基础实验中常用电子仪器仪表的正确使用方法。

(5) 培养正确读取、记录和分析处理实验数据、撰写实验报告的能力。

(6) 养成实验中应具有的科学态度和良好的工作作风。

4.1 常用仪器的使用

4.1.1 实验目的

(1) 了解双踪示波器、低频信号发生器、双路直流稳压电源、低频毫伏表及万用表的原理框图和主要技术指标;

(2) 掌握用双踪示波器测量信号的幅度、频率、相位和脉冲信号的有关参数;

(3) 掌握低频毫伏表的正确使用方法;

(4) 掌握双路直流稳压电源的正确使用方法。

4.1.2 实验仪器仪表和器材

(1) 模拟双踪示波器 1 台;

(2) 低频信号发生器 1 台;

(3) 低频毫伏表 1 台;

(4) 双路直流稳压电源 1 台;

(5) 机械式万用表(500 型)1 块。

4.1.3 实验原理

在模拟电子电路实验中,测试和定量分析电路的静态、动态的工作状况时,最常用的电子仪器有示波器、低频信号发生器、直流稳压电源、低频毫伏表、机械式(或数字式)万用表等,如图 4.1.1 所示。

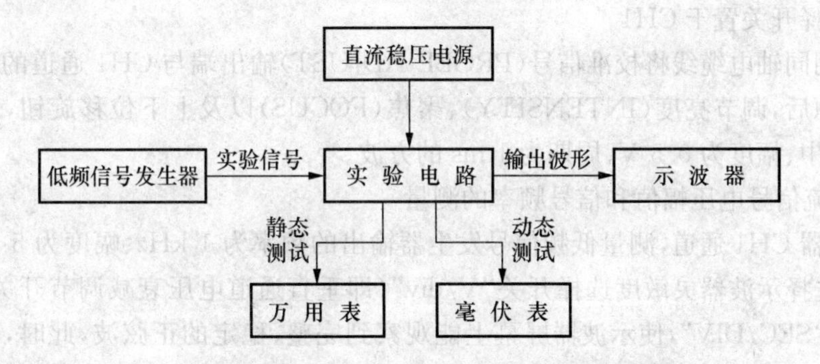

图 4.1.1 模拟电子电路实验测量仪器、仪表连接框图

示波器用来观察电路中各点的波形,监视电路是否正常工作,同时还用于测量波形的周期、幅度、相位差等。

低频信号发生器用来为电路提供各种频率和幅度的输入信号。

直流稳压电源用来为实验电路提供直流电源。

低频毫伏表用于测量电路的输入、输出信号的有效值。

机械式(或数字式)万用表用于测量电路的静态工作点和直流参数值。

4.1.4 实验内容

1) 稳压电源的使用

接通电源开关,调整电压调节旋钮,使双路稳压电源分别输出+12 V,用万用表直流电压挡测量输出电压值;同时,需要调整电流调节旋钮以获得合适的输出驱动电流。

通过外部连线,使稳压电源输出±12 V,用万用表测量正、负直流电压值。

2) 低频信号发生器与低频毫伏表的使用

(1) 信号发生器输出频率的调节

按下仪器面板上的波形选择按键,选择正弦波,按下“频率范围”波段按键,配合面板上的“频率调节”旋钮,可使信号发生器输出频率在1 Hz~1 MHz范围内改变。

(2) 信号发生器输出幅度的调节

正弦信号输出端为面板上的Q9输出接头,按下“输出衰减”(0 dB~80 dB)波段开关和“输出调节”电位器,便可输出所需幅度的低频信号,其输出电压范围为0~10 V。

(3) 低频信号发生器与低频毫伏表的使用

将信号发生器的频率旋钮调至1 kHz,调整“输出调节”旋钮,使低频信号发生器输出电压为5 V左右的正弦波,分别置“输出衰减”按键开关为0 dB、20 dB、40 dB,用毫伏表分别测出相应的交流信号电压有效值。

3) 示波器的使用

(1) 使用前的检查与校准

首先,将示波器面板上各按键置于以下位置:耦合方式(AC-GND-DC)开关置于“AC”;扫描方式(MODE)置于自动“AUTO”;触发源(TRIGGER SOURCE)置于“内触发”;垂直通道电压衰减调节(VOLTS/DIV)置于“0.1 V/div”挡;扫描速率(SEC/DIV)置于“1 ms/每格”;通道选择开关置于CH1。

然后,用同轴电缆线将校准信号(PROBE ADJUST)输出端与CH1通道的输入端相连接,开启电源后,调节亮度(INTENSITY)、聚焦(FOCUS)以及上下位移旋钮,示波器上应显示亮度适中、幅度为0.5 V、周期为1 ms的方波。

(2) 交流信号电压幅值和信号频率的测量

用示波器CH1通道,测量低频信号发生器输出的频率为1 kHz、幅度为5 V的正弦波信号,适当选择示波器灵敏度选择开关“V/div”(即垂直通道电压衰减调节开关)和扫描速率调节开关“SEC/DIV”,使示波器屏幕上能观察到完整、稳定的正弦波,此时,根据信号波形所占的格数可读出被测信号的幅度,根据被测信号波形在横向所占的格数可直接读出信号的周期。

若使用的探头的衰减比为10:1,则应将测试电缆本身的衰减考虑进去。

4.1.5 实验报告要求

(1) 认真记录各仪器使用注意事项和测量方法;

(2) 回答思考题。

4.1.6 思考题

(1) 直流稳压电源怎样连线才能同时获得正、负 12 V 输出电压?

(2) 如何判断低频信号发生器输出信号的波形、幅度、频率正确与否?

(3) 在什么情况下需要低频毫伏表测量直流稳压电源的输出?

(4) 使用示波器时若要达到如下要求,应调节哪些旋钮和开关?

① 波形清晰、亮度适中;

② 波形稳定;

③ 改变水平方向波形的显示个数;

④ 压缩和扩大垂直方向波形的幅度;

⑤ 同时观察 2 路波形。

(5) 用示波器测量信号的频率与幅度值时,如何通过调整来保证测量的准确性?

(6) 示波器触发来源分为“内部”、“外部”,其作用是什么? 如何正确使用?

(7) 双踪示波器的“断续”和“交替”工作方式之间的差别是什么?

(8) 低频毫伏表能否测量 20 Hz 以下的正弦信号? 使用低频毫伏表时应注意什么?

4.2 常用电子元器件的识别和测量

4.2.1 实验目的

(1) 观察电子元器件实物,了解各种电子元器件的外型和标识方法;

(2) 掌握根据外型、标识来识别元器件的方法;

(3) 掌握用万用表判别电阻器、电容器、电感器好坏的方法;

(4) 掌握用万用表、晶体管特性图示仪测量、判断晶体二极管(简称二极管)、晶体三极管(简称三极管)极性和性能好坏的方法;

(5) 初步掌握元器件手册的使用方法。

4.2.2 实验仪器仪表和器材

(1) 机械式万用表 1 块;

(2) 晶体管特性图示仪 1 台;

(3) 模拟电子电路实验箱 1 个。

4.2.3 实验原理

电子元器件的质量是电子设备能否可靠工作的重要因素。各种电子元器件有不同的外形、标识和性能,据此可正确识别和测量电子元器件。在实验中,可用万用表测量判断电子元器件的好坏(称为定性测量);也可用晶体管特性图示仪等电子仪器测试元器件的有关性能参数(称为定量测量)。本实验重点介绍有源器件二极管、三极管的定性和定量测量方法。

常用二极管和三极管的外形如图 4.2.1 所示。

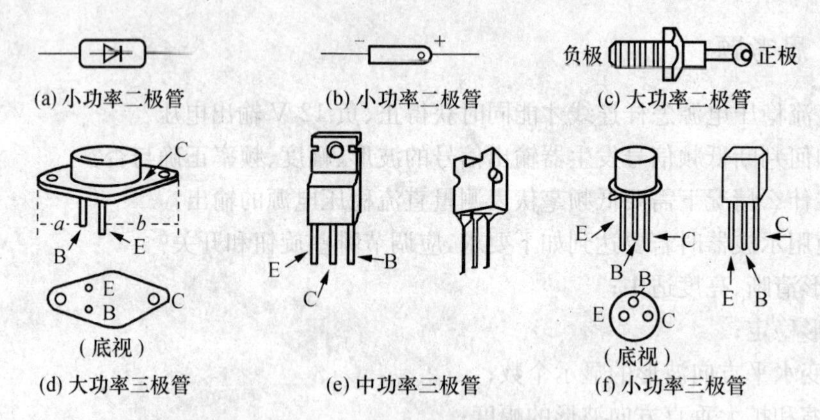

图 4.2.1　常用二极管和三级管外形

1）用万用表识别和测量二极管

（1）二极管的识别

二极管在电路中的代号常用 VD 表示。常用二极管的图形符号如图 4.2.2 所示。

图 4.2.2　常用二极管图形符号

二极管的识别方法如下：小功率二极管的负极通常在表面用一个色环标出，有些二极管也采用"P"、"N"符号来确定二极管的极性，"P"表示正极，"N"表示负极；金属封装二极管通常在表面印有与极性一致的二极管符号；发光二极管通常长脚为正，短脚为负；整流桥的表面通常标注内部电路结构，或者标出交流输入端(用"AC"或"～"表示)和直流输出端(用"＋"、"－"表示)。

（2）二极管的测量

通常可用万用表测量电阻、电容、晶体管，判断其特性和好坏。万用表作为欧姆表使用，测量电阻时，可将欧姆表看成一个有源二端网络，其等效电路如图 4.2.3 所示。

表 4.2.1 列出 500 型万用表在不同倍乘挡位时所对应的开路电压值和等效内阻值。

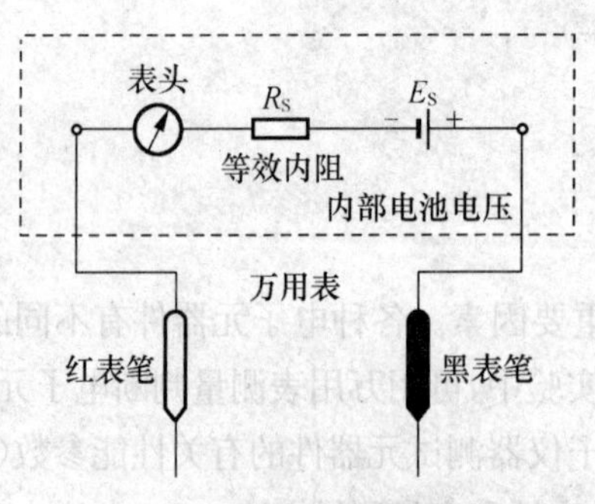

图 4.2.3　欧姆表等效电路

表 4.2.1　欧姆表不同倍乘挡位的电压和等效内阻

倍乘	R_S(Ω)	E_S
R×1	10	1.5 V
R×10	100	1.5 V
R×100	1 k	1.5 V
R×1 k	10 k	1.5 V
R×10 k	100 k	10.5 V

用机械万用表电阻挡测量二极管时,其表笔接到二极管的电极上时,黑表笔接内部电池的正极,红表笔接内部电池的负极,相当于一个串接电阻 R_S 的直流电压 E_S 加在二极管的电极上;倍乘挡位不同,电压 E_S 和电阻 R_S 也不同。倍乘越小,流过表笔的电流越大,倍乘越大,加在二极管两端的电压越高。

注意:用数字万用表电阻挡测量时,其红、黑表笔的极性与机械万用表的红、黑表笔的极性相反。

① 普通二极管的测量

二极管是具有明显单向导电特性、非线性伏安特性的半导体器件。由于 PN 结的单向导电性,因而各种二极管测量方法基本上相同。

图 4.2.4 为万用表测量二极管示意图。二极管的正反向电阻与材料有关,通常小功率锗二极管的正向电阻为 300～500 Ω,硅二极管的正向电阻大约为 1 kΩ 以上。锗二极管反向电阻为几十 kΩ,硅二极管反向电阻在 500 kΩ 以上(大功率二极管的数值要小得多)。正、反向电阻差值越大越好。

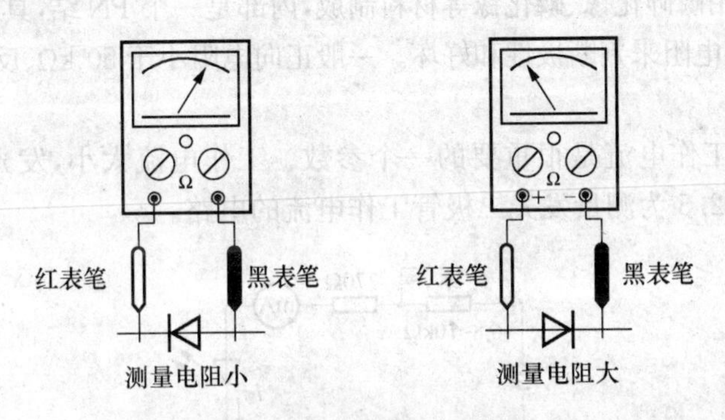

图 4.2.4 机械万用表测量二极管示意图

根据二极管正向电阻小、反向电阻大的特点可判别二极管的极性。将万用表置于欧姆挡(一般用 R×100 或 R×1 k 挡,不要用 R×1 挡或 R×10 k 挡,因为 R×1 挡使用时电流太大,容易烧坏二极管,R×10 k 挡使用的电压太高,有可能击穿二极管),测量时,红、黑表笔各接一端测量一次,然后,交换表笔再测一次,所测阻值小的一次,黑表笔所接的端为二极管的正极,另一端为负极。如果测得反向电阻很小,说明二极管内部短路;若正向电阻很大,说明二极管内部断路。

因为硅二极管一般正向压降为 0.6～0.7 V,锗二极管的正向压降为 0.1～0.3 V,所以测量一下二极管正向导通电压,便可判断被测二极管是硅管还是锗管。方法是:在干电池(1.5 V)的一端串一个 1 kΩ 电阻,同时按极性与二极管连接,使二极管正向导通,再用万用表测量二极管两端的管压降,如果为 0.6～0.7 V,即为硅管,如果为 0.1～0.3 V,即为锗管。

② 稳压二极管的测量

稳压二极管的正、反向电阻测量方法与普通二极管一样。测量稳压二极管的稳定电压值 U_Z,须使二极管处于反向击穿状态,所以电源电压要大于被测管的 U_Z。

当万用表量程置于高阻挡后,测量反向电阻,若实测时阻值为 $R_\times$,则

$$U_Z=\frac{E_0R_\times}{R_\times+nR_0}$$

式中:n 为欧姆挡的倍率数(R×10 k 挡时,n=10 000);R_0 为万用表中心电阻;E_0 为万用表最高电阻挡的电池电压值。

例如:用 MF50 型万用表测量 2CW14 型稳压二极管,R_0=10 Ω(在最高电阻挡 R×10 k),使用 15 V 叠层电池,E_0=15 V,实测反向电阻为 75 kΩ,则

$$U_Z=\frac{15\ \text{V}\times(75\times10^3)\ \Omega}{(75\times10^3)\ \Omega+(10\times10^4)\ \Omega}\approx6.4\ \text{V}$$

如果实测阻值 $R_\times$ 非常大(接近∞),表示被测管的 U_Z 大于 E_0,无法将被测管击穿。如果实测阻值极小,接近 0,则是表笔接反。

③ 发光二极管的检测

发光二极管是一种把电能转换成光能的半导体器件,当它通过一定电流时就会发光。它具有体积小、工作电压低、电流小等特点,广泛用于收录机、音响及仪器仪表中。BT 型系列发光二极管一般用磷砷化镓、磷化镓等材料制成,内部是一个 PN 结,具有单向导电性,可用万用表测量正、反向电阻来判断极性和好坏。一般正向电阻小于 50 kΩ、反向电阻大于 200 kΩ 为正常。

发光二极管的工作电流是很重要的一个参数。工作电流太小,发光二极管点不亮,太大则易损坏。图 4.2.5 为测量发光二极管工作电流的电路。

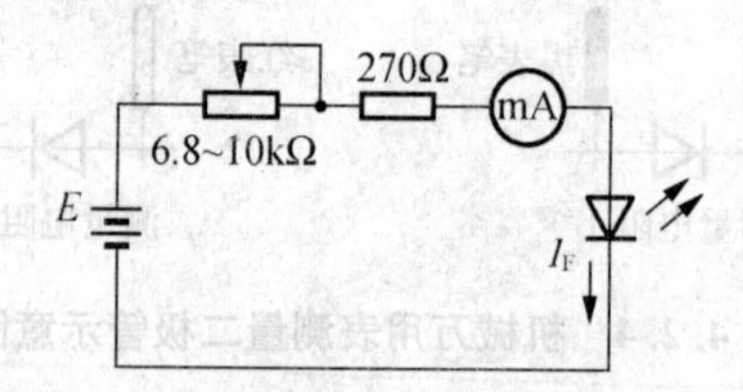

图 4.2.5 测量发光二极管工作电流的电路

测量时,先将限流电阻(电位器)置于阻值较大的位置,然后慢慢将电位器向较低阻值方向旋转,当达到某一值时,发光二极管发光,继续减小电位器的阻值,使发光二极管达到所需亮度,这时电流表的电流值即为发光二极管的正常工作电流值。在测量时注意不能使发光二极管亮度太高(工作电流太大),否则易使发光二极管早衰,影响使用寿命。

要注意不同颜色的发光二管,其工作电流也不同。例如,高亮发光二极管红色为 3~5 mA,绿色为 10 mA 左右,在实际使用中要选择不同的限流电阻来控制发光亮度。

④ 光电二极管的测量

光电二极管是一种能把光照强弱变化转换成不同电信号的半导体器件。光电二极管的顶端有一个能射入光线的窗口,光线通过窗口照射到管心上,在光的激发下,光电二极管产生大批光生载流子,光电二极管的反向电流大大增加,使内阻减小。常用的光电二极管为 2CU、2DU 型。

光电二极管的正向电阻是不随光照变化的,其值约为几千欧。其反向电阻在无光照时应大于 200 kΩ,受光照时其反向电阻变小,光照越强,反向电阻越小,甚至仅几百欧,去除光照,反向电阻立即恢复到原来值。

根据上述原理,用万用表测量光电二极管的反向电阻,边测边改变光电二极管的光照条件(如用黑纸开启或遮盖管顶的窗口),观察光电二极管反向电阻的变化。若在有光照和无光照时反向电阻无变化或变化很小,说明该管已经失效。

2) 用万用表识别和测量三极管

利用万用表的欧姆挡可测量判断三极管的3个电极、类型(NPN或PNP)、材料以及三极管是否损坏。

对于功率在1 W以下的中小功率管,可用万用表的R×1 k或R×100挡测量,对于功率在1 W以上的大功率管,可用万用表的R×1挡或R×10挡测量。

(1) 三极管电极和类型的识别

三极管的代号常用VT表示。

三极管的发射极E、基极B、集电极C这3个电极可根据引脚位置直接判断,若不知引脚排列规则,可用万用表测量判断。由图4.2.6三极管测量等效电路可看出,用万用表测量判别三极管电极的依据是:NPN型三极管基极到发射极和基极到集电极均为正向PN结,而PNP型三极管基极到发射极和基极到集电极均为反向PN结。

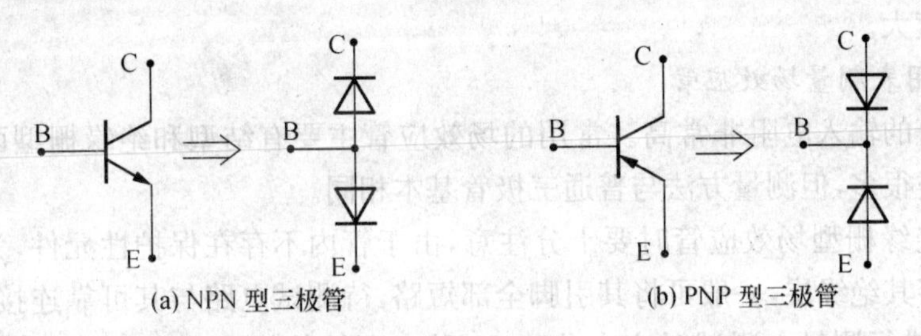

图4.2.6 三极管测量等效电路

① 判断三极管的基极和三极管的类型

用黑表笔接触某一引脚,红表笔分别接触另外2个引脚,如表头读数都很小,则与黑表笔接触的引脚为基极,同时可知此管为NPN型。若用红表笔接触某一引脚,而黑表笔分别接触另外2个引脚,表头读数同样很小时则与红表笔接触的引脚为基极,同时可知此管为PNP型。

② 判断三极管的集电极和发射极

以NPN管为例,图4.2.7为判断NPN管集电极的测量电路。

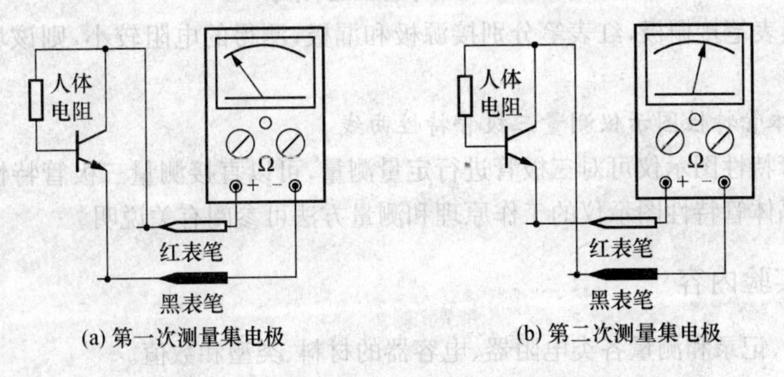

图4.2.7 判断NPN管集电极的测量电路

确定基极后,假定其余的 2 个引脚中的一个是集电极,将黑表笔接到此引脚上,红表笔接到假定的发射极上。用手指把假定的集电极和已测出的基极捏起来(但不要相碰),这时人体电阻相当于一个偏置电阻,接在两电极之间,观察表针指示,并记下此阻值的读数。然后作相反假设,即把原来假设为集电极和发射极的引脚交换假设,进行同样的测试并记下读数。比较两次读数的大小,若前者阻值较小,前者的假设是对的,黑表笔接的是集电极,红表笔接的为发射极。

判断 PNP 管的集电极时,应将红表笔接假设的集电极,两次测量中,电阻小的一次,红表笔接的为集电极。

(2) 三极管电流放大系数 β 值的估测

将万用表拨到相应电阻挡,测量发射极与集电极之间的电阻,再用手捏住基极和集电极,观察表针摆动幅度大小。摆动越大,则 β 越大。手捏在两极之间等于给三极管提供了基极电流 I_B,I_B 的大小与手的潮湿程度有关。

有的万用表具备测 β 的功能,将三极管按正确的引脚要求插入测试孔中,即可从表头刻度盘上直接读 β 的值。同时,也可以判断三极管的集电极和发射极,因为三极管接入正确时表针偏转幅度大。

3) 用万用表测量场效应管

场效应管的输入电阻非常高。常用的场效应管主要有结型和绝缘栅型两类。虽然场效应管的种类很多,但测量方法与普通三极管基本相同。

在测量绝缘栅型场效应管时要十分注意,由于管内不存在保护性元件,为防止外界电磁场感应击穿其绝缘层,一般可将其引脚全部短路,待测试电路与其可靠连接后,再把短路线拆除,然后进行测量。测试时应十分细心,稍有不慎使栅极悬空,就可能造成损坏。通常,万用表只用来检查结型场效应管。

结型场效应管有 3 个电极:源极、栅极、漏极。同样,可以用万用表测量电阻的方法把栅极找出来,而它的源极和漏极一般可以对调使用,所以不必区分。

测量依据和方法是:

(1) 源极与漏极之间是由半导体材料形成的导电沟道,用万用表电阻 R×1 k 挡,分别测量源极对漏极和漏极对源极的电阻值应相等。

(2) 根据栅极相对于源极和漏极均为 PN 结的结构,可用测量二极管的方法,找出栅极。一般 PN 结正向电阻为 5~10 kΩ,反向电阻近似为∞。

(3) 若黑表笔接栅极,红表笔分别接源极和漏极,测得的电阻较小,则该场效应管为 N 沟道型。

4) 用晶体管特性图示仪测量三极管特性曲线

用晶体管特性图示仪可对三极管进行定量测量,可以直接测量三极管特性曲线的各项参数。有关晶体管特性图示仪的工作原理和测量方法可参阅有关说明。

4.2.4　实验内容

(1) 识别、记录和测量各类电阻器、电容器的材料、类型和数值。

(2) 按表 4.2.2 和表 4.2.3 项目内容,用万用表测量二极管和三极管。

表 4.2.2 用万用表测量二极管的结果

型 号	正向电阻		反向电阻		材 料
	阻 值	电阻挡位置	阻 值	电阻挡位置	
2AP10		R×1 k		R×1 k	
IN2007		R×1 k		R×1 k	
2CW10		R×1 k		R×1 k	

表 4.2.3 用万用表测量三极管的结果

型 号	电阻挡位置	管 型	材 料	引脚各极位置识别(画图说明)
9015	R×1 k			
9018	R×1 k			
3DG6	R×1 k			
3DJ6	R×1 k			

(3) 用晶体管特性图示仪测量并画出 2AP10、IN2007 和 2CW10 的 PN 结正、反向特性曲线。

(4) 用晶体管特性图示仪观察 3CG9018、3CG9015、3DG6 的共射输出特性曲线。

(5) 按表 4.2.4 测量项目和测试条件,用晶体管特性图示仪测量三极管的特性参数。

表 4.2.4 三极管特性参数测量结果

参 数	3CG9018		3CG9015	
	测试条件	测量值	测试条件	测量值
β	I_C=1 mA U_{CE}=10 V		I_C=10 mA U_{CE}=10 V	
U_{CEO}	I_C=0.1 mA		I_C=2 mA	
I_{CEO}	U_{CE}=10 V		U_{CE}=6 V	

4.2.5 预习要求

(1) 预习实验教材中有关元器件的知识;

(2) 查阅器件手册,了解本实验所用二极管、三极管的参数;

(3) 学习晶体管特性图示仪的原理和使用方法。

4.2.6 实验报告要求

(1) 按实验内容要求,将测量数据填入相应的表格中;

(2) 将实验中测得的二极管、三极管特性曲线族绘在方格纸上,并简述其主要特点,曲线要求工整光滑,各变量和坐标值齐全;

(3) 实验中的问题和体会;

(4) 回答思考题。

4.2.7 思考题

(1) 电解电容器与普通电容器在使用上有哪些区别?

(2) 用色环标识法标识色码电阻值有哪些局限性?

(3) 在测量二极管的正向电阻时,万用表作为欧姆表使用,为什么不同挡位测量时阻值相差很大?

(4) 如何利用万用表检测三极管的 I_{CEO}?

(5) 为什么不要用万用表的 R×1 或 R×10 k 挡检测小功率晶体管?

(6) 晶体管图示仪中的功耗电阻在测试中起什么作用?如果该电阻过大或过小,对所显示的特性曲线有什么影响?

(7) 测得几种三极管输出特性曲线如图 4.2.8 所示,试说明特性不好的曲线是什么性能不好?

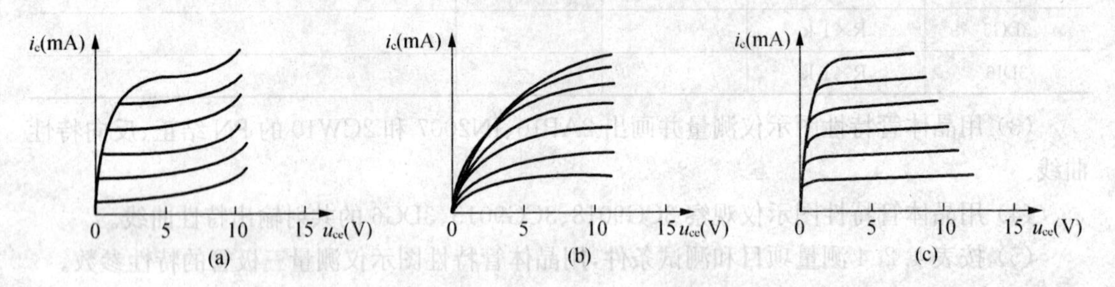

图 4.2.8 几种三极管输出特性曲线

4.3 单级阻容耦合放大器

4.3.1 实验目的

(1) 掌握单级阻容耦合放大器工程估算、静态工作点的调试方法;

(2) 掌握单级阻容耦合放大器主要性能指标的测量方法;

(3) 观察静态工作点变化对放大器输出波形的影响。

4.3.2 实验仪器仪表和器材

(1) 万用表 1 块;

(2) 直流稳压电源 1 台;

(3) 双踪示波器 1 台;

(4) 信号发生器 1 台;

(5) 低频毫伏表 1 台;

(6) 模拟电子电路实验箱 1 台。

4.3.3 实验电路和原理

1) 实验电路

共射、共集、共基电路是放大电路的三种基本形式,也是组成各种复杂放大电路的基本单元。在低频电路中,共射、共集电路比共基电路应用更为广泛。本次实验仅研究共射电路。

图 4.3.1所示实验电路是一种最常用的共射放大电路,采用的是分压式电流负反馈偏置电路。

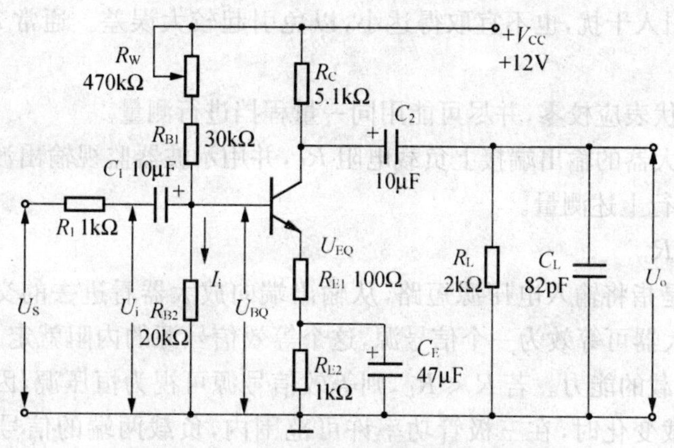

图 4.3.1　单级阻容耦合放大器实验电路

2）小信号放大器主要性能指标及测量方法

(1) 电压放大倍数 A_u

电压放大倍数 A_u 为放大器输入电压有效值(或最大值)、输出电压有效值(或最大值)之比。A_u 应在输出电压波形不失真的条件下进行测量(若波形已经失真,测出的 A_u 就没有意义)。图 4.3.1 所示的阻容耦合共射放大器的 A_u 可由下式计算:

$$A_u \approx -\frac{\beta R'_L}{R_i}$$

式中:β 为三极管输出短路电流放大倍数;R'_L 为放大器交流等效负载,$R'_L = R_C // R_L$;R_i 为从放大器输入端看入的等效电阻。

(2) 输入电阻 R_i

输入电阻 R_i 是指从放大器输入端看进去的交流等效电阻。R_i 表示放大器对信号源的负载作用。R_i 的大小相对于信号源内阻 R_S 而言,若 $R_i \gg R_S$,则放大器从信号源获得最大输入电压;若 $R_i \ll R_S$,则放大器从信号源获得最大输入电流;若 $R_i = R_S$,则放大器从信号源获得最大输入功率。实验中通常采用换算法测量输入电阻。测量电路如图 4.3.2 所示,图中 R 为取样电阻。

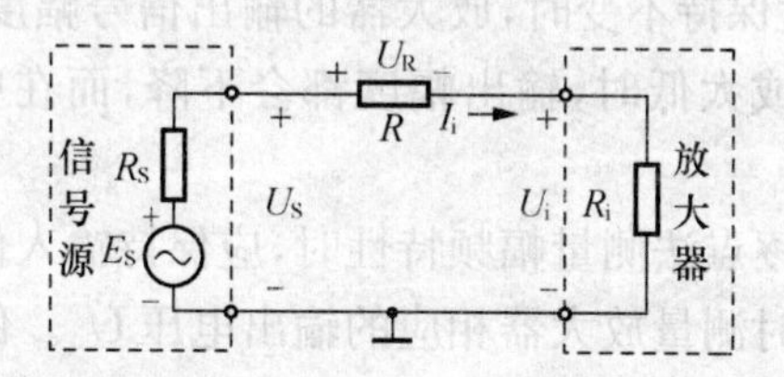

图 4.3.2　输入电阻测量电路

因此,R_i 为:

$$R_i = \frac{U_i}{I_i} = \frac{U_i}{(U_S - U_i)/R} = \frac{U_i}{U_S - U_i} R$$

测量中应注意以下几点:

① 由于取样电阻 R 两端无接地点,而用交流毫伏表测量时,一端必须接交流“地电位”,

所以不能直接测量 U_R，而应分别测量 U_S 和 U_i 再用以上公式换算，求得 R_i。取样电阻 R 不宜取得过大，以免引入干扰，也不宜取得达小，以免引起较大误差。通常 R 取值与 R_i 为同一数量级。

② 测量前，毫伏表应校零，并尽可能用同一量程挡进行测量。

③ 测量时，放大器的输出端接上负载电阻 R_L，并用示波器监视输出波形。要求在波形不失真的条件下进行上述测量。

(3) 输出电阻 R_o。

输出电阻 R_o 是指将输入电压源短路，从输出端向放大器看进去的交流等效电阻。相对于负载而言，放大器可等效为一个信号源，这个等效信号源的内阻就定义为 R_o。R_o 的大小反映放大器带负载的能力。若 $R_o \ll R_L$，则等效信号源可视为恒压源，因而具有较强的带负载能力，即当负载变化时，在三极管功率许可范围内，负载两端的信号电压几乎维持不变；若 $R_o \gg R_L$，则等效信号源可视为恒流源。R_o 和输入电阻 R_i 都是对交流而言的，即都是动态电阻。

实验中也可采用换算法测量 R_o。测量电路如图 4.3.3 所示。

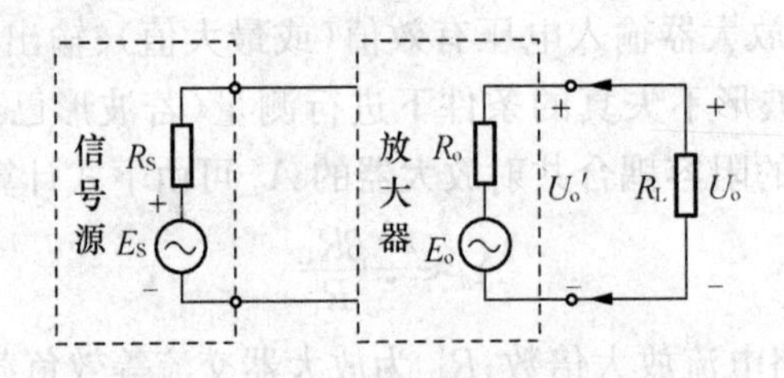

图 4.3.3 输出电阻测量电路

在放大器的输入端送入一个固定的信号源电压，分别测出负载 R_L 断开时的输出电压 U_o' 和负载 R_L 接上时的输出电压 U_o，则

$$R_o = \left(\frac{U_o'}{U_o} - 1\right) R_L$$

(4) 放大器的幅频特性

放大器的幅频特性是指在输入正弦信号时放大器电压增益 A_u 随信号源频率而变化的稳态响应。当输入信号幅度保持不变时，放大器的输出信号幅度将随输入信号源频率的高低而变化，当信号频率太高或太低时，输出幅度都会下降，而在中间频率范围内，输出幅度基本不变。

如图 4.3.4 所示，采用逐点法测量幅频特性时，应保持输入信号电压 U_i 的幅度不变，逐点改变输入信号的频率，同时测量放大器相应的输出电压 U_o。例如：设 K 为放大器中频段时输出电压的某一个固定值，f_0 为通带内参考频率，f_L 为下限频率，f_H 为上限频率，f_L 和 f_H 所对应的输出电压为 f_0 时输出电压的 0.707K。用所测频率和幅度的相关数据即可逐点绘制出放大器的幅频特性曲线。频带宽度(即通频带(f_{BW}))为 $f_H - f_L$。

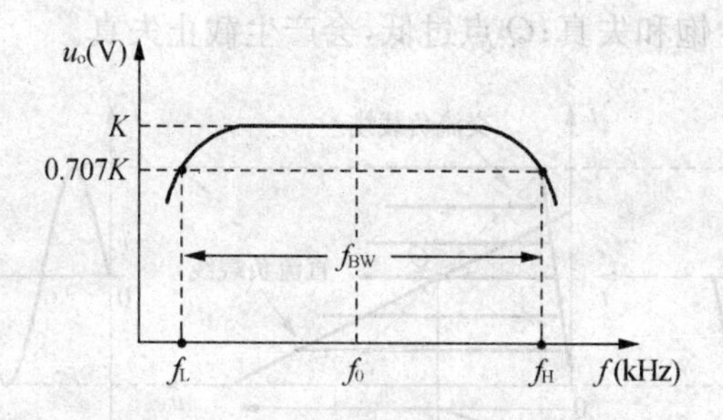

图 4.3.4 逐点测试绘制幅频特性曲线

采用频率特性测试仪(扫频仪)可以测试和显示放大器的幅频特性曲线。如图 4.3.5 所示。通常将增益下降到中频 f_0 增益时的-3 dB 时所对应的 f_L 与 f_H 之差的频率范围称为放大器的通频带。

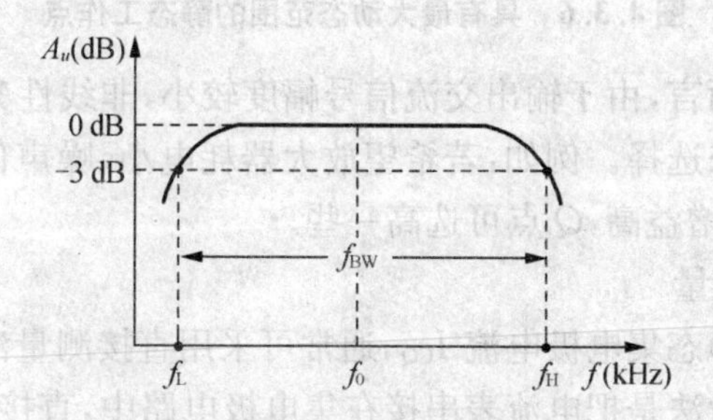

图 4.3.5 扫频仪测出放大器幅频特性

理想放大器的增益(或放大倍数)是与信号频率无关的实常数,但实际放大器由于存在电抗性元件,从而使增益成为与频率相关的复数。其模与频率的函数关系称为放大器的幅频特性。电抗性元件数值的大小以及与电路中其他元件在结构、数值上的相互关系便决定了幅频特性曲线的形状。对于图 4.3.1 实验电路来说,低频特性主要取决于容量较大的输入、输出耦合电容和发射极旁路电容;高频特性主要取决于容量较小的三极管 PN 结电容,负载电容以及布线电容。

3) 三极管及其参数的选择

三极管是放大电路的核心器件,利用其电流放大特性能实现信号的放大。一般硅管在常温下受温度的影响小于锗管,因此,多数电路采用硅管作为放大器件。

选择三极管的原则是:

(1) 兼顾增益与稳定性的要求,选管时应满足:$h_{FE}=50\sim150$;

(2) 根据放大器通频带要求,三极管共射电流放大系数 h_{FE} 的截止频率选择为:

$$f_{h_{FE}}>(2\sim3)f_H。$$

对于小信号放大电路,一般选 3DG 系列的高频小功率管即可满足要求。

4) 静态工作点的选择、测量与调整

(1) 静态工作点的选择

静态工作点的选择关系到放大器各项技术指标的优劣。

放大器必须设置合适的静态工作点 Q,才能不失真的放大信号,为获得最大不失真的输出电压,静态工作点应选在输出特性曲线上交流负载线最大线性范围的中点,如图 4.3.6 所示。若 Q 点过高,会产生饱和失真;Q 点过低,会产生截止失真。

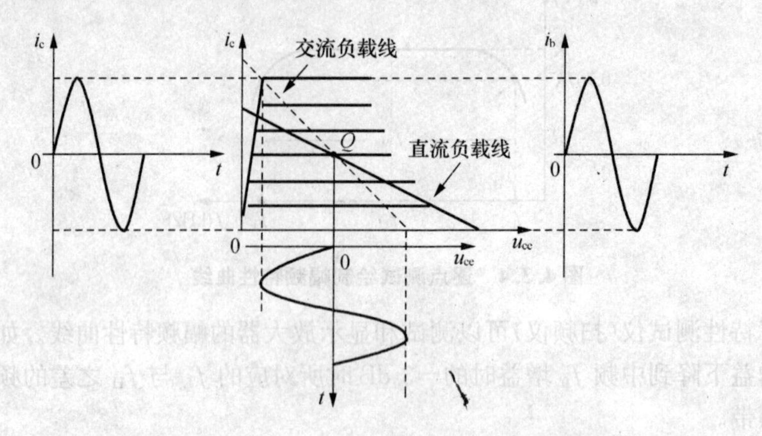

图 4.3.6 具有最大动态范围的静态工作点

对于小信号放大器而言,由于输出交流信号幅度较小,非线性失真不是主要问题,静态工作点可根据其他要求来选择。例如:若希望放大器耗电小、噪声低或输出阻抗高,Q 点可选低一些;若希望放大器增益高,Q 点可选高一些。

(2) 静态工作点的测量

主要是测量三极管静态集电极电流 I_{CQ},通常可采用直接测量法或间接测量法测量,如图 4.3.7 所示。直接测量法是把电流表串接在集电极电路中,直接由电流表读出 I_{CQ};间接测量法是用电压表测量发射极电阻 R_E 或集电极电阻 R_C 两端的电压,再用电压除所测电阻,换算出 I_{CQ}。直接测量法直观、准确,但不太方便,因为必须断开电路串入电流表;间接测量法方便,但不够直观准确。

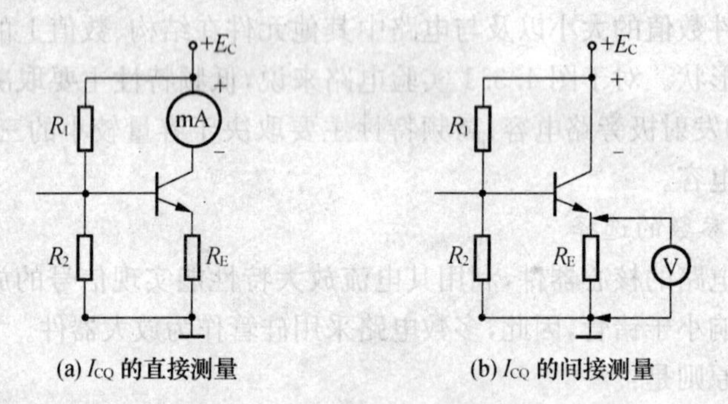

图 4.3.7 静态工作点的测量

(3) 静态工作点的调整

电路确定后,静态工作点主要取决于 I_{CQ}的选择,可通过调整上偏置电阻 R_W,改变 I_{BQ},使 I_{CQ}达到设计值,同时测量 U_{CEQ}是否合适。例如:当按规定输入正弦信号后,如发现输出波形的正半周或负半周出现削波失真,则表明静态工作点选择还不合适,需重新调整,可调节 R_W(见图 4.3.1),直到输出波形不失真为止。当输出波形的正、负半周同时出现削波失真,可能原因是电源电压太低或是输入信号幅度太大,应查找原因。

5）分压式偏置电路的工程估算

设计放大器时，通常先选定电源电压 V_{CC}、负载电阻 R_L、三极管及其电流放大系数 β 和 I_{CQ}，然后按工程估算、经验公式计算元件值。

(1) 基极静态工作点电流 I_{BQ}

$$I_{BQ} \approx \frac{I_{CQ}}{\beta}$$

(2) 分压器电流 I_1

$$I_1 \approx \frac{V_{CC}}{R_1 + R_2} = (5 \sim 10) I_{BQ}$$

(3) 发射极电阻 R_E

从稳定静态工作点的角度希望 R_E 大些，但从电源利用率考虑 R_E 不宜过大。如果 R_E 过大，会使 U_{CEQ} 下降（$U_{CEQ} = V_{CC} - I_{CQ}R_C - I_{EQ}R_E$），引起电路动态范围变小，易产生饱和失真。通常 R_E 和 U_{EQ} 选为：

$$R_E \approx \frac{U_{EQ}}{I_{CQ}}$$

$$U_{EQ} = \left(\frac{1}{5} \sim \frac{1}{3}\right) V_{CC}$$

其中：对于硅管，$U_{EQ} = 3 \sim 5$ V；对于锗管，$U_{EQ} = 1 \sim 3$ V。对于小信号放大电路，$I_{CQ} = 1 \sim 3$ mA。

(4) 分压器上偏置电阻 R_1 和下偏置电阻 R_2

R_1、R_2 过小，会造成输入电阻降低、直流功耗增加。R_1 和 R_2 可选为：

$$R_1 = \frac{V_{CC} - U_{BQ}}{I_1}$$

$$R_2 = \frac{U_{BQ}}{I_1}$$

(5) 集电极电阻 R_C

当 V_{CC} 一定时，若增大 R_C，则 U_{CEQ} 将减小，输出信号动态范围减小，若 R_C 过小，则 R_C 对负载 R_L 分流作用大，放大器增益将减小。一般取 $R_C = (1 \sim 5) R_L$。

4.3.4 实验内容

按图 4.3.1 连接单级阻容耦合放大器实验电路。

1）静态工作点的调整与测量

(1) 测量 $U_{BE} = 0.6 \sim 0.7$ V。

(2) 调整 R_W 使所测 $U_{CE} = \left(\frac{1}{4} \sim \frac{1}{2}\right) V_{CC}$，即保证三极管工作在放大区。

(3) 输入频率为 1 kHz、幅度适中的正弦波交流信号，用示波器测量放大器的输出波形，同时调节 R_W，以获得最大不失真输出波形。

(4) 令输入信号为 0，测量静态工作点的参数。将测量数据填入表 4.3.1。

表 4.3.1 静态工作点的测量与计算结果

测量数据	U_{BQ}	U_{EQ}	U_{CQ}	U_{BEQ}	U_{CEQ}	I_{CQ}
实测值						
计算值						

注：$I_{CQ}\approx\frac{U_{EQ}}{R_E}=\frac{1\ V}{1.1\ k\Omega}$。

2) 放大器主要技术指标(A_u、R_i、R_o)的测量

测试条件为：保持静态工作点不变；在实验电路的输入端输入频率 $f=1$ kHz、有效值 $U_S=20$ mV 左右的正弦信号。用示波器观察放大器输出电压波形，在波形不失真的条件下，将测量数据填入表 4.3.2。

表 4.3.2 主要技术指标测量结果

实 测 值			计 算 值		
U_i(mV)	U_o(V)	U_o(V)	$A_u=\frac{U_o}{U_i}$	$R_i=\frac{U_i}{U_S-U_i}R$	$R_o=\left(\frac{U_o'}{U_o}-1\right)R_L$

注：U_o'：为负载 R_L 断开时的输出电压；U_o 为接上负载 R_L 时的输出电压；$U_{CE}=\left(\frac{1}{4}\sim\frac{1}{2}\right)V_{CC}$，$f=1$ kHz，$U_S=$ 20 mV。

3) 观察静态工作点电流大小对电压放大倍数的影响

测试条件为：输入正弦信号有效值 $U_S=20$ mV；接入负载 $R_L=2$ kΩ。调节上偏置电位器 R_W，改变静态工作点电流 I_{CQ}。需注意测量时输出电压波形不能失真。将测量结果填入表 4.3.3。

表 4.3.3 静态工作点电流对放大倍数影响的测量结果

I_{CQ}(mA)	0.2	0.4	0.6	1
U_o(V)				
$A_u=\frac{U_o}{U_i}$				

注：$U_S=20$ mV，$R_L=2$ kΩ，输出电压波形不失真。

4) 输出电压波形失真的观测

测试条件为：输入正弦信号有效值 $U_S=20$ mV。调整 R_W 使阻值最大，输出电压波形出现截止失真；调整 R_W 使阻值最小，输出电压波形出现饱和失真；观测截止失真和饱和失真。将有关测量数据记入表 4.3.4(若输出波形失真不明显，可适当加大输入信号)。

表 4.3.4 输出电压波形失真的观测结果

测量内容	截止失真	饱和失真
U_{CE}(V)		
I_{CQ}(mA)		
U_o 波形		

注：$U_S=20$ mV，$R_L=2$ kΩ。

5) 放大器幅频特性曲线的测量

测试条件为：输入正弦信号，频率 $f=1$ kHz、有效值 $U_S=10$ mV；可取频率 $f=1$ kHz $=f_0$ 处的增益作为中频增益。保持输入信号幅度不变，改变输入信号的频率，用低频毫伏

表逐点测出相应放大器输出电压有效值 U_o。将测量结果填入表 4.3.5,并画出放大器的幅频特性曲线。

表 4.3.5 放大器幅频特性的测量结果

f(Hz)	f_L=	f_0=1 kHz	f_H=
U_o(V)			
$A_u=\frac{U_o}{U_i}$			
$f_{BW}=(f_H-f_L)$			
画出幅频特性 $A_u\sim f$ 或 $U_o\sim f$ 曲线			

注:测 U_o 有效值(f=1 kHz、U_S=10 mV、改变输入信号频率 f)。

4.3.5 预习要求

(1) 掌握放大器主要性能指标的定义和测量方法;

(2) 按照实验电路(见图 4.3.1),并设 $I_{CQ}=2$ mA、$E_C=12$ V、$\beta=50$,用近似估算法计算出各静态工作电压,用等效电路法计算出放大器的 A_u、R_i 和 R_o,以便与实验中的实测值进行比较。

4.3.6 实验报告要求

(1) 画出实验电路,并标出各元件数值;

(2) 整理实验数据,将实测数据填入相应表格,与计算值进行比较并进行相关分析;

(3) 用对数坐标纸画出放大器的幅频特性曲线;

(4) 小结实验方法和问题;

(5) 回答思考题。

4.3.7 思考题

(1) 复习单级放大电路的工作原理,了解各元件的作用。

(2) 在示波器上观察 NPN 型三极管共射放大器输出电压波形的饱和、截止失真波形;若三极管换成 PNP 型,饱和、截止失真波形是否相同?

(3) 静态工作点设置偏高或偏低,是否一定会出现饱和或截止失真?

(4) 讨论静态工作点变化对放大器性能(失真、输入电阻、电压放大倍数)的影响。

(5) 放大器的 f_L 和 f_H 与放大器的哪些因素有关?

(6) 当发现输出波形有正半周或负半周削波失真,各是什么原因?如何消除?

4.4 场效应管放大电路

4.4.1 实验目的

(1) 了解结型场效应管的性能和特点;

(2) 学会结型场效应管的特性曲线和参数的测量方法；

(3) 掌握场效应管放大器的电压放大倍数及输入电阻、输出电阻的测量方法。

4.4.2　实验仪器仪表和器材

(1) 万用表 1 块；

(2) 示波器 1 台；

(3) 直流稳压电源 1 台；

(4) 双踪示波器 1 台；

(5) 低频毫伏表 1 台；

(6) 模拟电子电路实验箱 1 台。

4.4.3　实验电路和原理

场效应管是一种电压控制型器件，它的输入阻抗极高，噪声系数比普通三极管小，在只允许从信号源取极少量电流的情况下，在低噪声放大器中都会选用场效应管。

场效应管按结构可分为结型和绝缘栅两种类型。由于场效应管栅源之间处于绝缘或反向偏置，所以场效应管的输入阻抗比一般晶体管的输入阻抗要高很多(一般可达上百兆欧)；由于场效应管是一种多数载流子控制器件，具有热稳定性好、抗辐射能力强、噪声系数小等优点，另外，场效应管制造工艺较简单，便于大规模集成，因此，场效应管得到越来越广泛的应用。

本实验中以 N 沟道结型场效应管 3DJ6 为例，对场效应管的重要特性及参数性能进行分析。

1) 结型场效应管的特性和参数

N 沟道结型场效应管由一块 N 型半导体的两边通过掺杂做成 2 个 P 区构成。如图 4.4.1所示，2 个 P 区联结引出一条引线，称为栅极，用 G 表示；N 区两端各引出一条引线，一条引线称为漏极，用 D 表示，另一条引线称为源极，用 S 表示。3DJ6F 引脚和电路符号如图 4.4.2所示。

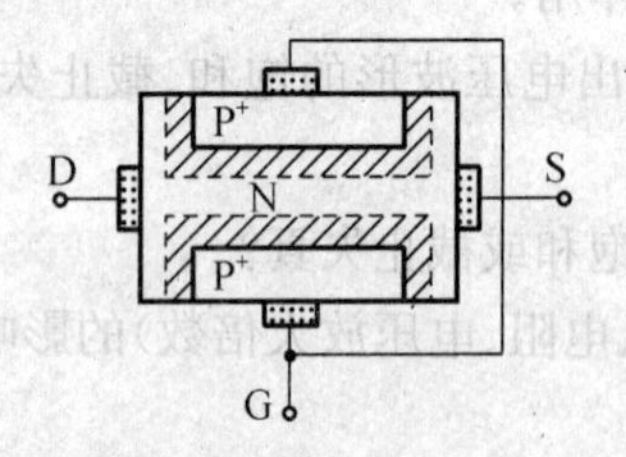

图 4.4.1　N 沟道结型场效应管结构示意图

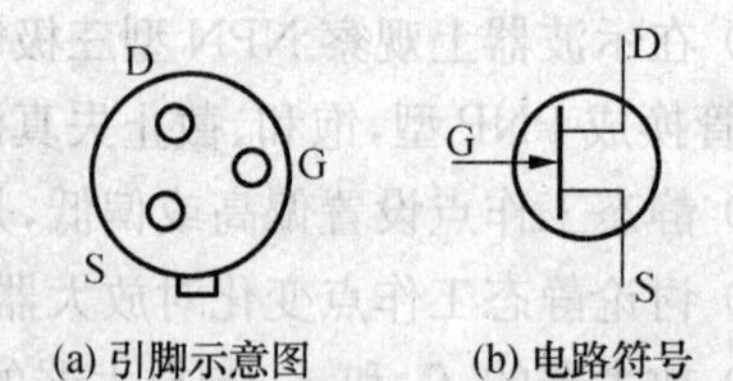

图 4.4.2　3DJ6F 引脚示意图及电路符号

结型场效应管的直流参数主要有饱和漏极电流 I_{DSS}、夹断电压 U_P 等，交流参数主要有低频跨导 g_m，

$$g_m = \left.\frac{\Delta i_d}{\Delta u_{GS}}\right|_{u_{dS}=\text{常数}}$$

3DJ6F 的典型参数值和测试条件如下：

(1) 饱和漏极电流 I_{DSS}：1.0～3.5 mA，测试条件为：U_{DS}=10 V，U_{GS}=0 V。

(2) 夹断电压 U_P:1～91 V,测试条件为:U_{DS}=10 V,I_{DS}=50 μA。

(3) 跨导 g_m:>100 μS,测试条件为:U_{DS}=10 V,i_{dS}=3 mA,f=1 kHz。

2) 结型场效应管放大器性能分析

(1) 输出特性

图 4.4.3 是 N 沟道结型场效应管的输出特性(漏极特性)曲线。该曲线是当栅源电压 U_{GS}保持不变(如 U_{GS}=0)时,漏极电流 I_D 与漏源电压 U_{DS}的关系曲线。对于不同的 U_{GS},可以测出多条输出特性曲线。图 4.4.3 中,曲线上的 P 点称为预夹断点。预夹断前,I_D 随 U_{DS}的增加而增加,称这一区域为电阻区。

当 U_{DS}继续增加使整个沟道被夹断时,I_D 不再随之增加,而是基本保持不变,曲线近似水平线,称这一区域为饱和区,场效应管做放大器时,就工作在这一区域。U_{GS}=0 时的 I_D 值,为饱和漏电流 I_{DSS}。

如果 U_{DS}增加到使反向偏置的 PN 结击穿时,I_D 会迅速上升,场效应管将不能正常工作,甚至烧毁,称这一区域为击穿区。

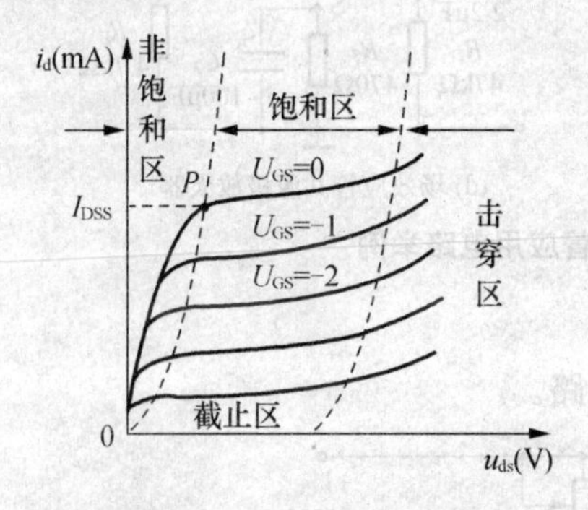

图 4.4.3 输出特性曲线

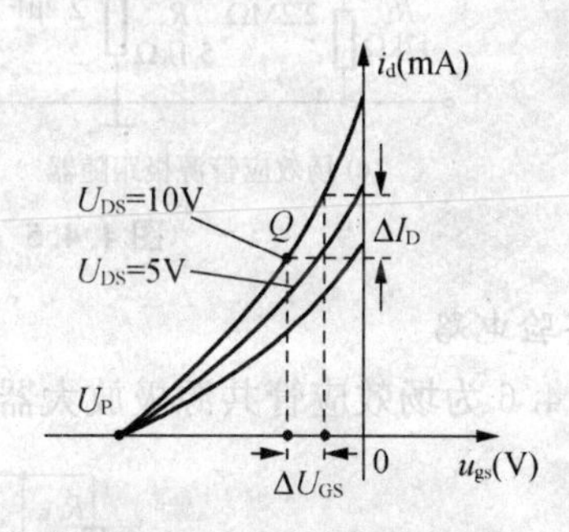

图 4.4.4 转移特性曲线

(2) 转移特性

图 4.4.4 是 N 沟道场效应管转移特性曲线,该曲线表示场效应管工作在饱和区时,当漏源电压 U_{DS}固定不变(如 U_{DS}=10 V)时,栅源电压 U_{GS}对漏极电流 I_D 的控制关系。

3) 场效应管应用电路

图 4.4.5(a)是驻极体电容式话筒的内部电路,其中电容 C_1 由膜片经高压电场驻极后产生异性电荷。当膜片受声波振动时电容两端的电压发生变化。由于该电压极微弱,电容 C_1 两端的阻抗很高,所以,采用场效应管 VT 与电容 C_1 配接以实现阻抗变换并放大微弱信号。将场效应管及偏置电阻 R_1、R_2 与电容 C_1 一起装在话筒内,使用时只需外加直流电压 3～12 V。驻极体话筒体积小,使用方便,应用普遍。

图 4.4.5(b)为结型场效应管 3DJ6 组成的高稳定石英晶体振荡器电路。石英晶体 JT 与电容 C 组成串联谐振电路,振荡频率由 JT 决定。JT 的选用范围很宽,即使将栅极电阻 R 的值取得很大,也不会给 JT 增加负载。晶体的 Q 值可以保持很高,所以振荡频率的稳定度很高。电感 L 为场效应管的漏极负载,输出波形为正弦波。

图 4.4.5(c)为场效应管源极跟随器。采用电阻分压式偏置电路,再加上源极电阻产生很深的直流负反馈,因此,电路的稳定性很好。因为场效应管 2SK30 的输入阻抗比一般晶体管要高,所以输入耦合电容 C_1 的值可以很小。

图 4.4.5(d)为场效应管共源极放大器采用自偏压电路给栅极提供偏压，C_3 为交流旁路电容，有利于提高电路的交流增益。场效应管为 2N3819 型。

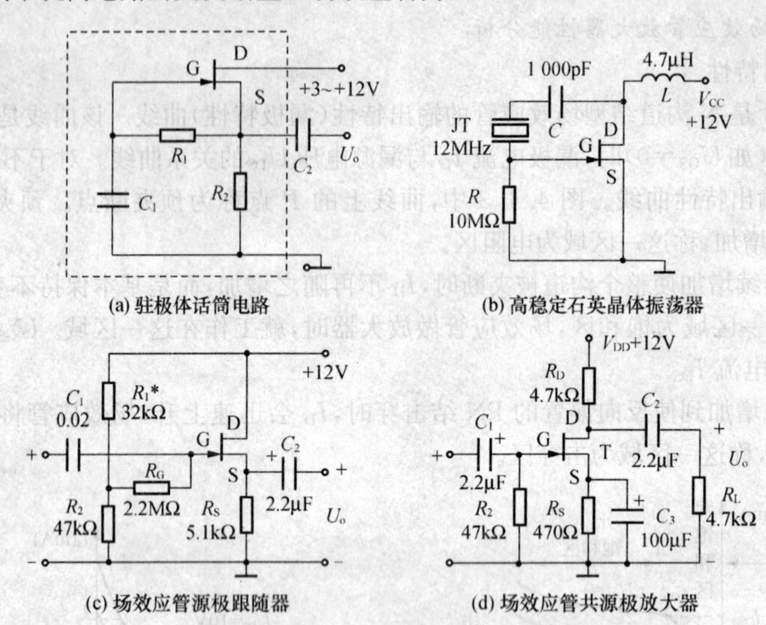

图 4.4.5 场效应管应用电路举例

4) 实验电路

图 4.4.6 为场效应管共源极放大器实验电路。

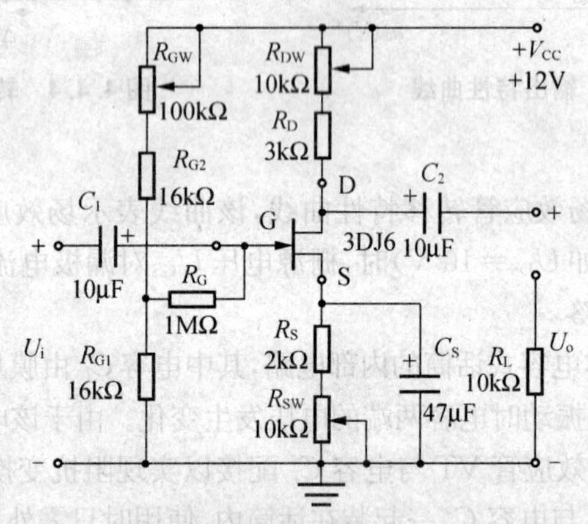

图 4.4.6 场效应管共源极放大器

静态工作点为：

$$U_{GS}=U_G-U_S=\frac{R_{G1}}{R_{G1}+R_{G2}}V_{CC}-I_{DQ}R_S$$

$$I_{DQ}=I_{DSS}\left(1-\frac{U_{GSQ}}{U_P}\right)^2$$

中频电压放大倍数为：

$$A_u=-g_mR'_L=-g_mR_D//R_L$$

输入电阻为：

$$R_i = R_G + R_{G1} // R_{G2}$$

输出电阻为：

$$R_o = R_D$$

g_m 为场效应管的跨导(即类同于一般晶体管的 β)，是表征场效应管放大能力的一个重要参数，g_m 的单位为西[门子](S)。g_m 可以由特性曲线用作图法求得，或者用公式计算：

$$g_m = -\frac{2I_{DSS}}{U_P}\left(1 - \frac{U_{GS}}{U_P}\right)$$

计算时 U_{GS} 用静态工作点处的数值。由于转移特性是非线性的，同一个场效应管的工作点不同，g_m 也不同，g_m 值一般在 0.5～10 mS 范围内。

要提高 A_u，需增大 R_D 和 R_L，但若增大 R_D 和 R_L，漏极电源电压也需要相应提高。

5) 输入电阻 R_i 的测量方法

从原理上说，可采用单极阻容耦合放大器输入电阻的测量方法，但由于场效应管的 R_i 比较大，如果直接测量输入电压 U_S 和 U_i，则由于测量仪器的输入电阻有限，将会产生较大的误差。因此，为减小误差，常利用被测放大器的隔离作用，通过测量输出电压 U_o 来计算输入电阻。图 4.4.7 为输入 R_i 测量电路。

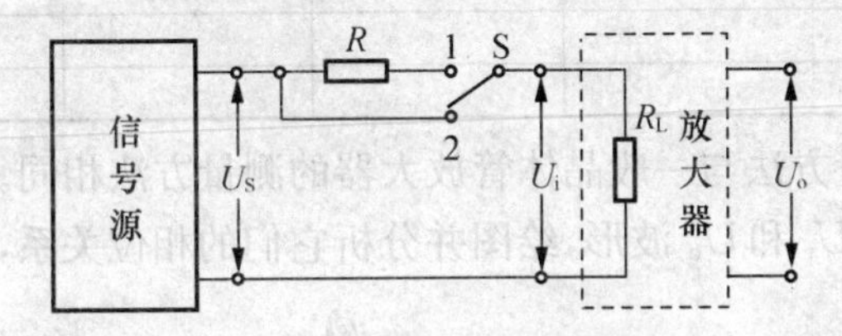

图 4.4.7 输入电阻测量电路

输入电阻测量步骤如下：

(1) 在放大器的输入端串入电阻 R，把开关 S 掷向位置 2($R=0$)，测量放大器的输出电压(本实验中 $R=100$～200 kΩ，R 和 R_i 不要相差太大)，

$$U_{o1} = A_u U_S$$

(2) 保持 U_S 不变，再把开关 S 掷向位置 1(即接入 R)，测量放大器的输出电压 U_{o2}。

$$U_{o2} = A_u U_S$$

(3) 由于两次测量中 A_u 和 U_S 保持不变，所以：

$$U_{o2} = A_u U_S = A_u U_i = A_u \frac{R_i}{R + R_i} U_S$$

4.4.4 实验内容

1) 结型场效应管共源极放大器静态工作点的测量和调整

(1) 用万用表判断场效应管 3DJ6 的引脚，主要是判断栅极 G，而漏极 D 和源极 S 是可以互换的，所以不用区分。注意：这种测量方法不适用于绝缘栅型场效应管。

(2) 按照图 4.4.6 连接实验电路，接通 +12 V 直流电源，令信号源输入电压为 0，用直流电压表测量 U_G、U_S、U_D。根据输出特性曲线，检查该电路的静态工作点是否在特性曲线放大区的中间部分，如果合适，将测量值记入表 4.4.1 中。

(3) 若静态工作点不在特性曲线放大区的中间部分,位置不合适,适当调整 R_{GW} 和 R_{SW},调好后测量 U_G、U_S、U_D 以及 U_{DS}、U_{GS}、I_D,记入表 4.4.1 中。

(4) 通过 U_G、U_S、U_D 的测量值计算 U_{DS}、U_{GS}、I_D,记入表 4.4.1 中。

表 4.4.1　场效应管静态工作点的测量结果

测量值						计算值		
U_G(V)	U_S(V)	U_D(V)	U_{DS}(V)	U_{GS}(V)	I_D(mA)	U_{DS}(V)	U_{GS}(V)	I_D(mA)

2) 电压放大倍数 A_u、输出电阻 R_o 和输入电阻 R_i 的测量

(1) 电压放大倍数 A_u、输出电阻 R_o 的测量

在放大器的输入端送入 $f=1$ kHz、$U_i\approx 50$ mV 的正弦信号,用示波器观察输出电压 U_o 的波形,在输出电压波形不失真的情况下,用毫伏表分别测量负载 R_L 开路和等于 10 kΩ 时的输出电压 U_o,记入表 4.4.2 中。

表 4.4.2　场效应管放大倍数及输出电阻的测量结果

R_L	测量值				计算值	
	U_i(V)	U_o(V)	A_u	R_o(kΩ)	A_u	R_o(kΩ)
开路						
10 kΩ						

输出电阻 R_o 的测量方法与一般晶体管放大器的测量方法相同。

用示波器同时观察 U_i 和 U_o 波形,绘图并分析它们的相位关系,填入图 4.4.8 中。

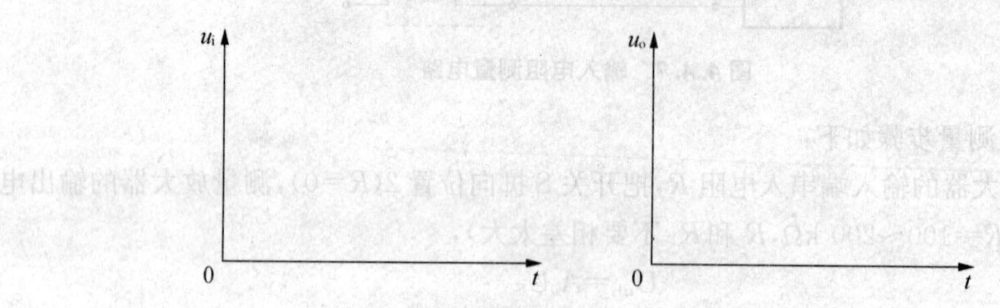

图 4.4.8　U_i 和 U_o 的波形

(2) 输入电阻 R_i 的测量

按照图 4.4.7 所示电路连接,选择一个适当的输入电压 U_S(约 50～100 mV),将开关 S 掷向"1",测出 $R=0$ 时的输出电压 U_{o1},然后将开关 S 掷向"2"(接入 R),保持 U_S 不变,再测 U_{o2},根据输入电阻换算公式:

$$\frac{U_{o2}}{U_{o1}-U_{o2}}=\frac{R_i}{R}$$

求出 R_i,

$$R_i=\frac{U_{o2}}{U_{o1}-U_{o2}}R$$

并填入表 4.4.3 中。

表 4.4.3 场效应管输入电阻的测量结果

测 量 值			计 算 值
U_{o1}(V)	U_{o2}(V)	R_i(kΩ)	R_i(kΩ)

4.4.5 预习要求

(1) 复习场效应管的内部结构、组成及特点；

(2) 复习场效应管的特性曲线及其测量方法；

(3) 掌握场效应管放大电路的工作原理、放大倍数以及输入电阻和输出电阻的测量方法；

(4) 比较场效应管放大器与一般晶体管放大器各有什么特点？有哪些区别？

4.4.6 实验报告要求

(1) 画出有元件值的实验电路图；

(2) 写出各项指标参数的测量步骤；

(3) 通过实验测得放大倍数 A_u、输入电阻 R_i、输出电阻 R_o,并与理论值进行比较；

(4) 分析 R_S 和 R_D 对放大器性能有何影响；

(5) 分析说明实验数据处理与实验结果。

4.4.7 思考题

(1) 与一般晶体管相比,场效应管有何优越性？根据图 4.4.5 应用举例电路来说明。

(2) 场效应管的跨导 g_m 的定义是什么？跨导的意义是什么？它的值是大一些好还是小一些好？

(3) 场效应管有没有电流放大倍数 β,为什么？

(4) 将场效应管与一般晶体管放大器进行比较,总结场效应管放大器的特点。

4.5 两级负反馈放大器

4.5.1 实验目的

(1) 了解负反馈放大器的调整和分析方法；

(2) 加深理解负反馈对放大器性能的影响；

(3) 进一步掌握放大器主要性能指标的测量方法。

4.5.2 实验仪器仪表和器材

(1) 万用表 1 块；

(2) 直流稳压电源 1 台；

(3) 双踪示波器 1 台；

(4) 信号发生器 1 台；

(5) 低频毫伏表 1 台；

(6) 模拟电子电路实验箱 1 台。

4.5.3　实验电路和原理

1) 实验电路

实验电路如图 4.5.1 所示。

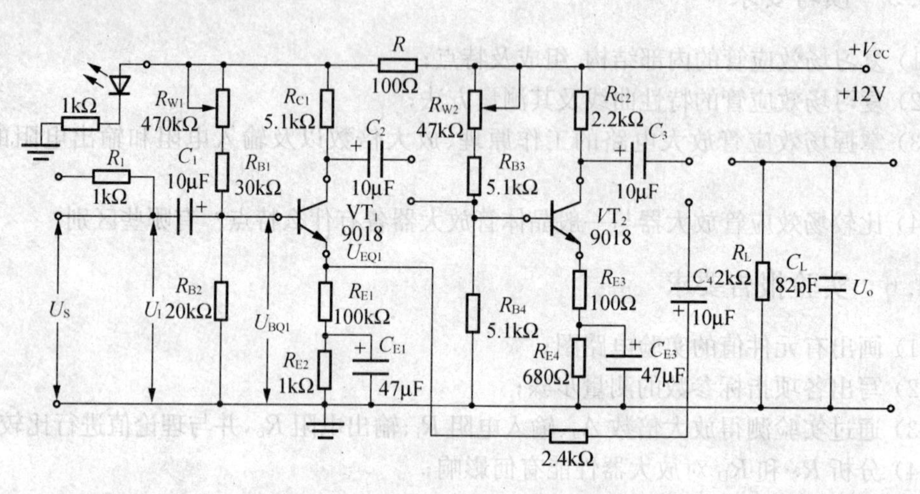

图 4.5.1　两级负反馈放大器实验电路

实验电路是由两级普通放大器加上负反馈网络构成的越级串联电压负反馈电路。负反馈能够改善放大器的性能和指标，因而应用十分广泛。

电压串联负反馈放大器与其他类型负反馈放大器一样，虽然电压放大倍数下降，但具有提高增益稳定性、减小非线性失真和展宽通频带的作用，此外，该放大器还能够提高放大器的输入电阻和减小输出电阻。

串联电压负反馈放大器的分析计算遵循一般负反馈放大器分析计算的原则，即根据主网络(基本放大器)分析计算放大器开环主要指标，根据反馈网络计算反馈系数，最后分析计算闭环系统的主要指标。

在分析计算中常用拆环分析，把负反馈放大器分解为主网络和反馈网络，如图 4.5.2 所示。在负反馈放大器电路中，运用置换原理拆开 R_F，保留反馈元件负载效应(即反馈作用和信号直通作用)的一种电路。反馈网络只反映反馈作用。

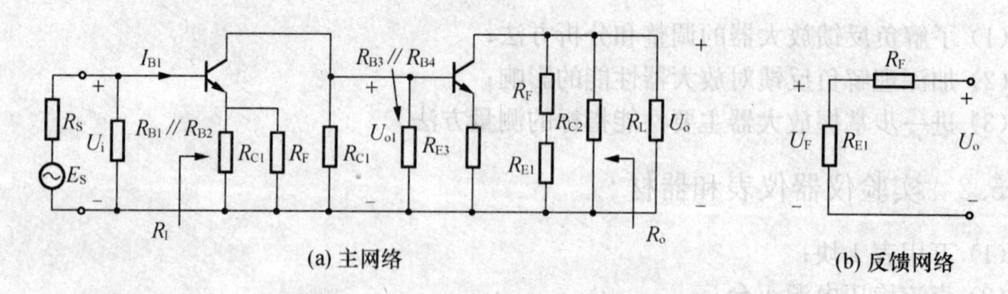

图 4.5.2　负反馈放大器分解等效电路

2) 基本放大器分析计算

(1) 开环电压增益 A_u、开环输入电阻 R_i

$$A_u=\frac{U_o}{U_i}=\frac{U_o}{U_{o1}}\frac{U_{o1}}{U_i}=A_{u1}A_{u2}$$

式中：A_{u1}、A_{u2} 分别为第1级和第2级放大器的电压增益，

$$A_{u1}=\frac{h_{FE1}(R_{C1}//R_{i2})}{R_i}$$

$$A_{u2}=\frac{h_{FE2}(R_F+R_{E1})//R_{C2}//R_L}{h_{BE2}+(1+h_{FE2})R_{E3}}$$

$$R_i=h_{IE1}+(1+h_{FE1})(R_{E1}//R_F)$$

$$R_{i2}=R_{B3}//R_{B4}//[h_{IE2}+(1+h_{FE2})R_{E3}]$$

这里计算的输入电阻 R_i 是不包括第1级偏置电阻 $R_{B1}//R_{B2}$ 在内的净输入电阻，它等于主网络第1级的净输入电阻。

(2) 输出电阻 R_o

主网络的输出电阻等于其末级的输出电阻，即

$$R_o=r_o//(R_F+R_{E1})//R_{C2}$$

式中：r_o 为三极管本身的输出电阻。

3) 反馈网络计算

反馈网络计算的任务是求反馈系数，在电压串联负反馈放大器中为电压反馈系数。根据定义，电压反馈系数为：

$$A_{uf}=\frac{U_f}{U_o}=\frac{R_{E1}}{R_{E1}+R_F}$$

A_{uf} 的确定以满足所要求的反馈深度为依据。

4) 闭环分析计算

(1)闭环电压增益 A_{uf}

$$A_{uf}=\frac{U_o}{U_S}=\frac{U_o}{U_i+U_f}=\frac{\frac{U_o}{U_i}}{1+\frac{U_o}{U_i}\frac{U_f}{U_o}}=\frac{A_u}{1+A_uA_{uf}}=\frac{A_u}{F_u}$$

式中：F_u 为反馈深度，$F_u=1+A_uA_{uf}$，F_u 的大小应根据放大器的用途及其性能指标要求来确定。

(2) 闭环输入电阻 R_{if}

$$R_{if}=F_uR_i$$

负反馈提高了输入电阻，因而可减小向信号源索取的功率。

(3) 闭环输出电阻 R_{of}

$$R_{of}=\frac{R_o}{1+A_{uo}A_{uf}}$$

式中：A_{uo} 为负载 R_L 开路时的增益。

负反馈降低了输出电阻，有稳定输出电压的作用。

(4) 上限频率 f_{HF}、下限频率 f_{LF}

若单级放大器的上、下限频率分别为 f_H 和 f_L，则反馈放大器的上、下限频率可用以下关系式估算：

$$f_{HF} \approx F_u f_H$$

$$f_{LF} \approx \frac{f_L}{F_u}$$

负反馈展宽通频带的作用可通过实验测量有、无负反馈 2 种情况下的幅频特性曲线来验证。

(5) 增益稳定性

增益稳定性是用增益的相对变化量来衡量的，增益的相对变化量越小，增益的稳定性就越高。负反馈提高了放大器的增益稳定性，可进行简单的定量分析：

对闭环电压增益微分：

$$dA_{uf} = \frac{dA_u}{(1 + A_u A_{uf})^2}$$

改用增量形式表示为：

$$\Delta A_{uf} = \frac{\Delta A_u}{(1 + A_u A_{uf})^2}$$

等式两边分别除 A_{uf}：

$$\frac{\Delta A_{uf}}{A_{uf}} = \frac{1}{1 + A_u A_{uIF}} \frac{\Delta A_u}{A_u} = \frac{1}{F_u} \frac{\Delta A_u}{A_u}$$

式中：$\Delta A_{uf}/A_{uf}$、$\Delta A_u/A_u$ 分别为负反馈放大器和主网络的增益相对变化量。可见：$\Delta A_u/A_u$ 与 $\Delta A_{uf}/A_{uf}$ 比较提高了 F_u 倍，因 $F_u > 1$，因此可以证明：负反馈放大器的增益稳定性比无负反馈放大器的增益稳定性提高了 F_u 倍。

本实验中，电压增益稳定性的提高是通过改变电源电压 $+V_{CC}$ 的大小来验证的。当 $+V_{CC}$ 改变时，电压增益随之改变，加入负反馈后电压增益稳定性将大为改善(注：改变负载电阻的大小也可验证)。

综上所述，负反馈虽然使放大器增益下降，但却换取了放大器频带的展宽与增益稳定性的提高，而且随着反馈的加深，这些改善会更加明显。但反馈不能无限加深，否则放大器不仅会失去放大能力，还可能会自激而无法工作。负反馈对输入、输出电阻的影响，依反馈类型而定。

4.5.4 实验内容

按图 4.5.1 连接好实验电路。连线、测试线尽可能短，否则，电路容易产生自激，造成测试波形不稳定，测量结果不准确。

1) 静态测量与调整

接通电源电压 $V_{CC} = +12V$，测量 2 个三极管的静态参数，应满足 $U_{BEQ1} = U_{BEQ2} = 0.6 \sim 0.7$ V，调节 R_{W1} 和 R_{W2} 使 2 个三极管的 $U_{CEQ1} = U_{CEQ2} = \left(\frac{1}{4} \sim \frac{1}{2}\right) V_{CC}$，将放大器静态时测量数据记入表 4.5.1 中。$I_{CQ1}$ 和 I_{CQ2} 可通过已知发射极对地电压换算求得。

表 4.5.1　三极管静态测量结果

参　数	U_{EQ1}(V)	U_{CEQ1}(V)	U_{EQ2}(V)	U_{CEQ2}(V)	I_{CQ1}(A)	I_{CQ2}(A)
实测值						

2）电压放大倍数及稳定性测量

测量条件为：在负反馈放大器输入端输入正弦信号，频率为 1 kHz，信号源输出衰减置于 20 dB，幅度适中，测量到的输出波形不失真即可。

用示波器在输出端监测，若负反馈放大器输出波形出现失真，可适当减小输入电压幅度。然后分别使电路处于有（接 R_F）、无（不接 R_F）反馈状态，测出 U_o 并计算 A_u 和 A_{uf}。

保持上述条件不变，将 V_{CC} 降低 3 V，或升高 3 V，即改为 9 V 或 15 V。测出相应的 A_{u1} 和 A_{u2}、A_{uf1} 和 A_{uf2}，然后计算变化量 ΔA_u 和 ΔA_{uf}、相对变化量 $\Delta A_u/A_u$ 和 $\Delta A_{uf}/A_{uf}$。将数据记入表 4.5.2 中。

表 4.5.2　电压放大倍数及稳定性测量结果

参　数	无　反　馈			有　反　馈		
V_{CC}	12 V	9 V	15 V	12 V	9 V	15 V
A_u，A_{uf}	A_u	A_{u1}	A_{u2}	A_{uf}	A_{uF1}	A_{uF2}
ΔA_u	$\Delta A_u=A_{u2}-A_u=$ 或 $\Delta A_u=A_u-A_{u1}=$			$\Delta A_{uf}=A_{uF2}-A_{uf}=$ 或 $\Delta A_{uf}=A_{uf}-A_{uF1}=$		
$\frac{\Delta A_u}{A_u}$	$\frac{\Delta A_u}{A_u}=$			$\frac{\Delta A_{uf}}{A_{uf}}=$		

3）通频带的测量

测量条件为：$V_{CC}=12$ V，输入信号为 $f=1$ kHz、幅度适中的正弦信号，即测量到的输出波形不失真。

分别测出无反馈和有反馈时的输出电压 U_o、U_{oF}。保持 U_i 幅度不变，调节信号源频率，用毫伏表测出无反馈时的 $0.707U_o$ 值和有反馈时的 $0.707U_{oF}$ 值（即 3 dB 衰减值），记录 3 dB 衰减所对应的下限频率 f_L 和上限频率 f_H 并算出通频带，绘制幅频特性曲线，将数据记入表 4.5.3 中。

表 4.5.3　通频带测量结果

基本放大器（无反馈）		负反馈放大器	
$f=1$ kHz 时 U_o(mV)		$f=1$ kHz 时 U_{oF}(mV)	
$0.707U_o$(mV)		$0.707U_{oF}$(mV)	
f_{L1}(kHz)		f_{L2}(kHz)	
f_{H1}(kHz)		f_{H2}(kHz)	
$\Delta f=f_{H1}-f_{L1}$(kHz)		$\Delta f_f=f_{H2}-f_{L2}$(kHz)	
在一个坐标内，画出有、无负反馈时的幅频特性曲线，以便分析比较			

4）输入、输出电阻的测量

测量方法与电压放大倍数及稳定性测量相同，采用换算法分别测出无反馈和有反馈时的输入、输出电阻。测量时，输入信号为 $f=1$ kHz、U_S（有效值）$=2\sim3$ mV 的正弦信号，以负载开路时的输出波形不失真为前提。测量结果记于表 4.5.4 中。其中 U_o' 为负载 R_L 断开时的输出电压;U_o 为接上负载 R_L 时的输出电压。

表 4.5.4　输入、输出电阻测量结果

状　态	U_S	U_i	U_o'	U_o	R_i	R_o
无反馈						
有反馈						

5) 观察非线性失真的改善

测试条件为:保持无反馈和有反馈两种状态下的输入信号幅度相同,使电路处于无反馈状态。在负反馈放大器输入端输入频率 f 为 1 kHz、有效值为 5 mV 的正弦信号,慢慢增大输入信号幅度,使输出电压波形出现明显失真。再接入负反馈,记录输出信号和输出波形。将两次测试结果记入表 4.5.5 中。

表 4.5.5　观察非线性失真改善的结果

电路状态		U_S(mV)	U_o(mV)	输出 U_o 波形
无反馈	调节 U_S,使 U_o 波形出现较明显的失真			
有反馈	输入 U_S 与无反馈时相同			

4.5.5　预习要求

(1) 复习负反馈放大器的工作原理,加深理解负反馈对放大器性能的影响;

(2) 认真阅读实验教材,理解实验内容与测量原理;

(3) 复习 A_u、R_i、R_o、f_L、f_H 的测量方法。

4.5.6　实验报告要求

(1) 画出实验电路图,标出元器件数值;

(2) 整理实验数据,记入相应表格中;

(3) 分析总结负反馈对放大器性能的影响;

(4) 回答思考题。

4.5.7　思考题

(1) 调静态工作点时是否要加负反馈?

(2) 如何判断电路的静态工作点已经调好?

(3) 测量放大器性能指标时对输入信号的频率和幅度有何要求?

(4) 采用串联电压负反馈时对信号源和负载有何要求?

(5) 若希望精确地测量出电路在有、无反馈两种情况下的输入、输出电阻,在该电路中 R_i、R_L 应分别取何值?

(6) 对于本实验电路,若要构成越级串联电流负反馈组态,电路应如何改接,试画出相应的原理电路图。

4.6 差分放大器

4.6.1 实验目的

(1) 加深对差分放大器原理和性能的理解；

(2) 掌握差分放大器基本参数的测量方法。

4.6.2 实验仪器仪表和器材

(1) 万用表 1 块；

(2) 直流稳压电源 1 台；

(3) 双踪示波器 1 台；

(4) 信号发生器 1 台；

(5) 低频毫伏表 1 台；

(6) 模拟电子电路实验箱 1 台。

4.6.3 实验电路和原理

1) 实验电路

本实验所采用的差动放大器电路如图 4.6.1 所示。

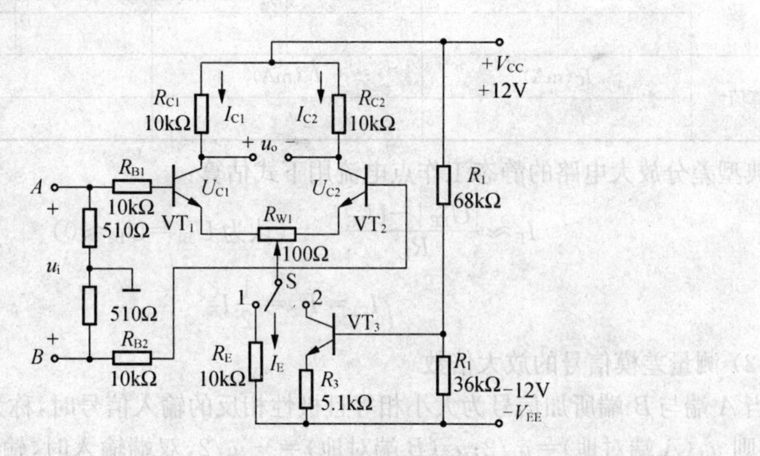

图 4.6.1 差动放大器实验电路

该实验电路由两个对称共射电路组合而成，理想差分放大器的要求为：三极管 VT_1、VT_2 均为 9018，特性相同($\beta_1=\beta_2$，$r_{BE1}=r_{BE2}$)，$R_{C1}=R_{C2}=R_C$，$R_{B1}=R_{B2}=R_B$。由于电路对称，静态时两管的集电极电流相等，管压降相等，输出电压 $\Delta U_o=0$。因此，这种电路对于零点漂移具有很强的抵制作用。

2) 实验原理

差分放大器又称差动放大器，是一种能够有效抑制零点漂移的直流放大器。差分放大器有多种电路结构形式。差分放大器应用十分广泛,特别是在模拟集成电路中,常作为输入级或中间放大级。

在图 4.6.1 所示电路中,开关 S 拨向 1 时,构成典型的差分放大器。电位器 R_W 用来调节 VT_1、VT_2 的静态工作点,当输入信号 $u_i=0$ 时,双端输出电压 $u_o=0$。R_E 的作用是为 VT_1、VT_2 确定合适的静态电流 I_E,它对差模信号无负反馈作用,因而不影响差模电压放大倍数,但对共模信号有较强的负反馈作用,故可以抑制温度漂移。带 R_E 的差分放大电路也称为长尾式差分放大电路。

当开关 S 拨向 2 时,则构成一个恒流偏置差分放大电路。用晶体管恒流源代替电阻 R_E,恒流源对差模信号没有影响,但抑制共模信号的能力增强。

4.6.4 实验内容

1) 典型差分放大器电路性能测试

(1) 测试静态工作点

将图 4.6.1 中的开关 S 拨向 1,构成典型的差分放大器。先不接入信号源,而将放大器输入 A、B 端与地短接,接通±12 V 直流电源,用万用表测量输出电压 u_o,调节电位器 R_E,使 $u_o=0$。

调零后,用万用表测量 VT_1、VT_2 各极电位及射极电阻 R_E 两端电压 U_{EE},将数据记入表 4.6.1 中。

表 4.6.1 静态工作点测量结果

参 数	U_{C1}(V)	U_{B1}(V)	U_{E1}(V)	U_{C2}(V)	U_{B2}(V)	U_{E2}(V)	U_{EE}(V)
计算值	I_C(mA)		I_B(mA)		I_{CE}(mA)		

典型差分放大电路的静态工作点电流用下式估算:

$$I_E \approx \frac{|U_{EE}|-U_{BE}}{R_E} \quad (\text{认为 } U_{B1}=U_{B2}\approx 0)$$

$$I_{C1}=I_{C2}=\frac{1}{2}I_E$$

(2) 测量差模信号的放大倍数

当 A 端与 B 端所加信号为大小相等且极性相反的输入信号时,称为差模信号。单端输入时,则 u_{i1}(A 端对地)$=u_i/2$;u_{i2}(B 端对地)$=-u_i/2$,双端输入时,输入信号 u_i 加于 A、B 两端。

当差分放大器的射极电阻 R_E 足够大,或者采用恒流偏置电路时,差模电压放大倍数 A_{ud} 由输出方式决定,而与输入方式无关,故本次实验中,测量差模信号的放大倍数时使用单端输入。输出方式分为双端输出和单端输出。

双端输出当($R_E=\infty$,R_W 在中心位置)时,放大倍数为:

$$A_{ud}=\frac{\Delta u_o}{\Delta u_i}=-\frac{\beta R_C}{R_B+r_{BE}+(1+\beta)\dfrac{R_W}{2}}$$

若在双端输出端接有负载 R_L，则放大倍数为：

$$A'_{ud}=\frac{\Delta u_o}{\Delta u_i}=-\beta\frac{R'_L}{R_B+r_{BE}+(1+\beta)\dfrac{R_W}{2}}$$

式中：

$$R'_L=\frac{R_L}{2}//R_{C1}$$

单端输出(分别为 VT_1、VT_2 集电极对地输出)时，放大倍数为：

$$A_{ud1}=\frac{\Delta u_{c1}}{\Delta u_i}=\frac{A_{ud}}{2}$$

$$A_{ud2}=\frac{\Delta u_{c2}}{\Delta u_i}=-\frac{A_{ud}}{2}$$

将输入端 A 接函数信号发生器，输入端 B 对地短接，即可构成单端输入方式，调节输入信号为频率 $f=1$ kHz 的正弦信号，逐渐增大输入电压 u_i 到 100 mV 时，在输出波形无失真情况下，用交流毫伏表测 u_{c1}、u_{c2}，将测量数据记入表 4.6.2 中，并观察 u_i、u_{c1}、u_{c2} 之间的相位关系。

表 4.6.2 差分放大器差模和共模信号输出参数及放大倍数测量结果

参 数	典型差分放大电路		具有恒流源差分放大电路	
	单端输入	共模输入	单端输入	共模输入
u_{c1}(V)	0.1	1	0.1	1
u_{c1}(V)				
u_{c2}(V)				
$A_{ud1}=\frac{u_{c1}}{u_i}$		×		×
$A_{ud}=\frac{u_o}{u_i}$		×		×
$A_{uc1}=\frac{u_{c1}}{u_i}$	×		×	
$A_{uc}=\frac{u_o}{u_i}$	×		×	
$K_{CMR}=\left\|\frac{A_{ud}}{A_{uc}}\right\|$				

(3) 测量共模信号的放大倍数

当 A 端与 B 端所加信号为大小相等且极性相同的输入信号时，称为共模信号。

当输入共模信号时，若为单端输出，则共模放大倍数为：

$$A_{uc1}=A_{uc2}=\frac{\Delta u_{c1}}{\Delta u_i}=\frac{-\beta R_C}{R_B+r_{be}+(1+\beta)\left(\dfrac{R_W}{2}+2R_E\right)}\approx-\frac{R_C}{2R_E}$$

若为双端输出，在理想情况下，共模放大倍数为：

$$A_{uc}=\frac{\Delta u_o}{\Delta u_i}=0$$

为了表征差分放大器对差模信号的放大作用和对共模信号的抑制作用，通常用一个综合指标即共模抑制比来衡量：

$$K_{CMR}=\left|\frac{A_{ud}}{A_{uc}}\right|$$

调节信号源,使输入信号频率 $f=1$ kHz,幅度 $u_i=1$ V,同时加到 A 端和 B 端上,就构成共模信号输入。用交流毫伏表测量 u_{c1} 和 u_{c2},记入表 4.6.2 中,并观察 u_i、u_{c1}、u_{c2} 之间的相位关系。

2) 恒流偏置差分放大器电路性能测试

将图 4.6.1 中的开关 S 拨到 2,构成恒流偏置差分放大器电路。

根据典型差分放大器电路中测量差模信号的放大倍数和测量共模信号的放大倍数的操作步骤,完成相应实验,将测量数据记入表 4.6.2中。

4.6.5　预习要求

(1) 复习差动放大器的工作原理和调试步骤;

(2) 按本次实验电路参数计算静态工作点及差模电压放大倍数、单端输出时共模电压放大倍数、共模抑制比(可设 R_W 的中间位置,VT_1 和 VT_2 的 β 值均为 60 左右);

(3) 自拟好实验数据测试表格。

4.6.6　实验报告要求

(1) 实验目的以及标有元件值的电路原理图;

(2) 各项指标参数的测量步骤;

(3) 实验数据处理与实验结果分析说明;

(4) 简要说明 R_E 和恒流源的作用;

(5) 总结恒流源差动放大器对共模抑制比性能的改善。

4.6.7　思考题

(1) 差分放大器是否可以放大直流信号?

(2) 为什么要对差分放大器进行调零?

(3) 增大或者减小 R_E 的阻值,对输出有什么影响?

4.7　集成运算放大器的线性应用

4.7.1　实验目的

(1) 了解集成运算放大器(集成运放)μA741 各引脚的作用;

(2) 学习集成运放的正确使用方法,测试集成运放的传输特性;

(3) 熟悉集成运放反相和同相两种基本输入方式,以及虚地、虚短和虚断的概念;

(4) 学习用集成运放和外接反馈电路构成反相、同相比例放大器、加法器、减法器和积分器的方法,以及对这些运算电路进行测试的方法。

4.7.2 实验仪器仪表和器材

(1) 万用表 1 块；

(2) 直流稳压电源 1 台；

(3) 双踪示波器 1 台；

(4) 信号发生器 1 台；

(5) 低频毫伏表 1 台；

(6) 模拟电子电路实验箱 1 台。

4.7.3 实验电路和原理

集成运放是一种高增益的直接耦合放大器，其具有高增益（$10^3 \sim 10^6$）、高输入电阻（10 kΩ ～3 MΩ）、低输出电阻（几十欧～几百欧）的特点。若在它的输出端与输入端之间接入负反馈网络，可以实现不同的电路功能。例如：接入线性负反馈，可以实现放大功能以及加、减、微分、积分等模拟运算功能；接入非线性负反馈，可以实现对数、反对数、乘、除等模拟运算功能。

1）实验所用集成运放的特点

(1) 外引线排列及符号

实验电路采用 μA741 集成运放，图 4.7.1 为外引线排列及符号。

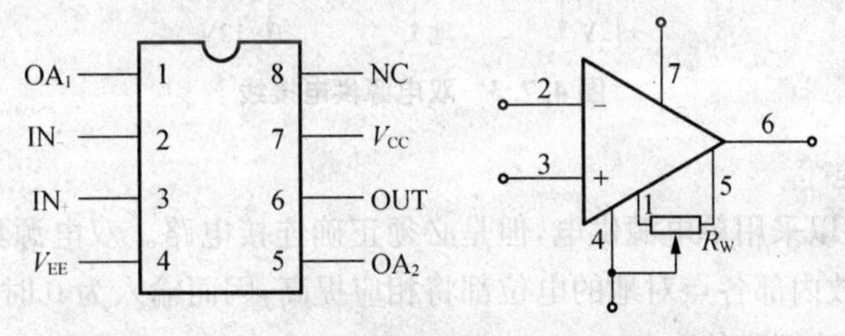

图 4.7.1 μA741 集成运算放大器外引线排列及符号

(2) 运放的"调零"（失调调整）

理想集成运放如果输入信号为 0，则输出电压应为 0。但由于内部电路参数不可能完全对称，运放又具有很高的增益，输出电压往往不为 0，即产生失调，特别是早期生产的运放器件，失调更为严重。因此，对于性能较差的器件或者在特别精密的电路中，需要设置调零电路，以保证零输入时零输出的要求。图 4.7.2 为两个典型的调零电路。

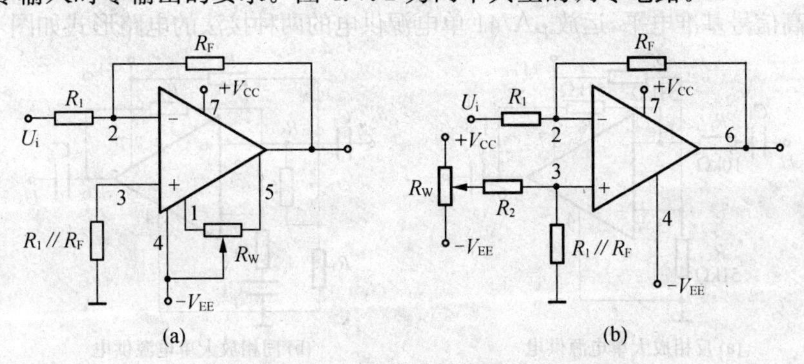

图 4.7.2 运放典型调零电路

图 4.7.2(a)为有调零专用端的集成运放(μA741 的引脚 1、5 是外接调零电位器的专用端);图 4.7.2(b)为无调零专用端的集成运放。

调零电路的具体操作方法有两种:一种为静态调零,方法为去掉输入信号源,并将接信号源的输入端接地,然后调整调零电位器,使输出电压为 0,这种调零方法简便,一般用于信号源为电压信号,以及输出零点精度要求不高的电路;另一种为动态调零,精度较高,方法为输入接交流正负等幅信号,输出用数字万用表监测,调整调零电位器,使正负输出值相等。

(3) 运放的供电方式

① 双电源供电

如图 4.7.3 所示,集成运放常用正负电源供电,有些运放工作电压范围为±3～±15 V,使用时可合理选用。使用和看电路图时还要注意,电路图中集成运放的直流供电电路一般不画出来,这是一种约定俗成的习惯画法,但运放工作时一定要加直流电源。

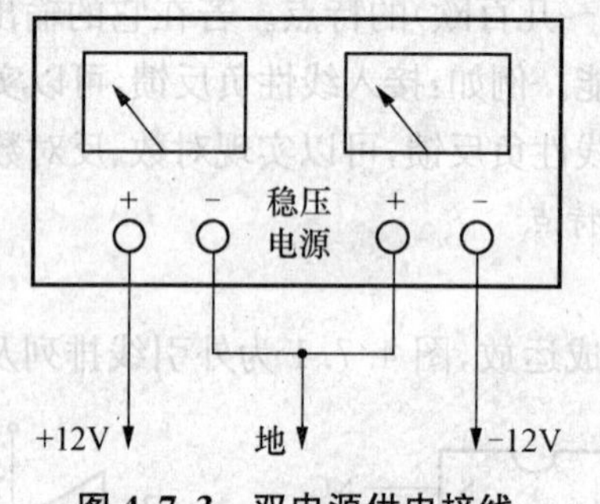

图 4.7.3　双电源供电接线

② 单电源供电

集成运放也可以采用单电源供电,但是必须正确连接电路。双电源集成运放由单电源供电时,该集成运放内部各点对地的电位都将相应提高,因而输入为 0 时,输出不再为 0,这是通过调零电路无法解决的。

为使双电源集成运放在单电源供电下能正常工作,必须将输入端的电位提升。例如:在交流运放电路中,为了简化电路,可以采用单电源供电方式,为获得最大动态范围,通常使同相端的静态(即输入电压为 0 时)工作点 $U_+ = V_{CC}/2$。交流运放只放大交流信号,输出信号受运放本身的失调影响很小,因此,不需要调零。

此时集成运放输出端直流电平近似为电源电压的一半,使用时输入、输出都必须加隔直流电容。为提高信号基准电平,运放 μA741 单电源供电的两种接法的电路形式如图 4.7.4 所示。

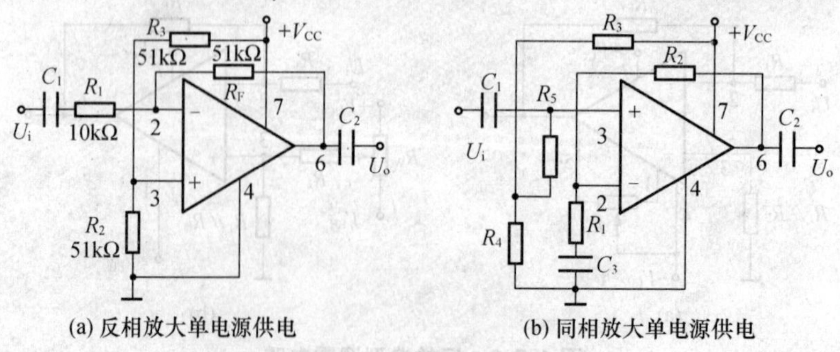

图 4.7.4　μA741 单电源供电电路

对于图 4.7.4(a)而言，

$$U_+=\frac{R_2}{R_2+R_3}V_{CC}$$

对于图 4.7.4(b)而言，

$$U_+=\frac{R_4}{R_3+R_4}V_{CC}$$

如要满足工作点 $U_+=V_{CC}/2$ 的条件，则需满足 $R_2=R_3$；$R_3=R_4$。

(4) 运放的保护电路

集成运放使用不当，容易造成损坏。实际使用时常采用以下保护措施：

① 电源保护措施

电源的常见故障是电源极性接反和电压跳变。电源反接保护电路和电源电压突变保护电路如图 4.7.5(a)、(b)所示。

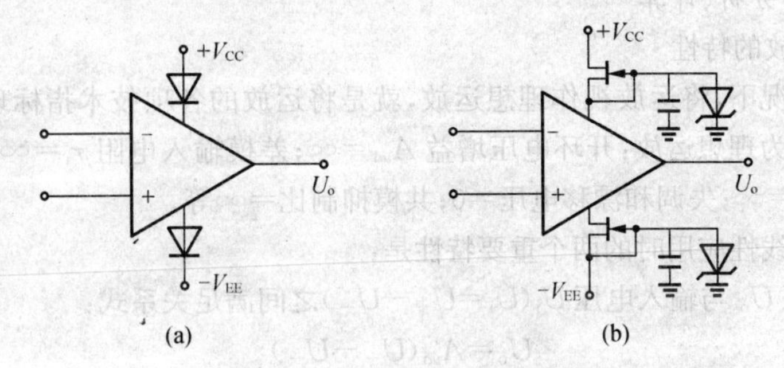

图 4.7.5　运放电源保护电路

性能较差的稳压电源，在接通和断开瞬间会出现电压过冲，可能会比正常的稳压电源电压高几倍。

通常双电源供电时，两路电源应同时接通或断开，不允许长时间单电源供电，不允许电源接反。

② 输入保护措施

运放的输入差模电压或输入共模电压过高(超出极限参数范围)，运放也会损坏。图 4.7.6 是典型的输入保护电路。

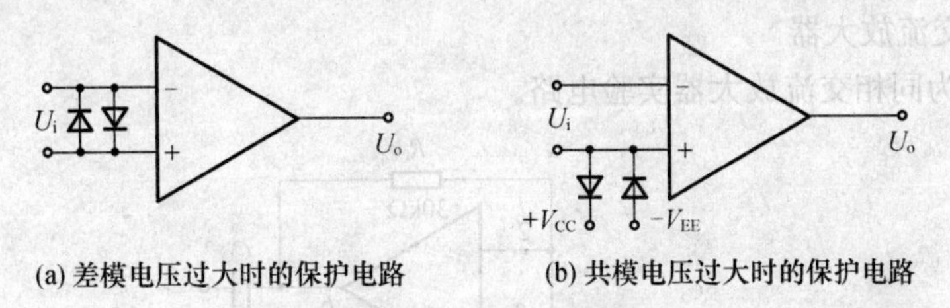

(a) 差模电压过大时的保护电路　　(b) 共模电压过大时的保护电路

图 4.7.6　运放的输入保护

③ 输出保护措施

当集成运放过载或输出端短路时，如果没有保护电路，该运放就会损坏。有的集成运放内部设置了限流或短路保护，使用时就不需再加输出保护。普通运放的输出电流很小，仅允许几毫安，因此，运放的输出负荷不能太重，使用时严禁过载，特别要注意，运放的输出端严禁对地短路或接到电源端,运放的负载一般要大于 2 kΩ。

④ 运放自激的消除

集成运放在实际应用中遇到的最棘手问题就是电路的自激。由于集成运放内部由多级直流放大器组成,引起自激的主要原因为:集成运放内部级间耦合电路产生附加相移,形成多折点幅频特性;集成运放外接反馈网络产生相移;集成运放输入电容和等效输入电阻产生附加相移;集成运放输出电阻和电抗性负载产生相移;多个集成运放级联时通过供电电源耦合产生附加相移。

运放在零输入或放大信号时,当输出波形有高频寄生杂波,说明运放电路有自激现象。为使运放稳定工作,要加强电源滤波、合理安排印制板布局、选择合适的接地点;通常还采取破坏自激的相位条件即用 RC 相位补偿网络来消除自激(可查阅有关资料)。有的运放内部已有防自激的相位补偿网络,使用时可不外接补偿电路。

2) 实验电路分析、计算

(1) 理想运放的特性

在大多数情况下,将运放视作理想运放,就是将运放的各项技术指标理想化。满足下列条件的运放称为理想运放:开环电压增益 $A_{ud}=\infty$;差模输入电阻 $r_i=\infty$;输出电阻 $r_o=0$;开环带宽 $f_{BW}=\infty$;失调和漂移电压=0;共模抑制比=∞等。

理想运放在线性应用时的两个重要特性是:

① 输出电压 U_o 与输入电压 $U_i(U_i=U_+-U_-)$ 之间满足关系式:

$$U_o=A_{ud}(U_+-U_-)$$

由于 $A_{ud}=\infty$,而 U_o 为有效值,因此,$(U_+-U_-)\approx 0$,即 $U_+=U_-$ 称为“虚短路”。

② 由于差模输入电阻 $r_i=\infty$,故流入运放两个输入端的电流可视为 0,即:$I_+=I_-=0$,称为“虚断路”。这说明运放对其前级吸取的电流极小。

上述两个特性是分析理想运放应用电路的基本原则,可简化运放电路的计算。

集成运放使用选择应注意两点:一是要尽可能选用通用器件,以减少维修更换的麻烦;二是要考虑性价比。

运放的应用电路确定后,需考虑消除自激及输出调零的措施,还要注意单电源供电时的偏置及安全保护等问题。

(2) 同相交流放大器

图 4.7.7 为同相交流放大器实验电路。

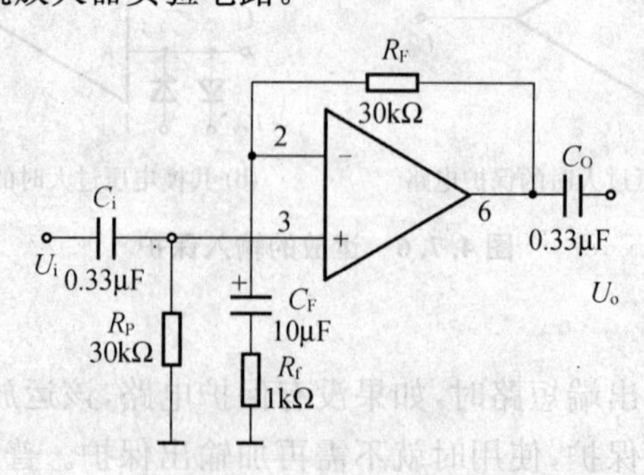

图 4.7.7 同相交流放大器实验电路

首先要注意：在原理电路图中运放所需的直流电源有可能不画出来，但运放要正常工作，需要正确接入直流电源。

输入信号 U_i 耦合电容送到运放的同相输入端 U_+，输出信号 U_o 的相位与 U_i 相同。运放构成线性放大电路时都是加深负反馈，即通过反馈网络将输出信号的一部分引回到运放的反相输入端 U_-。本实验电路构成串联电压负反馈组态。

电压放大倍数 A_{uf} 的计算：根据理想运放的两个重要特性（$U_+ \approx U_-$，$I_\Sigma \to 0$）可得：

$$U_i = U_+ \approx U_- = \frac{R_F}{R_F + R_f} U_o$$

因此

$$A_{uf} = \frac{U_o}{U_i} = 1 + \frac{R_F}{R_f}$$

上式说明：闭环电压放大倍数 A_{uf} 仅由反馈网络元件的参数决定，几乎与放大器本身的特性无关。选用不同的电阻比值，就能得到不同的 A_{uf}，因此，电路的增益和稳定性都很高。这是运放工作在深负反馈状态下的一个重要优点。

电阻 R_P 是用来保证外部电路平衡对称，即让运放的同相端与反相端的外接电阻相等，以便补偿偏置电流及其漂移的影响。

(3) 反相直流放大器

图 4.7.8 为反相直流放大器实验电路。

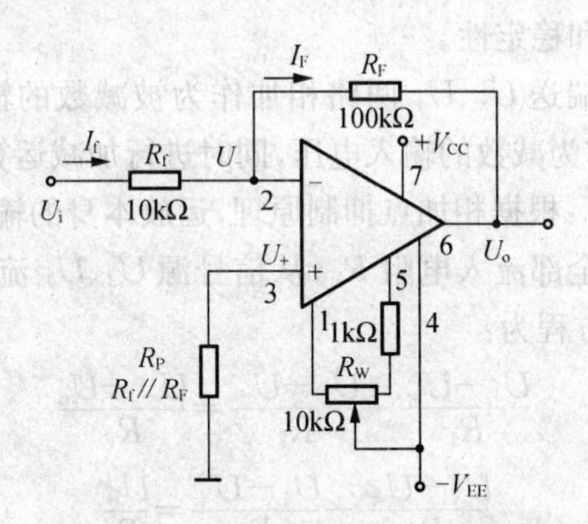

图 4.7.8 反相直流放大器实验电路

输入信号 U_i 直接耦合送到运放的反相输入端 U_-，输出信号 U_o 的相位与 U_i 相反，构成并联电压负反馈放大器。电压放大倍数 A_{uf} 的计算如下。

因为反相端与同相端不取电流，可得：$U_+ = 0$，$I_f = I_F$；又因为同相端电位等于反相端电位，可知：$U_- = 0$，这种反相端电位为“0”的现象可以把“2”端看成是地电位，通常把“2”端称为“虚地”。

“虚地”是因为并非真正接地，若是真地，则所有输入信号电流都被短路了，事实上，信号电流并不流入虚地，而是直接流入 R_F。R_F 和 R_f 可分别作为两个独立单元对待。由此可求得：

$$I_f = \frac{U_i}{R_f}$$

$$I_F = -\frac{U_o}{R_F}$$

$$A_{uf} = \frac{U_o}{U_i} = -\frac{R_F}{R_f}$$

(4) 两路输入加、减法器

图 4.7.9 为两路输入加、减法器实验电路。

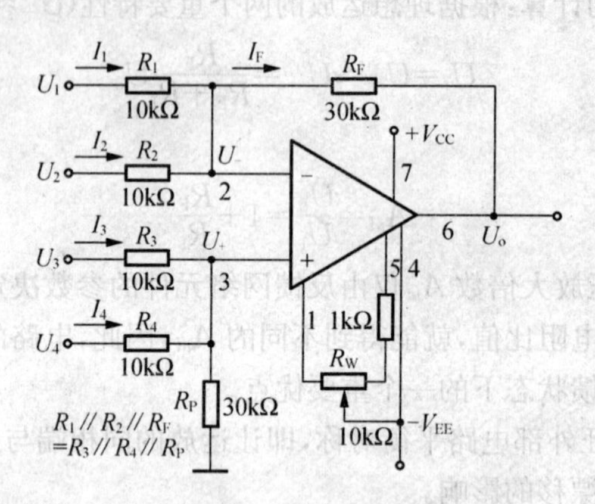

图 4.7.9 两路输入加、减法器实验电路

电压相加、相减运算是运放在模拟计算机中的一种主要应用。集成运放构成的加、减法器具有很高的运算精度和稳定性。

实验电路在同相输入端送 U_3、U_4 两路相加作为被减数的输入电压,在反相输入端送 U_1、U_2 两路相加再反相,作为减数的输入电压,同时进行加减运算。

总输出电压 U_o 的计算:根据相加点抑制原理,运放本身的输入电流为 0,所以从信号源 U_1、U_2 流入电路中的电流全部流入电阻 R_F;从信号源 U_3、U_4 流入电路中的电流全部流入电阻 R_P,因此可写出电路方程为:

$$\frac{U_1 - U_-}{R_1} + \frac{U_2 - U_-}{R_2} = \frac{U_- - U_o}{R_F}$$

$$\frac{U_3 - U_+}{R_3} + \frac{U_4 - U_+}{R_4} = \frac{U_+}{R_P}$$

当所有电阻均相等,上述联立方程可解出 U_o 为:

$$U_o = (U_3 + U_4) - (U_1 + U_2)$$

当"－"端输入信号为 0,则 $U_o = U_3 + U_4$,这时电路是加法器;当"＋"端输入信号为 0,则 $U_o = -(U_1 + U_2)$,这时是输出与输入反相的加法器;若"＋"、"－"两个输入端各输入一个信号(例如 U_2 和 U_4 为 0),则 $U_o = U_3 - U_1$,这时电路就成了减法器。

4.7.4 实验内容

1) 同相交流放大器

按图 4.7.7 连接交流放大器电路。正确连接直流双电源供电线路。$+V_{CC} = +12$ V 接 μA741 的引脚 7,$-V_{EE} = -12$V 接 μA741 的引脚 4。

对于双电源供电的运放电路,能否正常工作,除要正确接入正负电源电压外,还要检查运放的输出端引脚 6,在交流输入信号为 0 时,引脚 6 的直流电压=0 V,若不为 0,应排除故障后再进行下一步实验。

运放作为构成放大器使用时的常见故障有:引脚 6 直流电压≠0,可能原因是:电路中的连线或元件接错、连线不通、集成电路 μA741 损坏;放大器无放大,可能原因是:μA741 外电路的电阻或连接线开路。

(1) 静态测量集成运放各引脚电压值

将测量数据记入表 4.7.1 中。

表 4.7.1 静态测量结果

引 脚	1	2	3	4	5	6	7
电压值(V)							

(2) 动态测量

将测量结果记入 4.7.2 中。

表 4.7.2 动态测量结果

U_i	U_o	A_u	f_L	f_H	$\Delta f=f_H-f_L$

(3) 画出幅频特性曲线

根据测量结果画出幅频特性曲线。

2) 反相直流放大器

按图 4.7.8 连接直流放大器电路,正确接入正负直流电源。

注意:当输入信号为可调直流电压时,用万用表直流电压挡测量,并计算放大倍数;当输入为交流信号时,用毫伏表测量,计算放大倍数,并注意观察输出与输入波形是否倒相。

(1) 静态测量集成运放各引脚电压值

将测量数据记入表 4.7.3 中。

表 4.7.3 静态测量结果

引 脚	1	2	3	4	5	6	7
电压(V)							

(2) 动态测量

将测量数据记入表 4.7.4 中。

表 4.7.4 动态测量结果

U_i	U_o	A_u	f_L	f_H	$\Delta f=f_H-f_L$

(3) 画出幅频特性曲线

根据测量结果画出幅频特性曲线。

3) 两路输入加、减法器

按图 4.7.9 连接实验电路,正确接入正负直流电源。

将测量数据记入表 4.7.5 中。

为使实验简化,可取各路输入信号相等,“+”、“−”端输入信号分别并联输入。注意:相加或相减总输出 U_o 应小于电源电压。

表 4.7.5 加减法器测量结果

输入信号 $U_i=0.1\ V、f=1\ kHz$		U_o		电路状态
		实测值	计算值	
$U_3=U_4=U_i$	$U_1=U_2=0$			加法器 U_o、U_i 同相
$U_1=U_2=U_i$	$U_3=U_4=0$			加法器 U_o、U_i 反相
$U_1\neq U_3=U_i$	$U_2=U_4=0$			减法器
$U_1=U_2=U_3=U_4=U_i$				加、减法器

4.7.5 预习要求

(1) 复习教材中集成运放应用的内容,加深理解与实验有关的应用电路的工作原理;

(2) 复习运放主要参数的定义,了解通用运放 μA741 的主要参数数值范围;

(3) 预习实验电路原理和指标测量方法。

4.7.6 实验报告要求

(1) 画出完整的各个运放电路,标出各元件值;

(2) 整理实验数据,记入相应表格中并与理论值比较;

(3) 用实验测试数据说明“虚地”、“虚短”的概念,以及何时用“虚地”概念,何时用“虚短”概念来处理问题;

(4) 回答思考题。

4.7.7 思考题

(1) 测量失调电压时,观察电压表读数是否始终是一个定值?为什么?

(2) 运放在实际应用中为防止操作错误造成损坏,要注意哪些问题?

(3) 如何区别低通滤波器的一阶、二阶电路?它们有什么相同点和不同点?它们的幅频特性曲线有什么区别?

(4) 运放用做精密放大时,同相输入端对地的直流电阻要与反相输入端对地的直流电阻相等,如果不相等,会引起什么现象?

4.8 集成运算放大器在信号处理中的应用

4.8.1 实验目的

(1) 学习电压比较电路、采样保持电路、有源滤波器电路的基本原理与电路形式,深入理解电路的分析方法;

(2) 掌握以上各种应用电路的组成及其测量方法。

4.8.2 实验仪器仪表和器材

(1) 万用表1块；

(2) 直流稳压电源1台；

(3) 双踪示波器1台；

(4) 信号发生器1台；

(5) 低频毫伏表1台；

(6) 模拟电子电路实验箱1台。

4.8.3 实验电路和原理

在测量和自动控制系统中，经常用到信号处理电路，例如电压比较电路、采样保持电路、有源滤波器电路等。

1) 过零(无滞后)电压比较器

电压比较器是一种能进行电压幅度比较和幅度鉴别的电路，能够根据输入信号是大于还是小于参考电压而改变电路的输出状态。这种电路能把输入的模拟信号转换为输出的脉冲信号。它是一种模拟量到数字量的接口电路，广泛用于A/D转换、自动控制和自动检测等领域，以及波形产生和变换等场合。

用运放构成的电压比较器有多种类型，最简单的是过零电压比较器。在这种电压比较器中，运放应用在开环状态，只要两个输入端的电压稍有不同，则输出或为高电平或为低电平。常规应用中是在一个输入端加上门限电压(比较电平)作为基准，在另一个输入端加入被比较信号U_i。

图4.8.1是电压比较器原理电路。参考电压U_R加于运放A的反相输入端，U_R可以是正值，也可以是负值。而输入电压加于运放A的同相输入端，这时运放A处于开环状态，具有很高的电压增益。其传输特性如图4.8.2所示。

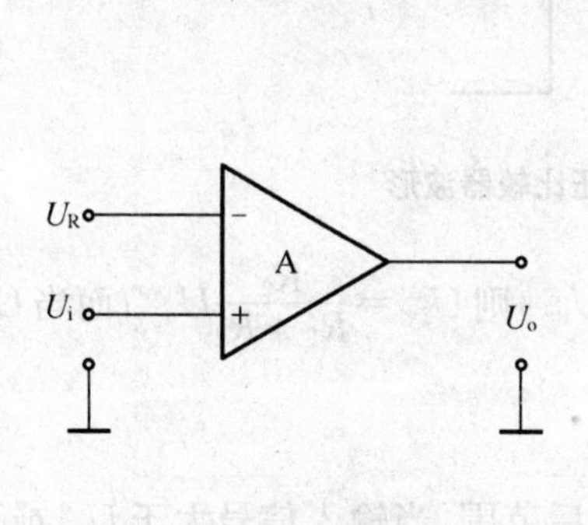

图4.8.1 电压比较器原理

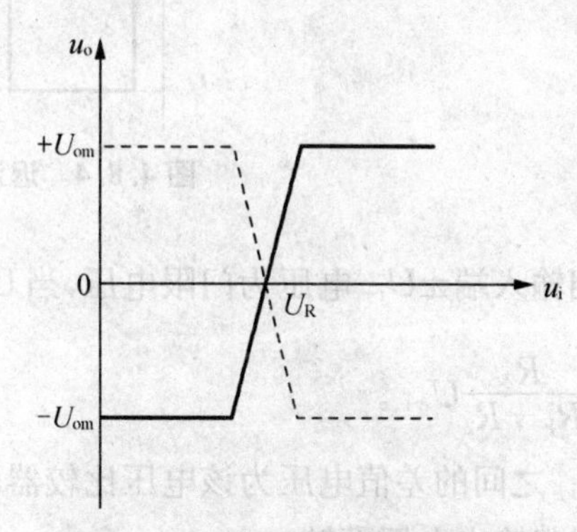

图4.8.2 电压比较器传输特性

当输入电压U_i略小于参考电压U_R时，输出电压为负饱和电压值$-U_{om}$；当输入电压U_i略大于参考电压U_R时，输出电压为正饱和电压值$+U_{om}$，它表明输入电压U_i在参考电压U_R附近有微小变化时，输出电压U_o将在正饱和电压值与负饱和电压值之间变化。

如果将参考电压和输入信号的输入端互换，则可得到比较器的另一条传输特性，如图4.8.2中虚线所示。

2) 迟滞电压比较器

图 4.8.3 是一种迟滞电压比较器。R_F 与 R_2 组成正反馈电路，VD 为双向稳压管，用来限定输出电压幅度(也可不接 VD，输出端接电阻分压电路)。

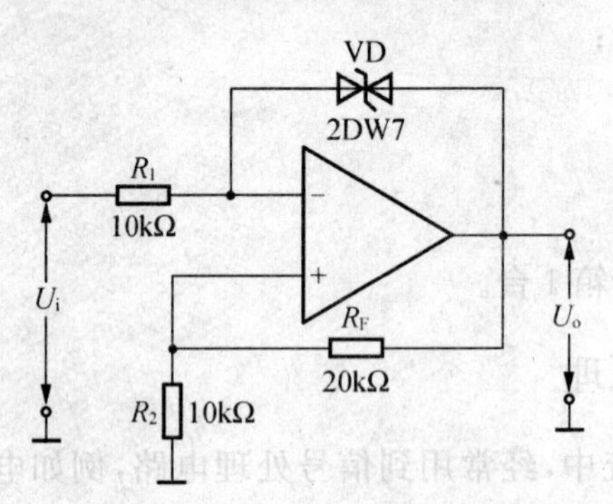

图 4.8.3　迟滞电压比较器

图 4.8.4 为迟滞电压比较器波形图。当 U_i 超过或低于门限电压时，比较器的输出电位就发生转换。因此，输出电压的状态可标志其输入信号是否达到门限电压。

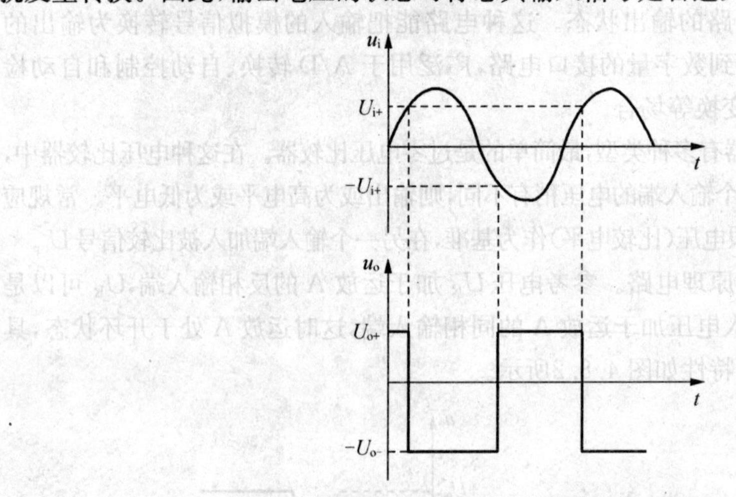

图 4.8.4　迟滞电压比较器波形

同相输入端 $\pm U_{i+}$ 电压为门限电压，当 $U_i > U_{i+}$，则 $U_{i+} = \dfrac{R_2}{R_F + R_2} U_{o-}$；而当 $U_i < U_{i+}$ 时，$-U_{i+} = \dfrac{R_2}{R_F + R_2} U_{o+}$。

$\pm U_{i+}$ 之间的差值电压为该电压比较器的滞后范围，当输入信号大于 U_{i+} 或小于 $-U_{i+}$ 时都将引起输出电压翻转。

由图可知：$U_{o+} \approx U_Z + \dfrac{R_2}{R_F + R_2} U_{o+}$ (U_Z 为稳压管 2DW7 的稳定电压)，经整理可得：$U_{o+} \approx U_Z\left(1 + \dfrac{R_2}{R_F}\right)$，同理可得：$U_{o-} \approx -U_Z\left(1 + \dfrac{R_2}{R_F}\right)$。上述关系式说明电压比较器具有比较、鉴别电压的特点。利用这一特点可使电压比较器具有整形的功能。例如：将一正弦信号送入电压比较器，其输出便成为矩形波，如图 4.8.4 所示。

3）双向限幅器

图 4.8.5 为双向限幅器实验电路，R_1、R_2、R_F 组成反向比例放大电路，VD 为双向稳压管，起限幅作用。图 4.8.6 为限幅器的传输特性。信号从运放的反相输入端输入，参考电压为零，从同相端输入。

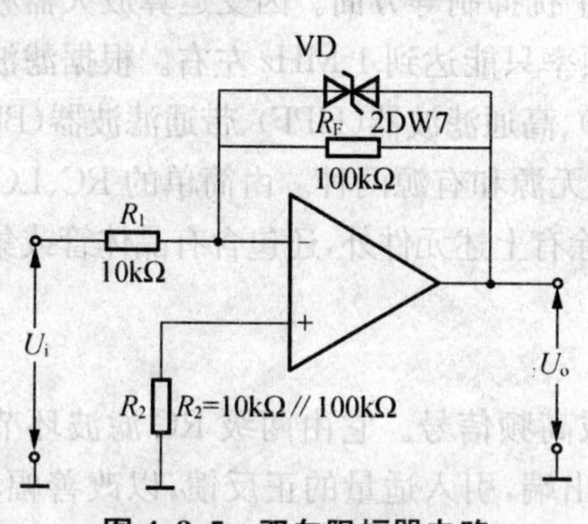

图 4.8.5　双向限幅器电路

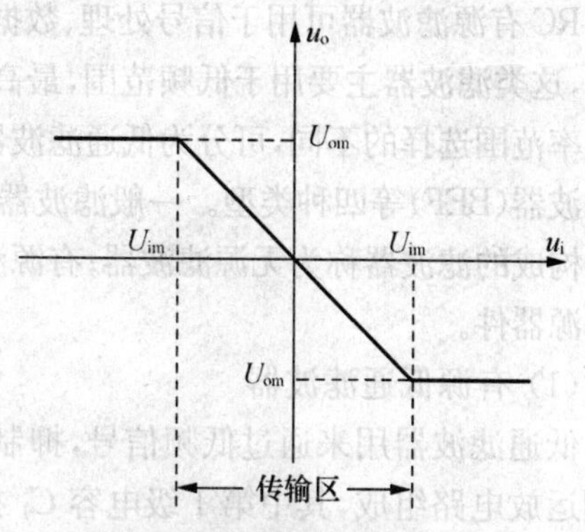

图 4.8.6　限幅器传输特性

当输入信号 U_i 较小，U_o 未达到稳压管 VD 击穿电压时，VD 呈现高反向电阻，故该电路处于反相比例放大状态，此时传输系数为：

$$A_{uf}=-\frac{R_F}{R_1}$$

U_o 与 U_i 为线性比例关系。传输特性如图 4.8.6 斜线所示，该区域称为传输区。

当 U_i 正向增大，U_o 达到稳压管 VD 的击穿电压时，VD 击穿，这时输出电压为 U_{om}，$U_{om}=U_Z$。与 U_{om} 对应的输入电压为 U_{im}。U_{im} 定义为上限幅门限电压，

$$U_{im}=\frac{R_1}{R_F}U_Z$$

$U_i>U_{im}$ 后，输出电压始终近似为 U_{om} 值，图 4.8.6 中 $U_i>U_{im}$ 的区域称上限幅区。实际上，在上限幅区内 U_i 增大时，U_o 将会略有增大。上限幅区的传输系数为 A_{uF+}，

$$A_{uF+}=-\frac{r_Z}{R_1}$$

式中 r_Z 为 VD 击穿区的动态等效内阻，因 $R_F \gg r_Z$，故 $A_{uf+} \ll A_{uf}$。

当 U_i 负向增大时，用类似的方法可求得下限幅门限电压为：

$$U_{im}=\frac{R_1}{R_F}U_Z$$

相应的输出电压为 $U_{om}=U_Z$。在下限幅区内传输系数为：

$$A_{uf-}=-\frac{r_Z}{R_1}$$

同理，$A_{uf-} \ll A_{uf}$。限幅器的限幅特性可用限幅系数来衡量，它定义为传输区与限幅区的传输系数之比，记为 A。上、下限幅区的限幅系数分别为：

$$A_+=\frac{A_{uf}}{A_{uf+}}=\frac{R_F}{r_Z}$$

$$A_-=\frac{A_{uf}}{A_{uf-}}=\frac{R_F}{r_Z}$$

显然,A_+、A_-越大,相应的限幅性能越好。

4) 有源滤波器

由RC元件与运放组成的滤波器称为RC有源滤波器,其功能是让一定频率范围内的信号通过,抑制或急剧衰减此频率范围以外的信号。

RC有源滤波器可用于信号处理、数据传输、干扰抑制等方面。因受运算放大器频带宽度限制,这类滤波器主要用于低频范围,最高工作频率只能达到1 MHz左右。根据滤波器对信号频率范围选择的不同,可分为低通滤波器(LPF)、高通滤波器(HPF)、带通滤波器(BPF)和带阻滤波器(BEF)等四种类型。一般滤波器可分为无源和有源两种。由简单的RC、LC或RLC元件构成的滤波器称为无源滤波器;有源滤波器除有上述元件外,还包含有晶体管或集成运放等有源器件。

(1) 有源低通滤波器

低通滤波器用来通过低频信号,抑制或衰减高频信号。它由两级RC滤波环节和同相比例运放电路组成,其中第1级电容C_1接至输出端,引入适量的正反馈,以改善幅频特性。图4.8.7为典型的二阶有源低通滤波器实验电路和幅频特性曲线。

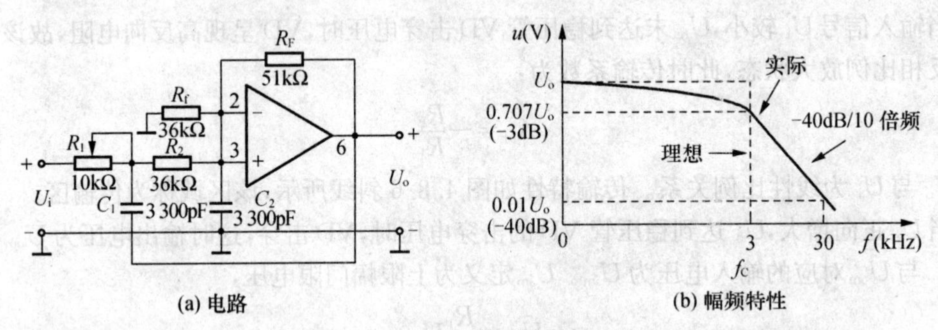

图 4.8.7 二阶有源低通滤波器

图中,C_1的下端接至电路的输出端,其作用是改善在$\omega/\omega_C=1$附近的滤波特性,这是因为在$\omega/\omega_C\leqslant1$且接近1的范围内,$U_o$与$U_i$的相位差在90°以内,$C_1$起正反馈作用,因而有利于提高这段范围内的输出幅度。

该电路传输函数为:

$$A_u(j\omega)=\frac{U_o(j\omega)}{U_i(j\omega)}=\frac{A_{uo}}{\left(\frac{j\omega}{\omega_C}\right)^2+\frac{j\omega}{Q\omega_C}+1}$$

式中:A_{uo}为通带增益;Q为品质因数;ω_C为截止角频率。

当滤波器的性能指标:$R_1=R_2=R$、$C_1=C_2=C$、$Q=0.707$时,可得到:

$$A_{uo}=1+\frac{R_F}{R_f}$$

$$\omega_C^2=\frac{1}{R_1R_2C_1C_2}$$

$$Q=\frac{1}{3-A_{uo}}$$

$$f_C=\frac{1}{2\pi\sqrt{R_1R_2C_1C_2}}=\frac{1}{2\pi RC}$$

式中：f_C 为截止频率。

不同 Q 值的滤波器，其幅频特性曲线不同，如图 4.8.8 所示。

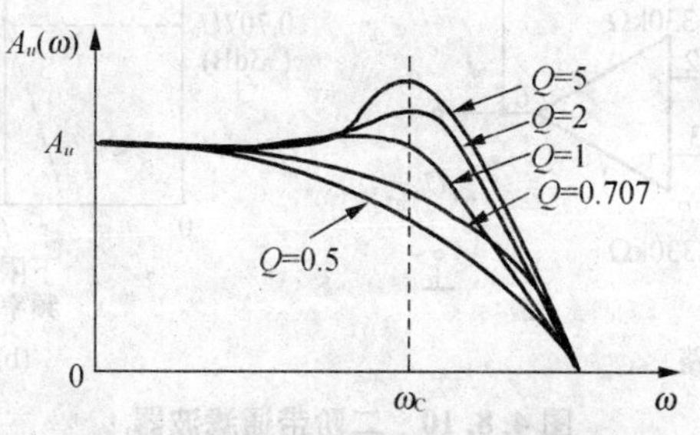

图 4.8.8 幅频特性与 Q 值的关系

若电路设计使 $Q=0.707$，即 $A_{uo}=3-\sqrt{2}$，则该滤波电路的幅频特性在通带内有最大平坦度，称为巴特沃兹(Botterworth)型滤波器。二阶有源低通滤波器通带外的幅频特性曲线以−40 dB/10 倍频程衰减。

若电路的幅频特性曲线在截止频率附近一定范围内有起伏，但在过渡带幅频特性衰减较快，称为切比雪夫(Chebyshev)型滤波器。

(2) 有源高通滤波器

高通滤波器用来通过高频信号、抑制或衰减低频信号。只要将图 4.8.7 低通滤波器电路中起滤波作用的电阻、电容互换，即可变成有源高通滤波器，如图 4.8.9 所示。

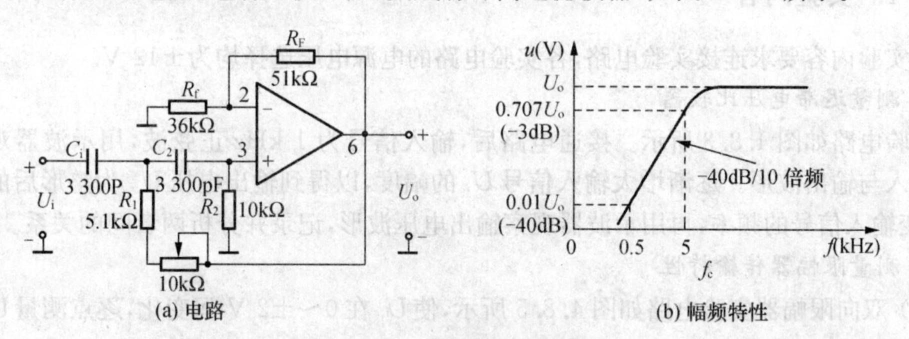

图 4.8.9 二阶高通滤波器

高通滤波器的性能与低通滤波器相反，其频率响应和低通滤波器是“镜像”关系。高通滤波器的下限截止频率 f_C 和通带内增益 A_u 的计算公式与低通滤波器的计算公式相同。当需要设计衰减特性更好的高(低)通滤波器时，可串联两个以上的二阶高(低)通滤波器，组成四阶以上的高(低)通滤波器，以满足设计要求。

在测量高通滤波器幅频特性时需要注意的是：随着频率的升高，信号发生器的输出幅度可能下降，从而出现滤波器的输入信号 U_i 和输出信号 U_o 同时下降的现象。这时应调整输入信号 U_i 使其保持不变。测量高频端电压增益时也可能出现增益下降的现象，这主要是集成运放高频响应或截止频率受到限制而引起的。

(3) 有源带通滤波器

带通滤波器用来通过某一频段的信号，并将此频段以外的信号加以抑制或衰减。含有集成运放的有源带通滤波器实验电路如图 4.8.10 所示。

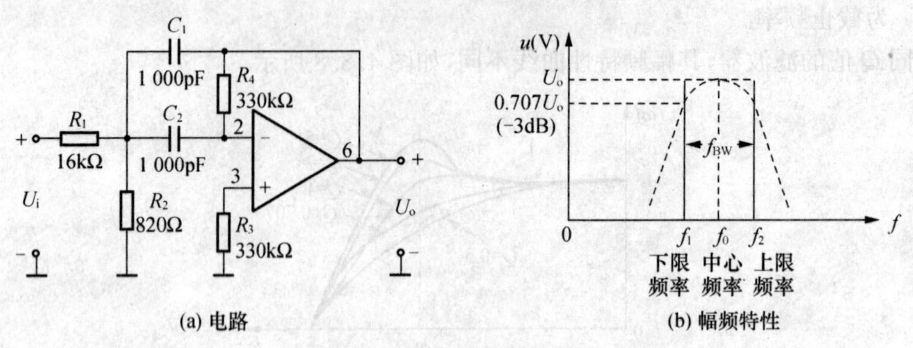

图 4.8.10　二阶带通滤波器

带通滤波器主要指标计算公式如下：

$$A_u=\frac{R_3}{2R_1}$$

$$f_0=\frac{1}{2\pi C}\sqrt{\frac{1}{R_3}\left(\frac{1}{R_1}+\frac{1}{R_2}\right)}\qquad (C_1=C_2=C)$$

$$Q=\frac{2\pi f_0}{B}=\frac{1}{2}\sqrt{R_3\left(\frac{1}{R_1}+\frac{1}{R_2}\right)}$$

式中：f_0 为通带中心频率。

4.8.4　实验内容

按实验内容要求连接实验电路，各实验电路的电源电压选择均为±12 V。

1) 测量迟滞电压比较器

实验电路如图 4.8.3 所示。接通电路后，输入信号为 1 kHz 正弦波，用示波器观察并记录输入与输出波形。逐渐增大输入信号 U_i 的幅度，以得到输出电压 U_o 为整形后的矩形波；改变输入信号的频率，再用示波器观察输出电压波形，记录并分析两者间的关系。

2) 测量限幅器传输特性

(1) 双向限幅器实验电路如图 4.8.5 所示，使 U_i 在 0～±2 V 间变化，逐点测量 U_o 值，绘制传输特性曲线。

(2) 使输入信号 U_i 为 1 kHz 正弦波，并逐步增大幅度，其有效值从 0 V 增加到 1 V；观察和记录 U_i 和限幅后的 U_o 波形。

3) 测量滤波器幅频特性

(1) 连接相应的低通、高通或带通滤波器实验电路，实验电路采用直流双电源±12 V供电。

(2) 输入 1 kHz 左右正弦信号，输入信号幅度只要不使输出波形失真即可。

(3) 改变输入信号频率，同时用低频毫伏表测量输出信号有效值，记录测出的与输出幅度对应的截止频率 f_C 和 $10f_C$，要求满足 −40dB/10 倍频程衰减特性。

(4) 绘制滤波器的幅频特性曲线，标出对应的频率和幅度。

4.8.5　预习要求

(1) 阅读实验教材，理解各实验电路的工作原理。

（2）复习有关集成运放在信号处理方面应用的内容，弄清与本次实验有关的各种应用电路及工作原理。

4.8.6 实验报告要求

（1）实验报告中应有完整的实验电路，并标注各元件数值和器件型号；整理实验数据，画出对应的波形，画出所测电路的幅频特性曲线，计算截止频率、中心频率和带宽，并对实验结果进行分析；

（2）小结实验中的问题和体会；

（3）回答思考题。

4.8.7 思考题

（1）用实验说明低通滤波器的调试过程，接入调零电位器可改善滤波器哪些性能？

（2）总结有源滤波器电路的特性；总结运放使用注意事项。

（3）对实验中遇到的问题进行分析研究。

4.9 集成运算放大器在波形产生中的应用

4.9.1 实验目的

（1）学习用集成运放组成方波、三角波发生器的方法；

（2）观测方波、三角波发生器的波形、幅度和频率；

（3）通过设计将正弦波变换成三角波的电路，进一步熟悉波形变换电路的工作原理及参数计算和测试方法。

4.9.2 实验仪器仪表和器材

（1）万用表 1 块；

（2）直流稳压电源 1 台；

（3）双踪示波器 1 台；

（4）低频毫伏表 1 台；

（5）模拟电子电路实验箱 1 台。

4.9.3 实验电路和原理

在电子技术应用电路中，广泛应用各种波形产生电路。波形产生电路在组成和参数选择上必须保证自激振荡，从而为电子电路设备提供正弦波和非正弦波。

1）正弦波发生器

正弦波发生器又称正弦波振荡电路。产生正弦波振荡的电路形式一般有 LC、RC 和石英晶体振荡器三类。LC 振荡器适宜于几千赫～几百兆赫的高频信号；石英晶体振荡器能产生几百千赫～几十兆赫的高频信号且稳定度高；RC 振荡器适用于产生几百赫的信号。

RC 振荡电路又分为文氏桥振荡电路、双 T 网络式和移相式振荡电路等类型。

本实验只讨论文氏振荡电路,它是正弦波振荡电路中最简单的一种。其原理电路如图 4.9.1所示。该电路由两部分组成,即放大电路 A_u 和选频网络 F_u(也是正反馈网络,如图 4.9.2 所示)。F_u 由 Z_1、Z_2 组成。电阻 R_1 和 R_2 组成负反馈电路,当运放具有理想特性时,振荡条件主要由这两个反馈回路的参数决定。

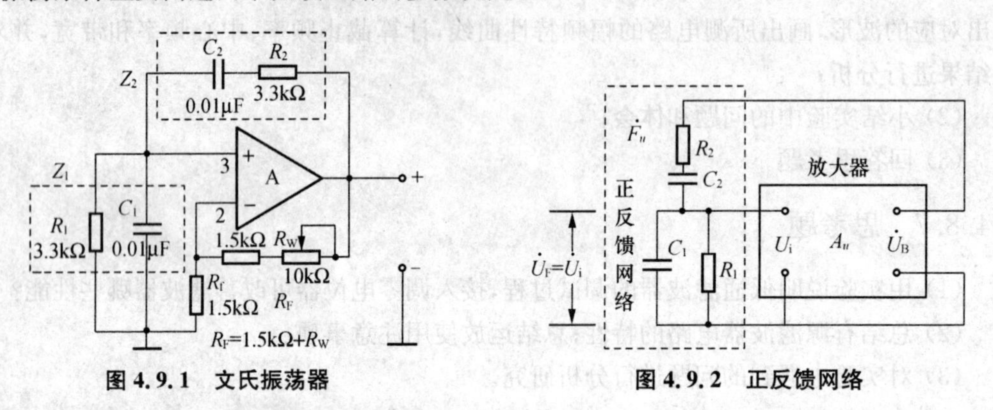

图 4.9.1 文氏振荡器　　　　图 4.9.2 正反馈网络

图 4.9.1 中去掉正反馈网络后,运放 A 组成一个同相比例放大器,其增益和相位分别为:

$$A(\omega)=1+\frac{R_2}{R_1}$$

$$\varphi_A(\omega)=0^\circ$$

图 4.9.1 中用虚线框所表示的 RC 串并联网络具有选频作用,它的频率响应是不均匀的。其中,$R_1=R_2=R$,$C_1=C_2=C$。由图 4.9.1 可知:

$$Z_1=R//\frac{1}{\mathrm{j}\omega C}$$

$$Z_2=R+\frac{1}{\mathrm{j}\omega C}$$

反馈网络的频率特性为:

$$\dot{F}_u(\omega)=\frac{\dot{U}_i}{\dot{U}_o}=\frac{Z_2}{Z_1+Z_2}=\frac{1}{3+\mathrm{j}\left(\omega CR-\frac{1}{\omega CR}\right)}$$

如令 $\omega_0=1/(RC)$,则上式可表示为:

$$\dot{F}_u(\omega)==\frac{1}{3+\mathrm{j}\left(\frac{\omega}{\omega_0}-\frac{\omega_0}{\omega}\right)}$$

当 $\omega=\omega_0=1/(RC)$ 或 $f=f_0=1/(2\pi RC)$(电路的振荡频率)时,正反馈系数和正反馈网络相移分别为:

$$F_u=\frac{1}{3}$$

$$\varphi_F=0^\circ$$

其幅频特性和相频特性如图 4.9.3 所示。

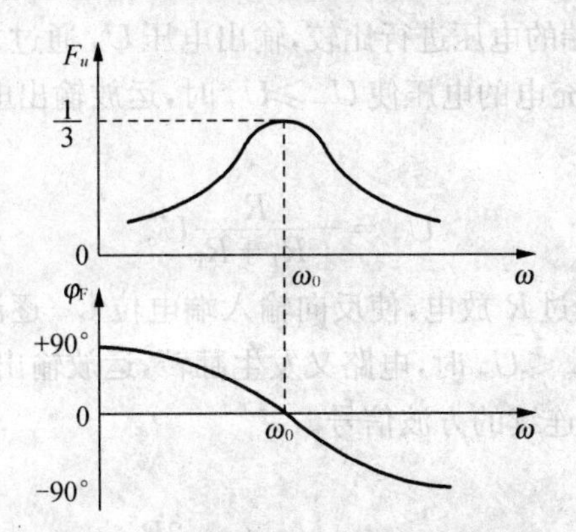

图 4.9.3 反馈网络的幅频和相频特性

若能使运放的 A_u 值略大于 3，即满足起振的振幅值条件和相位条件分别为：

$$A_u F_u > 1$$

$$\varphi_A + \varphi_F = 0°$$

还可以写成：

$$f = f_0 = \frac{1}{2\pi RC}$$

$$R_F > 2R_f \quad (R_F = R_W + 1.5\ \mathrm{k\Omega})$$

起振条件为：放大器需有大于 3 倍的增益，$\omega = \omega_0 = 1/(RC)$，输入阻抗足够高，输出阻抗足够低，以免放大器对网络选频特性有影响。运放容易满足这个要求。

2）方波发生器

图 4.9.4 为方波信号发生器实验电路，R_1、R_F 组成正反馈电路，R、C 为充放电元件，R_2、R_3 为输出分压电路。

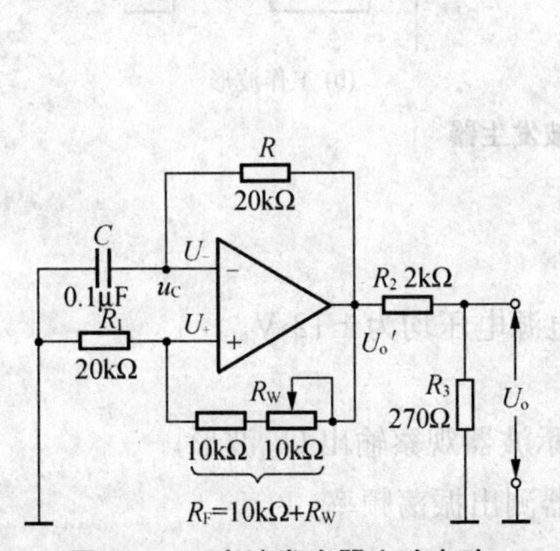

图 4.9.4 方波发生器实验电路

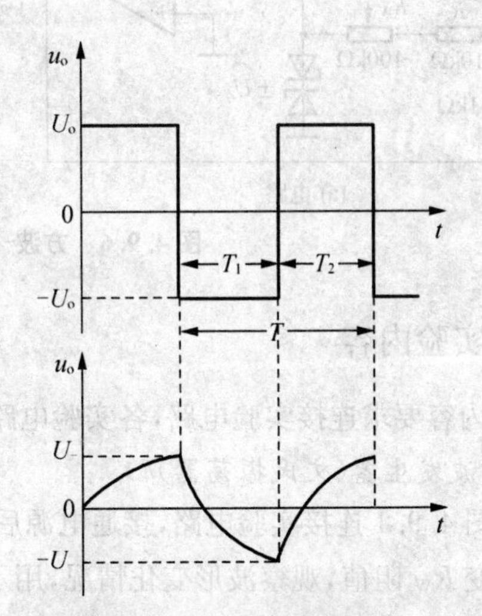

图 4.9.5 方波发生器波形

图 4.9.5 为方波发生器工作波形，输出电压为 U_o 时，同相输入端电压为：

$$U_+ = \frac{R_1}{R_1 + R_F} U_o'$$

反相端的电压与同相端的电压进行比较，输出电压U_o通过R向C充电，使反相输入端电位U_-逐渐升高，当C上充电的电压使$U_- \geqslant U_+$时，运放输出电压迅速翻转为$-U_o$值，同时同相输入端电位为：

$$U_+ = -\frac{R_1}{R_1 + R_F} U'_o$$

电路翻转后，电容C通过R放电，使反向输入端电位U_-逐渐下降，反相端的电压与同相端的电压进行比较，当$U_- \leqslant U_+$时，电路又发生翻转，运放输出电压又变为U_o，如此循环，电路形成振荡，输出便产生连续的方波信号。

方波输出信号周期为：

$$T = T_1 + T_2 = 2RC\ln\left(1 + \frac{2R_1}{R_F}\right) \approx 2RC$$

改变R或R_1/R_F的大小，就能调节方波信号周期T。

3) 方波-三角波发生器

实验电路为图 4.9.6(a)。运放A_1接成同相输入迟滞电压比较器形式，输出方波；运放A_2为积分器，输出三角波。在第 2 级输入信号不变的情况下，积分电容C是恒流充(放)电。图中 2 级电路联成正反馈，两者首尾相连构成一个闭环，使整个电路自激振荡。电路的工作波形如图 4.9.6(b)所示。由此可计算出振荡周期为：

$$T = 4RC\frac{R_1}{R_F} \qquad (R_F = R_W + R_2)$$

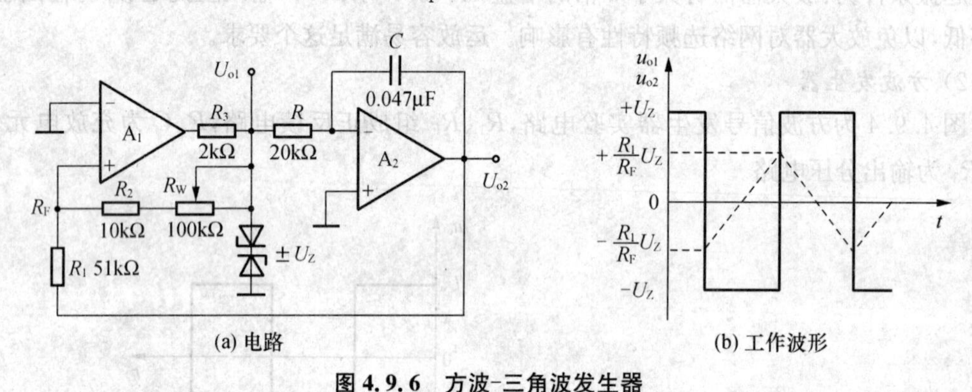

(a) 电路　　　　(b) 工作波形

图 4.9.6　方波-三角波发生器

4.9.4　实验内容

按实验内容要求连接实验电路，各实验电路的电源电压均为±12 V。

1) 正弦波发生器(文氏振荡器)

(1) 按图 4.9.1 连接实验电路，接通电源后，用示波器观察输出U_o波形；

(2) 改变R_W阻值，观察波形变化情况，用示波器测出振荡频率。

2) 方波信号发生器

(1) 按图 4.9.4 连接实验电路，接通电源后，用示波器测量电容两端电压的波形和输出U_o的波形；

(2) 改变R_W的阻值，观察波形变化并测量其频率变化范围。

3) 方波-三角波发生器

按图 4.9.6(a)连接实验电路，接通电源后，调节 R_W 的阻值，用示波器观察运放 A_1 输出 U_{o1} 方波和运放 A_2 输出 U_{o2} 的三角波。

4.9.5 预习要求

(1) 复习教材中有关集成运放在波形产生方面应用的内容；
(2) 参阅理论教材中有关"振荡器起振条件"的内容；
(3) 根据实验电路所选参数，估算输出波形的幅值和频率。

4.9.6 实验报告要求

(1) 画出实验电路图；
(2) 整理实验数据，画出波形图；
(3) 小结实验中的问题和体会；
(4) 回答思考题。

4.9.7 思考题

(1) 文氏振荡器最高频率受哪些因素限制？调节 R_W 对振荡器频率有无影响？
(2) 如何将方波、三角波发生器电路进行改进，产生占空比可调的矩形波和锯齿波信号？

4.10 集成功率放大电路

4.10.1 实验目的

(1) 了解集成功率放大器 TDA2822 应用电路、特性、调整和使用方法；
(2) 掌握集成功放的性能指标和主要参数的测量方法。

4.10.2 实验仪器仪表和器材

(1) 万用表 1 块；
(2) 直流稳压电源 1 台；
(3) 双踪示波器 1 台；
(4) 信号发生器 1 台；
(5) 低频毫伏表 1 台；
(6) 模拟电子电路实验箱 1 台。

4.10.3 实验电路和原理

1) 集成功放的调整和测试

集成功放在调整、测试和使用时，要采取必要的保护措施。常见的保护措施有：
(1) 集成功放在输出功率较大时，要接良好的散热片，以免过热造成损坏；

(2) 扬声器两端接 RC 相移网络,可破坏自激振荡的相位条件,消除自激振荡;

(3) 刚开始调试时,可先将电源电压调低一点,输入信号幅度小一点,以免电流过大损坏电路;

(4) 安装时,引线要尽量短,元件排列整齐,以消除由分布参数引起的自激振荡。

2) 集成功放 TDA2822 的应用

集成功放种类很多。集成功放的作用是向负载提供足够大的信号功率。本实验采用的集成功放型号是 TDA2822(国产型号为 D2822),它是一种低电压供电的双通道小功率集成音频功率放大器,静态电流和交越失真都很小,适用于便携式收音机和微型收录机中作音频功放。

TDA2822 外引线排列和引脚说明如图 4.10.1(a)所示;集成功放实验电路如图 4.10.1 所示。

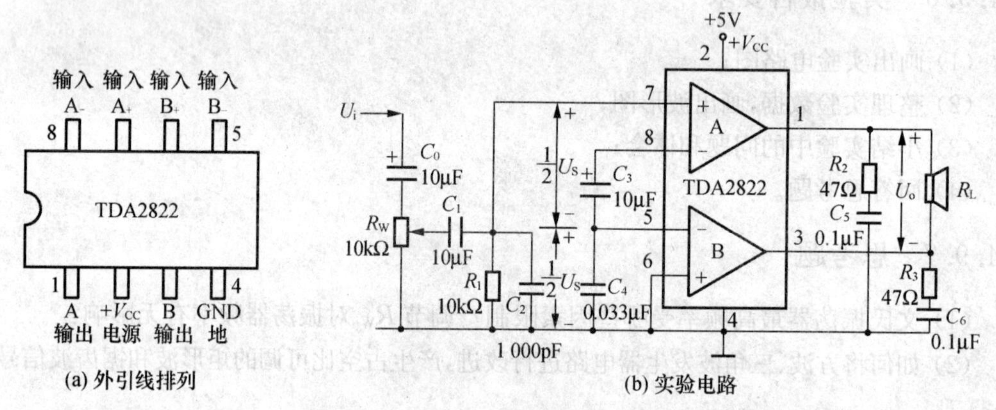

图 4.10.1 TDA2822 集成功放实验电路

图 4.10.1(b)中的 C_1 为输入耦合电容,R_W 为输入音量调节电位器,R_1 和 C_2 构成高通滤波器,R_2、C_5 与 R_3、C_6 构成正半周和负半周工作时的相位补偿电路,用来消除电路产生的自激,C_3 和 C_4 分别为耦合电容和高频旁路电容。

当输入信号为正半周时,功放 A 输出正向波形,功放 B 输出负向波形,形成通路;当输入信号为负半周时,A 输出负向波形,B 输出正向波形,形成通路,负载(扬声器)R_L 获得的功率为 A 和 B 输出电压之和在 R_L 上所产生的功率。实际应用时,为了防止损坏集成功放,负载 R_L 上获得的最大允许功耗不能超过 A 和 B 输出功率之和。

TDA2822 构成双声道应用电路如图 4.10.2 所示。

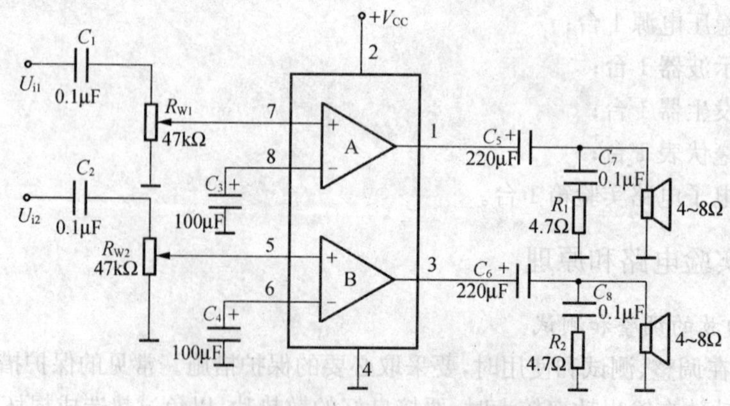

图 4.10.2 TDA2822 双声道应用电路

3) 集成功放 TDA2822 主要技术参数

TDA2822 集成功放主要技术参数如表 4.10.1 所示。

表 4.10.1 TDA2822 集成功放主要技术参数

参数名称	符 号	最小值	典型值	最大值	极限值	单 位
静态电流	I_{CQ}		6	12		mA
电源电压	V_{CC}	3		15	15	V
峰值电流	I_{0M}				1.5	A
电压增益	G_u		40			dB
输出功率	P_o	0.4	1		允许功耗 1.25	W
谐波失真	THD		0.3			%
输入阻抗	R_i		100			kΩ

4.10.4 实验内容

(1) 按图 4.10.1(b)连接实验电路。

(2) 认真检查,防止输出端对地短路,确认连线无误后方可加电测试。

(3) 性能指标测试,将测试结果记入表 4.10.2 中。

表 4.10.2 TDA2822 主要指标测量结果

(f=1 kHz,V_{CC}=5 V,R_L=8 Ω;正常的芯片 U_i=0 时,$I_{CQ}\approx$12 mA)

名 称	符 号	测试条件、公式及说明	测试结果	单 位
静态电流	I_{CQ}	$U_i=0$,电源提供的电流		mA
噪声电压	U_N	$U_i=0$,测量输出 U_o 交流电压有效值		mV
最大不失真输出电压	U_{omax}	增加 U_i,使输出波形最大,但不失真,再测输出电压有效值。		V
电压增益	G_u	$G_u=20\lg\dfrac{U_{omax}}{U_i}$		dB
最大不失真输出功率	P_{omax}	$P_{omax}=\dfrac{U_{omax}^2}{R_L}$ $P_o=\dfrac{U_o^2}{R_L}$		W
功放效率	η	$\eta=\dfrac{P_o}{P_E}$, $P_E=I_{CC}V_{CC}$ P_E 为电源提供的直流功率		
损耗功率	P_C	$P_C=P_E-P_o$, P_C 越小则 η 越高		W
频带宽度	f_{BW}	$f_{BW}=f_H-f_L$,即 3 dB 带宽		kHz
输出电阻	R_o	$R_o=\left(\dfrac{U_o'}{U_o}-1\right)R_L$		Ω
通道间功率增益差	ΔP_o	$\Delta P_o=10\lg\dfrac{P_L}{P_R}$ P_L 和 P_R 分别为左右声道输出功率		dB
通道分离度	S_{rp}	$S_{rp}=20\lg\dfrac{U_{oL}}{\Delta U_{oR}}$		dB

注:通道分离度是指某一通道的输出电压 U_{oL} 与另一通道串到该通道输出电压 ΔU_{oR} 的比值,测量时,在左通道加 f=1 kHz的信号,右通道输入接地,测量左通道输出电压 U_{oL},然后左通道输入接地,右通道加 f=1 kHz 的信号,测量左通道输出电压 ΔU_{oR},求出 S_{rp}。

(4) 加音乐信号进行试听。去掉假负载 R_L,接上扬声器,U_i 信号改为收音机耳机输出的音乐信号。要求音量大小可调,不失真,音质好。

(5) 选做内容:

① 测量 3 V、8 Ω 时的输出功率;测量 10 V、8 Ω 时的输出功率。

② 用 TDA2822 组装双通道集成功率放大器。

4.10.5 预习要求

(1) 复习 OTL 和 OCL 低频功率放大器的工作原理;

(2) 掌握功率、效率的计算和估算方法以及最佳负载的概念;

(3) 预习实验教材,了解集成功放使用注意事项及主要技术指标的测试方法。

4.10.6 实验报告要求

(1) 实验报告中应有完整的实验电路,并标注各元件数值和器件型号;

(2) 将测试和计算数据记入表 4.10.2 中;

(3) 总结实验中的问题和体会;

(4) 回答思考题。

4.10.7 思考题

(1) 为了提高电路的效率,可以采取哪些措施?

(2) 电源电压改变时输出功率和效率如何变化?

(3) 负载改变时输出功率和效率如何变化?

4.11 OTL 功率放大电路

4.11.1 实验目的

(1) 了解由分立元件组成的 OTL 功率放大器的工作原理、静态工作点的调整和测试方法;

(2) 学会测量功放电路的主要性能指标;

(3) 观察自举电容的作用。

4.11.2 实验仪器仪表和器材

(1) 万用表 1 块;

(2) 直流稳压电源 1 台;

(3) 双踪示波器 1 台;

(4) 信号发生器 1 台;

(5) 低频毫伏表 1 台;

(6) 模拟电子电路实验箱 1 台。

4.11.3 实验电路和原理

1）分立元件功率放大器概述

多级放大器的最后一级一般总是带有一定的负载，如扬声器、继电器、电动机等，这就需要多级放大器的最后一级输出有一定的功率，所以，功率放大器需对前面电压放大的信号进行功率放大，使负载能正常工作，这种以输出功率为主要目的的放大电路称为功率放大器。

功率放大器按输出级静态工作点位置的不同，可分为甲类、乙类和甲乙类三种。甲类功放的静态工作点在交流负载线的中点，其最大工作效率只有 50%；乙类功放的静态工作点设在交流负载线与横坐标轴的交点上，最大工作效率可达 78.5%；甲乙类功放的静态工作点设在截止区以上，静态时有不大的电流流过输出管，可克服输出管死区电压的影响，消除交越失真。

按照输出级与负载之间耦合方式的不同，甲乙类功放又可分为：电容耦合（OTL 电路）、直接耦合（OCL 电路）和变压器耦合三种。

传统功率放大器的输出级常采用变压器耦合方式，其优点是便于实现阻抗匹配，但由于变压器体积庞大，比较笨重，而且在低频和高频部分产生相移，使放大电路在引入负反馈时容易产生自激振荡，所以目前的发展趋势倾向于采用无输出变压器的 OTL 或 OTL 功放电路。

本实验采用 OTL 功率放大器进行功放电路的实验。

2）OTL 功率放大器电路

图 4.11.1 为 OTL 功放实验电路。VT_1 为前置兼电压放大，VT_2、VT_3 是用锗材料做成的 NPN 和 PNP 三极管，组成输出级，R_{W1} 是级间反馈电阻，形成直、交流电压并联负反馈。

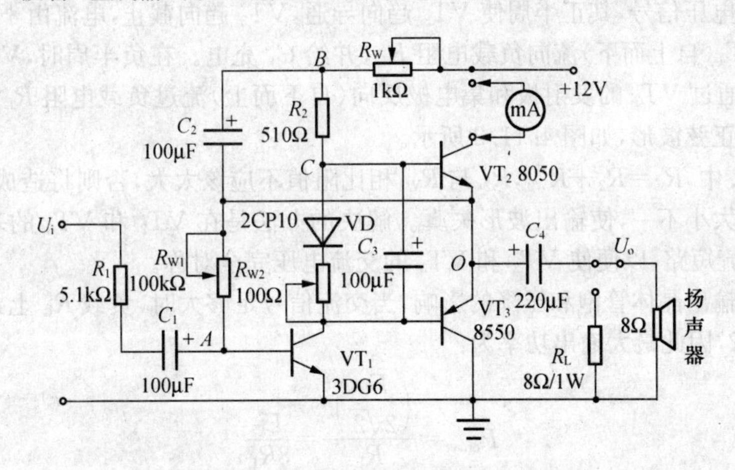

图 4.11.1 OTL 功率放大器实验电路

图 4.11.2 为 OTL 功放电路工作波形图。

静态时，调节 R_{W1} 使输出端 VT_2、VT_3 发射极电位为 $E_C/2$，并且由负反馈的作用使 VT_2、VT_3 的发射极电位稳定在这个数值上，此时，耦合电容 C_4 和自举电容 C_2 上的电压都将充电到接近 $E_C/2$。

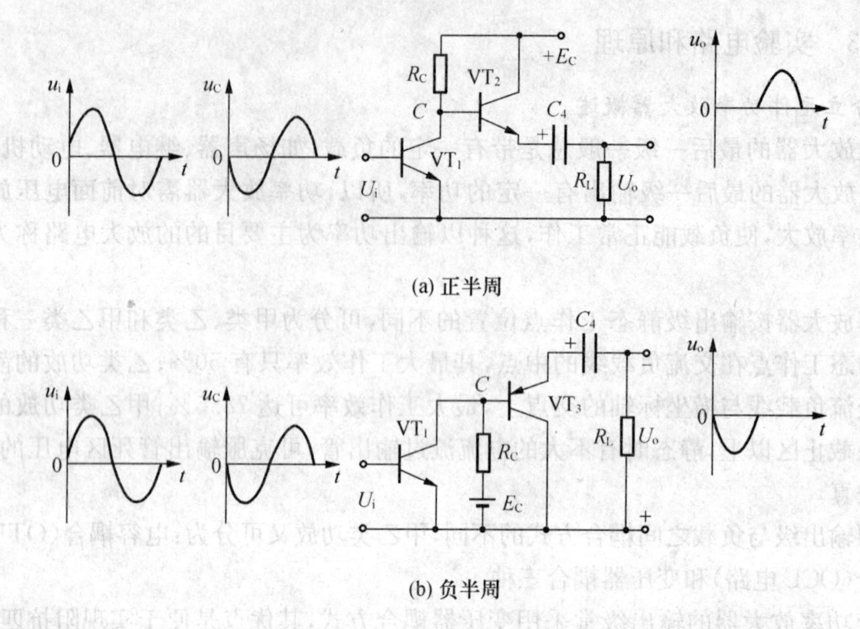

图 4.11.2　OTL 功率放大电路工作波形图

VT_1 通过 R_{W1} 取得直流偏置，其静态工作点电流 I_{C1} 流经 R_{W2} 所形成的压降 $U_{RW2} \approx 0.2$ V，作为 VT_2 和 VT_3 的偏置电压，使输出级工作在甲乙类。

C_2 和 R_{W1} 组成自举电路，目的是在输出正半波时，利用 C_2 上电压不能突变的原理，使 C_2 正极的电位始终比 VT_2、VT_3 的发射极电位高 $E_C/2$，以保证 VT_2、VT_3 的发射极电位上升时仍能充分导通。

R_2 是 VT_1 的负载电阻，它的大小将影响电压放大倍数。当有输入信号时，VT_1 集电极输出放大了的电压信号，其正半周使 VT_2 趋向导通，VT_3 趋向截止，电流由 $+E_C$ 经 VT_2 的集、射极通过 C_4(自上而下)流向负载电阻 R_L，并给 C_4 充电。在负半周时，VT_3 趋向导通，C_4 放电，电流通过 VT_3 的发射极和集电极反向(自下而上)流过负载电阻 R_L。因此，在 R_L 上形成完整的正弦波形，如图 4.11.2 所示。

图 4.11.2 中，$R_C = R_2 + R_{W2}$，R_2 与 R_{W2} 相比阻值不应该太大，否则将造成 VT_2 和 VT_3 交流激励电压大小不一，使输出波形失真。解决的办法是在 VT_2 和 VT_3 的基极上并一电容 C_3，造成交流短路，以便使 VT_2 和 VT_3 的交流电压完全对称。

如果忽略输出晶体管饱和压降的影响，当交流信号足够大时，负载 R_L 上最大输出电压的幅值为 $E_C/2$，因此最大输出功率为：

$$P_{omax} = \frac{\left(\frac{E_C}{2\sqrt{2}}\right)^2}{R_L} = \frac{E_C^2}{8R_L}$$

每个三极管的最大管耗为：

$$P_{VTmax} \approx 0.2 P_{omax}$$

电源供给功率为：

$$P_E = \frac{2}{\pi} \frac{\left(\frac{1}{2}E_C\right)^2}{R_L}$$

该电路的最大效率为：

$$\eta=\frac{P_{omax}}{P_E}=78.5\%$$

由上述公式可知：输出管的管耗正比于输出功率。当要求输出功率很大时，管耗也必然很大，这时必须选择大功率管作为输出管，但选择特性完全一样的大功率配对管较困难，所以常常选用复合管作为输出管来达到一定输出功率的要求。

4.11.4 实验内容

1）连接电路

按OTL功率放大器实验电路图4.11.1正确接线。

2）调整静态工作点

R_{W2}调至最小值，调整R_{W1}(100 kΩ)和R_W(1 kΩ)，使O点电压等于$E_C/2$，即6 V左右。应注意以下几点：

(1) 若电源电压正常，O点无电压，说明R_2和R_W开路或VT_2断路或VT_3击穿。

(2) 若O点电压过低调不上去，说明VT_1的I_{CEO}太大，R_2、R_{W2}和R_W阻值太大；VT_3击穿；其I_{CEO}过大，C_4漏电流大，VT_1基极上偏置电阻太小。

(3) 若O点电压过高调不下来，说明VT_1质量差，β太小，VT_3开路，VT_2击穿。

(4) 输出波形若严重失真，说明O点电压偏离$E_C/2$过大，VT_2、VT_3的β值相差太大或输入信号太大。

3）观察并消除交越失真

(1) O点电压调整后，关断电源，将mA表(可用万用表代替)串入电路中，接通电源记下电流表读数。

(2) 在电路输入端送入500 Hz～1 kHz正弦波信号，用示波器观察负载R_L两端的波形，逐步加大输入信号的幅度，直至示波器荧屏上出现交越失真，记下此时的电流表读数。调节R_{W2}使交越失真消失。此时，O点电压可能有些变化，重新调整R_{W1}使O点电压为$E_C/2$，记下电流表读数。将所测数据记入表4.11.1中。

表4.11.1 交越失真现象测量结果

交越失真情况	I_{C2}(mA)
有	
无	

(3) 交越失真排除后，断开输入端信号源，按表4.11.2的要求，用万用表测量各工作点电压，并把数据记入表4.11.2中。

表4.11.2 正常的静态工作点测量结果

中点(O点)电压	VT_2集电极电流 I_{C2}(mA)	VT_1		R_{W2}两端电压
		U_{BE}	U_{CE}	

4）测量最大输出功率和效率

(1) 加大输入信号，测出输出波形产生限幅失真前的最大不失真输出电压U_{CM}和相应

的电源电流 I_{ECM}，求出最大输出功率：

$$P_{omax}=U_{OM}I_{ECM}$$

(2) 计算电源供给的功率：

$$P_E=E_C I_{ECM}$$

(3) 计算效率：

$$\eta=\frac{P_{omax}}{P_E}$$

(4) 计算最大输出功率时晶体管的管耗：

$$P_T=P_E-P_{CM}$$

5) 观察自举电容 C_2 的作用

将电路中自举电容 C_2 去掉，重新进行步骤(2)、(3)、(4)，观察自举电容 C_2 的作用，观察输出波形的变化。

4.11.5　预习要求

(1) 复习 OTL 功率放大器的工作原理以及功放电路各参数的含义；

(2) 熟悉本实验电路图、实验用表格；

(3) 了解 OTL 功率放大器与 OCL 功率放大器及变压器推挽功率放大的区别；

(4) 了解 OTL 功率放大器自举电容的作用；

(5) 回答思考题。

4.11.6　实验报告要求

(1) 画出实验电路图，标明各元件参数值；

(2) 将实验测试数据与理论计算值进行比较，分析产生误差的原因；

(3) 总结功率放大电路的特点及测量方法。

4.11.7　思考题

(1) 说明交越失真产生的原因，如何克服交越失真？

(2) 如电路发生自激现象，应如何消除？

4.12　整流、滤波和集成稳压电路

4.12.1　实验目的

(1) 观察分析单相半波和桥式整流电路的输出波形，并验证这两种整流电路输出电压与输入电压的数量关系；

(2) 了解滤波电路的作用，观察半波和桥式整流电路加上电容滤波后的输出波形，研究滤波电容的大小对输出波形的影响；

(3) 了解三端集成稳压器件的稳压原理及其使用方法；

(4) 学习三端集成稳压电路主要指标的测试方法。

4.12.2 实验仪器仪表和器材

(1) 万用表 1 块;

(2) 双踪示波器 1 台;

(3) 低频毫伏表 1 台;

(4) 模拟电子电路实验箱 1 台。

4.12.3 实验电路和原理

电子设备中都需要稳定的直流稳压电源,所需直流电源除少数直接利用电池和直流发电机外,大多数是采用由交流电(市电)转变为直流电的直流稳压电源。直流稳压电源原理框图如图 4.12.1 所示,由电源变压器、整流、滤波、稳压电路四部分组成。

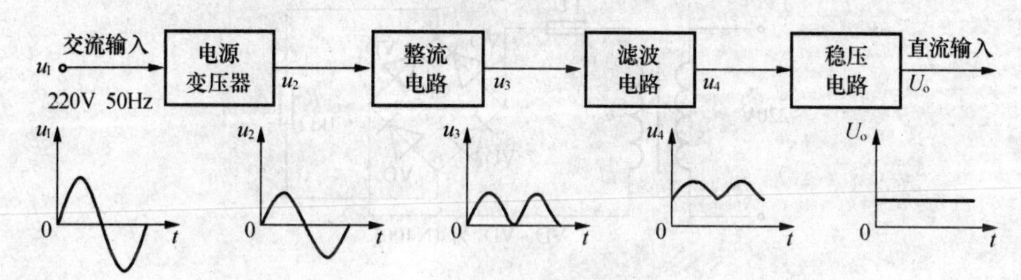

图 4.12.1 直流稳压电源组成框图

电网供给的交流电压 u_i(220 V,50 Hz)经电源变压器降压后,得到符合电路需要的交流电压 u_2,然后由整流电路变换成方向不变、大小随时间变化的脉动电压 u_3,再用滤波器滤除其交流分量,就可得到比较平直的直流电压 u_4,但这样的直流输出电压,还会随交流电网电压的波动或负载的变动而变化。在对直流供电要求较高的场合,还需要用稳压电路来保证输出的直流电压更加稳定。

1) 整流电路

整流电路的作用是利用二极管的单向导电性能,把交流电变换成单向的脉动电流或电压。

(1) 单相半波整流电路

整流电路的形式较多,图 4.12.2 所示电路为单相半波整流电路,是最简单的整流电路。其中变压器的作用是将 220 V 交流市电(或其他数值的交流电源)变换成所需的交流电压值。

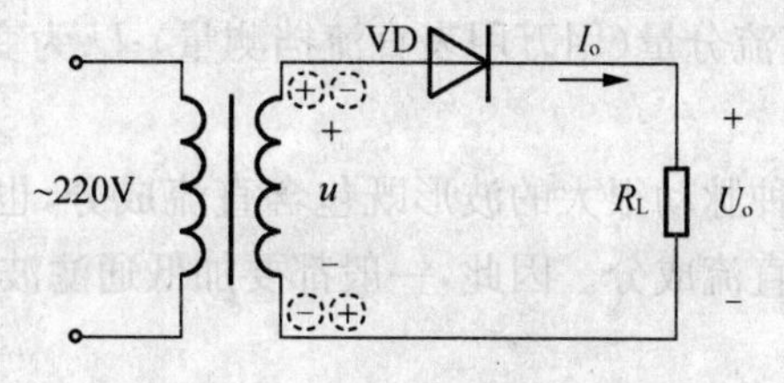

图 4.12.2 单向半波整流电路

二极管的作用是整流。由于二极管 VD 具有单向导电性,因此,在负载 R_L 上得到的是单相半波整流电压 U_o,其整流波形如图 4.12.3 所示。单相半波整流电路的整流电压平均值为：$U_o=0.45U$。单相半波整流的缺点是只利用了电源的半个周期，同时整流输出电压的脉动较大。

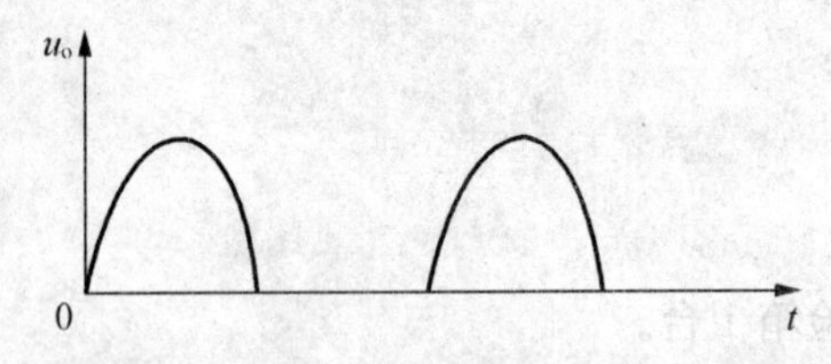

图 4.12.3　单半波整流电路的电压波形

(2) 单相全波整流电路

为克服单相半波整流电路的缺点，常采用单相全波整流电路。在小功率整流电路中使用较多的是单向桥式整流电路，如图 4.12.4 所示。

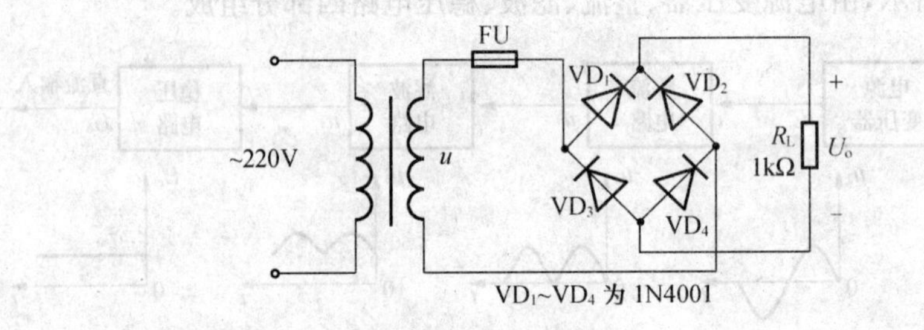

图 4.12.4　单相桥式整流电路

该电路是由 4 个整流二极管接成电桥的形式构成。经过整流后在负载上得到的是单向脉动电压，其波形如图 4.12.5 所示。

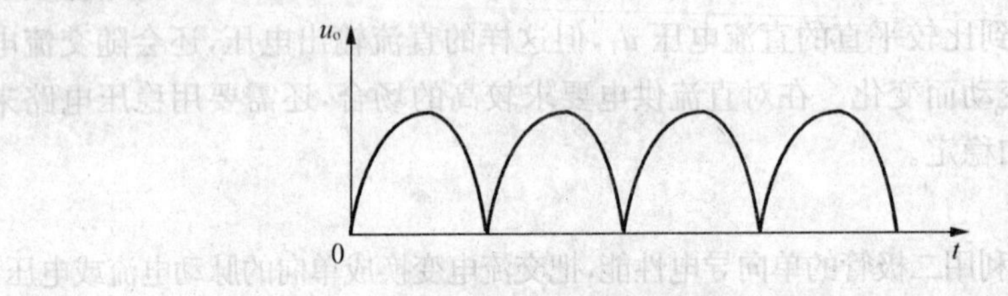

图 4.12.5　单相桥式整流电路的电压波形

全波整流电路的整流电压平均值 U_o 比半波时增加了 1 倍。即

$$U_o=0.9U$$

式中：U_o 为整流输出端的直流分量(用万用表直流挡测量)；U 为变压器次级的有效值(用毫伏表测量)。

根据信号分析理论，这种脉动很大的波形既包含直流成分，也包含基波、各次谐波等交流成分，但我们所需要的是直流成分。因此，一般都要加低通滤波电路将交流成分滤除。

2) 滤波电路

单相半波和全波整流电路虽然都可以把交流电转换为直流电，但是所得到的输出电压是单向脉动电压。在某些设备(如电镀、蓄电池充电)中，脉动电压是允许的。但在大多数电子设备中，整流电路之后都要加接滤波电路，以改善输出电压的脉动程度。

滤波电路主要是利用电感和电容的储能作用，使输出电压及电流的脉动趋于平滑。因电容比电感体积小、成本低，故在小功率直流电源中多采用电容滤波电路，如图 4.12.6 所示。

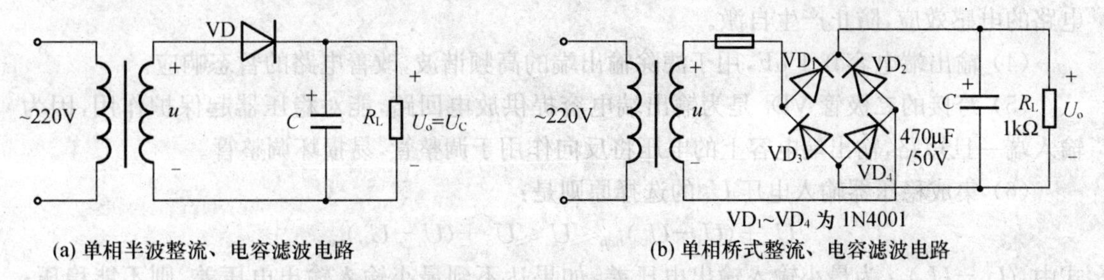

(a) 单相半波整流、电容滤波电路　　(b) 单相桥式整流、电容滤波电路

图 4.12.6　单相半波、桥式整流电容滤波电路

当电容 C 的容量足够大时，它对交流所呈现的阻抗很小，从而使输出趋于一个理想的直流。根据理论分析，采用电容滤波方式，有负载 R_L 时，输出直流电压可由下式估算：

$$U_o=\begin{cases}U & \text{（半波）}\\1.2U & \text{（全波）}\end{cases}$$

采用电容滤波时，输出电压的脉动程度与电容的放电时间常数 R_LC 有关，R_LC 大，脉动就小。为了得到较平直的输出电压，通常要求：

$$R_LC\geqslant(3\sim5)\frac{T}{2}$$

式中：T 为交流电源电压的周期。

3）集成稳压电源电路

集成稳压器件的种类很多，应根据设备对直流电源的要求进行选择。对于大多数电子仪器、设备和电子电路来说，通常是选用串联线性集成稳压器，而在这种类型的器件中，又以三端式稳压器应用最为广泛。目前常用的三端集成稳压器是一种固定或可调输出电压的稳压器件，并有过流和过热保护。

固定输出电压的集成稳压器件有 W78××系列和 W79××系列。其中 W78 系列为正电压输出，W79 系列为负电压输出，××表示输出电压值。

本实验所用集成稳压器为三端固定正稳压器 W7812。图 4.12.7 为实验电路，也是实际应用电路。

电路特点如下：

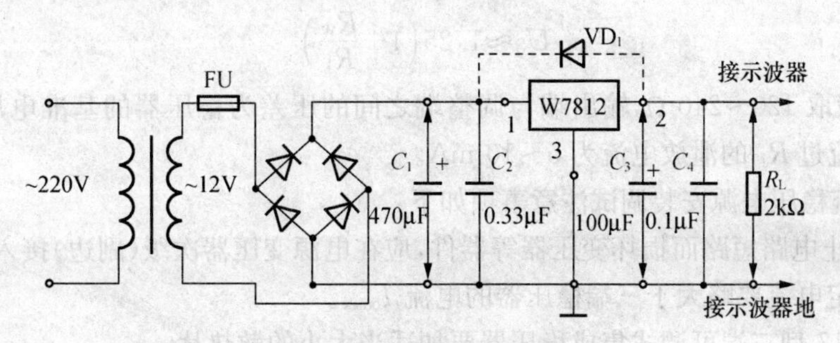

图 4.12.7　集成稳压电路

(1) 整流部分采用由 4 个整流二极管组成的桥式整流电路（即整流桥堆）。

(2) 输入、输出端需接容量较大的滤波电容,通常取几百微法~几千微法。

(3) 当集成稳压器距离整流滤波电路较远时,在输入端必须接入 0.33 μF 电容,以抵消电路的电感效应,防止产生自激。

(4) 输出端电容 0.1 μF,用于滤除输出端的高频谐波,改善电路的暂态响应。

(5) 跨接的二极管 VD_1 是为输出端电容提供放电回路,能对稳压器起保护作用,因为输入端一旦短路,输出端电容上的电压将反向作用于调整管,易损坏调整管。

(6) 集成稳压器输入电压 U_i 的选择原则是:

$$U_o+(U_i-U_o)_{min}\leqslant U_i\leqslant U_o+(U_i-U_o)_{max}$$

式中:$(U_i-U_o)_{min}$ 为最小输入输出电压差,如果达不到最小输入输出电压差,则不能稳压;$(U_i-U_o)_{max}$ 为最大输入输出电压差,如大于该值,则会造成集成稳压器功耗过大而损坏,即 $(U_i-U_o)_{max}I_{omax}>P_{omax}$。

4) 整流、稳压电源常用电路

(1) 可调式三端集成稳压器

正压系列典型电路如图 4.12.8(a)所示。

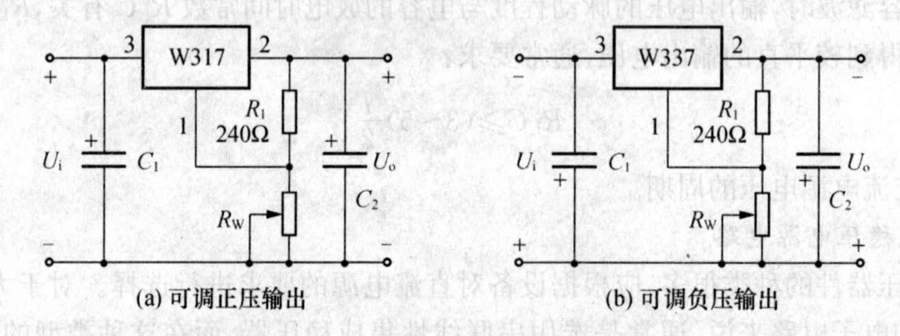

图 4.12.8 可调式三端稳压器的典型应用

W317 系列稳压器能在输出电压为 1.25~37 V 范围内连续可调,外接元件只需一个固定电阻和一个电位器,其芯片内有过流、过热和安全工作区保护,最大输出电流为 1.5 A。

负压系列典型电路如图 4.12.8(b)所示。

W337 系列与 W317 系列相比,除了输出电压极性、引脚定义不同外,其他特点都相同,

图 4.12.9 为可调式三端稳压器实际应用电路,图中 R_1 与电位器 R_W 组成电压输出调节器,输出电压 U_o 的表达式为:

$$U_o\approx 1.25\left(1+\frac{R_W}{R_1}\right)$$

式中,R_1 一般取 120~240 Ω,输出端与调整端之间的压差为稳压器的基准电压(典型值为 1.25 V),即流过 R_1 的泄放电流为 5~10 mA。

可调直流稳压电源安装调试注意事项如下:

① 为防止电路短路而损坏变压器等器件,应在电源变压器次级(副边)接入可恢复熔断器 FU,其额定电流要略大于三端稳压器的电流 I_{omax}。

② CW317 型三端可调式集成稳压器要加适当大小的散热片。

③ 稳压电路部分主要测试 CW317 型三端可调集成稳压器是否正常工作,可在其输入端(c、d 端)加大于 12 V、小于 43 V 的直流电压,调节 R_W,若输出电压随之变化,说明稳压

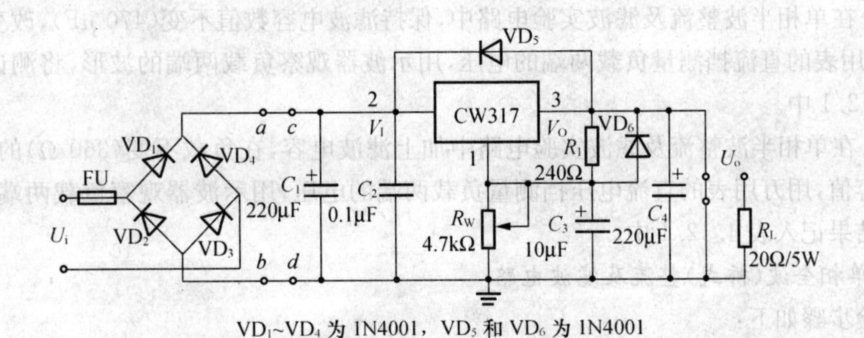

图 4.12.9 可调式三端稳压器实际应用电路

电路工作正常。

④ 整流滤波电路主要检查整流二极管是否接反，在接入整流二极管和电解电容器前之前，要注意对其进行特性优劣检测，电解电容器前要注意接对正负极性（正极接直流高电位端），如果极性接反，电容器将会反向击穿而"爆炸"，这是很不安全的，应该尽量避免。

(2) 固定三端集成稳压器

图 4.12.10 为采用正负对称电压整流、固定稳压器正负电压输出的应用电路。

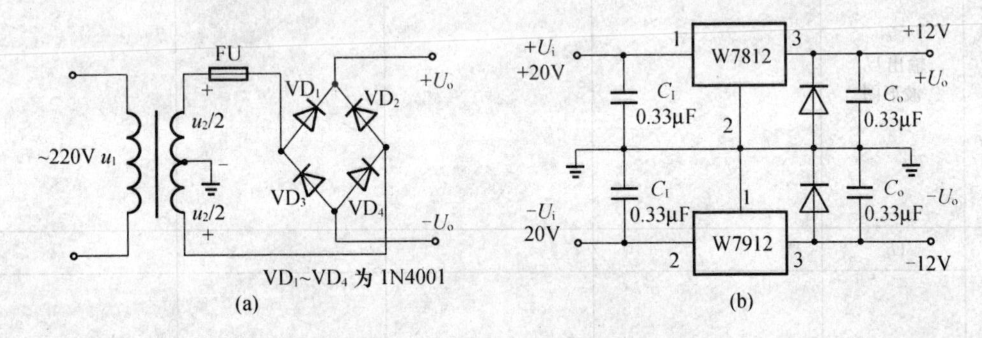

图 4.12.10 正负电压输出的典型应用

4.12.4 实验内容

1) 单相半波整流及滤波电路

实验步骤如下：

(1) 连接图 4.12.11 所示的半波整流、滤波实验电路，无电容滤波时，接通电源，用万用表的直流挡测量负载两端的电压，用示波器观察负载两端的波形，将测试结果记入表 4.12.1 中。

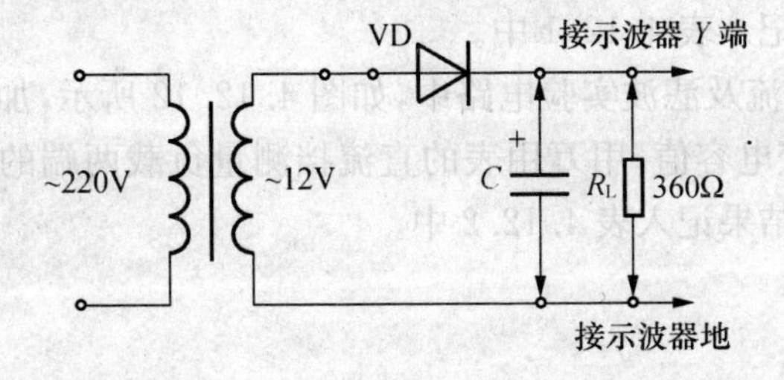

图 4.12.11 单相半波整流及滤波实验电路

(2) 在单相半波整流及滤波实验电路中，保持滤波电容数值不变(470 μF)，改变负载电阻，用万用表的直流挡测量负载两端的电压，用示波器观察负载两端的波形，将测试结果记入表 4.12.1 中。

(3) 在单相半波整流及滤波实验电路中加上滤波电容，在负载不变(360 Ω)的情况下，改变电容值，用万用表的直流电压挡测量负载两端的电压，用示波器观察负载两端的波形，将测试结果记入表 4.12.1 中。

2) 单相全波(桥式)整流及滤波电路

实验步骤如下：

(1) 连接图 4.12.12 所示的全波桥式整流、滤波实验电路，无电容滤波时，用万用表的直流电压挡测量负载两端的电压，用示波器观察负载两端的波形，将测试结果记入表 4.12.1 中。

表 4.12.1　单相整流及滤波电路测量结果(1)

滤波电容 $C=470\ \mu F$		无滤波	改变负载电阻		
			$R_L=2\ k\Omega$	$R_L=360\ \Omega$	$R_L=120\ \Omega$
单相半波整流及滤波电路	U_o				
	输出 U_o 波形图				
单相全波整流及滤波电路	U_o				
	输出 U_o 波形图				

(2) 在如图 4.12.12 所示的单相全波整流及滤波实验电路中，保持滤波电容数值不变(470 μF)，改变负载电阻，用万用表直流电压挡测量负载两端的电压；用示波器观察负载两端的波形，将测试结果记入表 4.12.1 中。

(3) 在单相全波整流及滤波实验电路中，如图 4.12.12 所示，加上电容滤波，在负载不变情况下(360 Ω)，改变电容值，用万用表的直流挡测量负载两端的电压；用示波器观察负载两端的波形，将测试结果记入表 4.12.2 中。

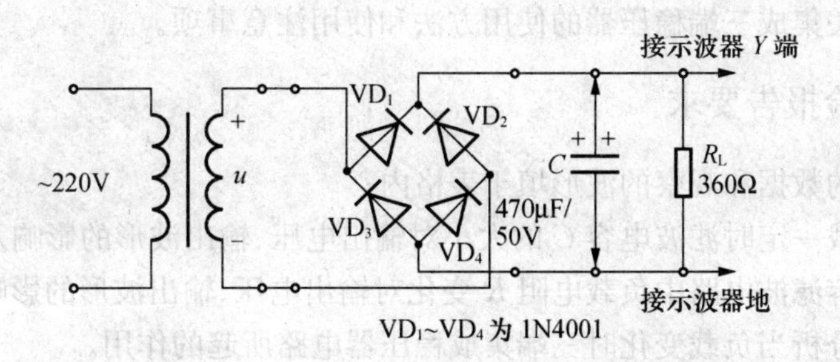

图 4.12.12　单相全波桥式整流及滤波实验电路

表 4.12.2　单相整流及滤波电路测量结果(2)

<table>
<tr><td colspan="2" rowspan="2">负载电阻
R=360 Ω</td><td rowspan="2">无　滤　波</td><td colspan="3">改　变　滤　波　电　容</td></tr>
<tr><td>C=4.7 μF</td><td>C=47 μF</td><td>C=470 μF</td></tr>
<tr><td rowspan="2">单相半波整流及滤波电路</td><td>U_o</td><td></td><td></td><td></td><td></td></tr>
<tr><td>输出 U_o
波形图</td><td></td><td></td><td></td><td></td></tr>
<tr><td rowspan="2">单相桥式整流及滤波电路</td><td>U_o</td><td></td><td></td><td></td><td></td></tr>
<tr><td>输出 U_o
波形图</td><td></td><td></td><td></td><td></td></tr>
</table>

3）用集成稳压器组成的简单稳压电路

实验步骤如下：按图 4.12.7 连接集成稳压电路，保持负载电容不变，改变负载电阻，用万用表的直流电压挡测量负载两端的电压，用示波器观察负载两端的波形，将测试结果记入表 4.12.3 中。

表 4.12.3　直流电压测量结果

负载电阻值	R_L=2 kΩ	R_L=360 Ω	R_L=120 Ω
负载两端直流电压			

4.12.5　预习要求

(1) 复习教材中有关二极管整流、滤波及稳压电路部分的内容；

(2) 阅读实验教材，了解实验目的、内容、步骤及要求；

(3) 学习有关集成三端稳压器的使用方法和使用注意事项。

4.12.6 实验报告要求

(1) 将测量的数据和观察的波形填于表格内；

(2) 分析负载一定时滤波电容 C 的大小对输出电压、输出波形的影响及原因；

(3) 分析电容滤波电路中负载电阻 R 变化对输出电压、输出波形的影响和原因；

(4) 观察和分析当负载变化时三端集成稳压器电路所起的作用。

4.12.7 思考题

(1) 当负载电流 I_L 超过额定值时，该实验电路的输出电压 U_o 会有什么变化？

(2) 调整管(三端集成稳压器电路)在什么情况下功耗最大？

(3) 稳压电源输出电压纹波较大，原因可能是什么？

(4) 如何测量并判断整流二极管和电源滤波电容的正负极性，防止因整流二极管极性接反而烧变压器、滤波电容极性接反而引起击穿“爆炸”？

4.13 555 定时器及其应用

4.13.1 实验目的

(1) 了解 555 定时器的结构和工作原理；

(2) 学习用 555 定时器组成几种常用的脉冲发生器；

(3) 熟悉用示波器测量 555 定时器电路的脉冲幅度、周期和脉宽的方法。

4.13.2 实验仪器仪表和器材

(1) 万用表 1 块；

(2) 双踪示波器 1 台；

(3) 低频毫伏表 1 台；

(4) 直流稳压电源 1 台；

(5) 模拟电子电路实验箱 1 台。

4.13.3 实验电路和原理

555 定时器是一种模拟和数字电路相混合的集成电路，广泛应用于模拟和数字电路中。它的结构简单、性能可靠、使用灵活，外接少量阻容元件，即可组成多种波形发生器、多谐振荡器、定时延迟电路、报警、检测、自控及家用电器电路，应用非常广泛。

1) 555 定时器的方框图及封装形式

表 4.13.1 为 555 定时器引脚功能说明。

表 4.13.1 555 定时器引脚功能

引脚 1	引脚 2	引脚 3	引脚 4	引脚 5	引脚 6	引脚 7	引脚 8
GND	$\overline{TR}$	OUT	$\overline{R_d}$	CO	TH	D	V_{CC}
地	低触发端	输出端	清零端	控制电压	高触发端	放电端	电源

图 4.13.1 为 555 定时器内部原理逻辑电路框图。

2) 555 定时器的工作原理

如图 4.13.1 所示，555 定时器内部有 2 个电压比较器 A_1、A_2，1 个基本 RS 触发器，1 个放电三极管 VT 和 1 个非门输出。3 个 5 kΩ 电阻组成的分压器使 2 个电压比较器构成一个电平触发器，高电平触发值为 $2V_{CC}/3$（即 A_1 比较器参考电压为 $2V_{CC}/3$），低电平触发值为 $V_{CC}/3$（即 A_2 比较器的参考电压为 $V_{CC}/3$）。

引脚 5 控制端外接一个控制电压，可以改变高、低电平触发电平值。

由 2 个或非门组成的 RS 触发器需用负极性信号触发，因此，加到比较器 A_1 同相端引脚 6 的触发信号只有当电位高于反相端引脚 5 的电位 $2V_{CC}/3$ 时，RS 触发器才能翻转；而加到比较器 A_2 反相端引脚 2 的触发信号只有当电位低于 A_2 同相端的电位 $V_{CC}/3$ 时，RS 触发器才能翻转。通过分析，可得出表 4.13.2 所示的功能表。

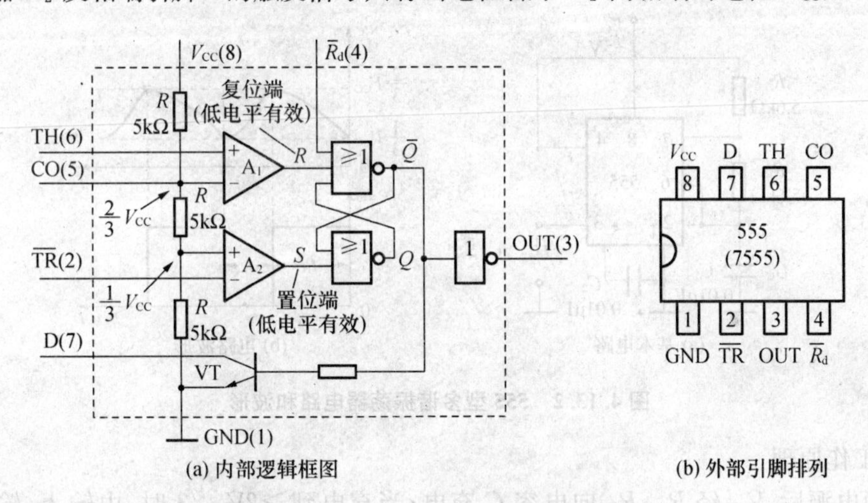

图 4.13.1 555 定时器原理框图

表 4.13.2 555 定时器各输入、输出功能(真值)表

引脚 2 $\overline{TR}$ 低电平触发端	引脚 6 TH 高电平触发端	引脚 4 $\overline{R_d}$ 清零(复位)端	引脚 3 OUT 输出端	引脚 7 D 放电端
$\leqslant\frac{1}{3}V_{CC}$	*	1	1	截止
$\geqslant\frac{1}{3}V_{CC}$	$\geqslant\frac{2}{3}V_{CC}$	1	0	导通
$\geqslant\frac{1}{3}V_{CC}$	$\leqslant\frac{2}{3}V_{CC}$	1	保持(原态)	保持(原态)
*	*	0	0	导通

注：* 表示任意电平。

3) 555 定时器主要参数

555 定时器主要参数如表 4.13.3 所示。

表 4.13.3　555 定时器主要参数

参数名称	符　号	参数值	单　位
电源电压	V_{CC}	5～18	V
静态电流	I_Q	10	mA
定时精度		1%	
触发电流	I_{TR}	1	μA
复位电流	I_{Rd}	100	μA
阀值电流	I_{TH}	0.25	μA
放电电流	I_D	200	mA
输出电流	I_0	200	mA
最高工作频率	f_{max}	500	kHz

4) 555 定时器构成的三类基本电路

(1) 555 型多谐振荡器

555 定时器构成的多谐振荡器基本电路和波形如图 4.13.2 所示。

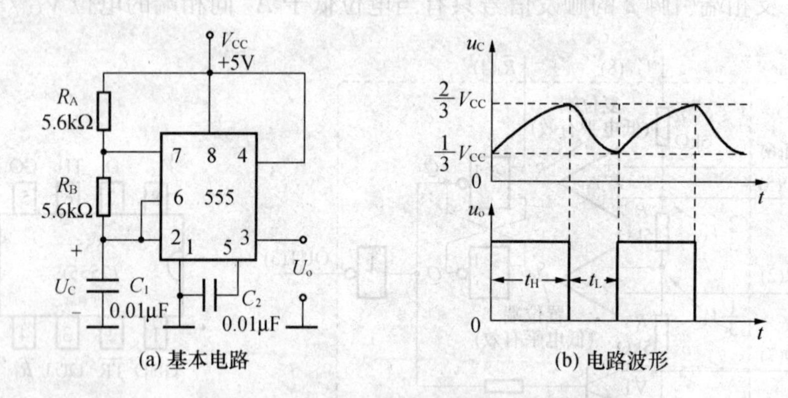

(a) 基本电路　　(b) 电路波形

图 4.13.2　555 型多谐振荡器电路和波形

① 工作原理

接通电源后，V_{CC}经 R_A、R_B 向电容 C 充电；当充电到$\geqslant 2V_{CC}/3$ 时，由输入、输出功能表 4.13.2可知：555 定时器输出端为低电平，同时放电管导通，电容 C 经电阻 R_B 和 555 定时器的引脚 7 到地放电。当电容 C 放电到$\leqslant V_{CC}/3$ 时，由 555 定时器输入、输出功能表 4.13.2 可知：555 定时器输出端为高电平，同时放电管截止，放电端引脚 7 脚相当于开路，V_{CC}又经 R_A、R_B 向电容 C 充电。

以上两个过程就是电容 C 充放电的过程，两个过程不断循环重复，得到多谐振荡器的振荡波形。

② 振荡频率

由 RC 充放电过程，可求出多谐振荡器的振荡频率：

$$f=\frac{1}{T}=\frac{1}{T_H+T_L}=\frac{1.44}{(R_A+2R_B)C}$$

$$T_H\approx 0.7(R_A+R_B)C$$

$$T_L\approx 0.7R_BC$$

③ 占空比

多谐振荡器的占空比为：

$$q=\frac{T_H}{T_H+T_L}=\frac{R_A+R_B}{R_A+2R_B}$$

当 $R_B \gg R_A$，占空比近似为 50%。

(2) 555 型单稳态触发器

555 定时器构成的单稳态触发器基本电路和波形如图 4.13.3 所示。

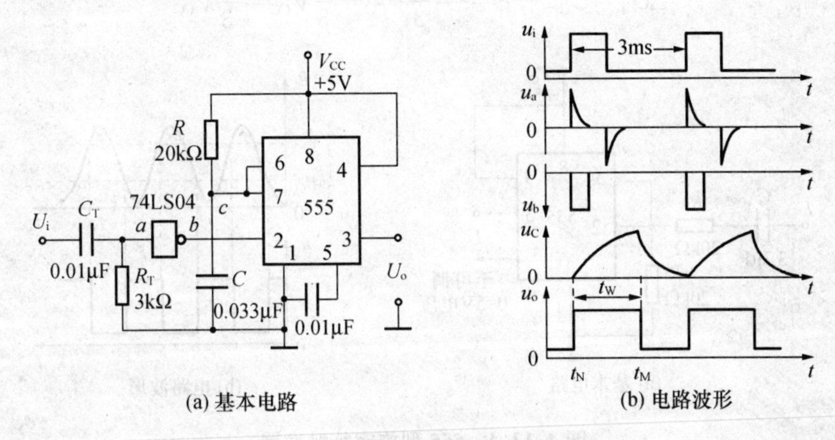

(a) 基本电路　　(b) 电路波形

图 4.13.3　555 型单稳态触发器电路和波形

① 工作原理

输入信号 U_i 为矩形脉冲，经 C_T、R_T 微分电路得到 U_a 微分波形，经反相器后的 U_b 负脉冲作为单稳态触发器的触发脉冲，U_C 为电容器充放电波形，U_o 为输出矩形脉冲。

接通电路后，当 $t=t_N$ 时刻，输入信号 U_b 的作用使引脚 2 电位 $\leqslant V_{CC}/3$，此时 A_2 输出高电位，555 定时器的输出端由低电位突变为高电位，555 定时器的引脚 7 相当于开路，电源经电阻 R 向电容 C 充电，直到 $U_C \geqslant 2V_{CC}/3$ 时，输出 U_o 又突变到低电位，这时引脚 7 相当于短路，U_C 迅速放电到 0。

② 暂态时间 t_W（称为迟延或定时时间）的计算

电容 C 上的电压 U_C 由 0 充电到 $2V_{CC}/3$ 的时间内，555 定时器引脚 3 处于高电位，这段时间为暂态时间 t_W，由 RC 充电的一般公式可得：

$$t_W=RC\ln 3\approx 1.1RC$$

选择合适的 R 和 C 值，t_W 的范围可从几微秒到几小时。利用这一特性，图 4.13.3 所示单稳态触发器电路可以作为性能良好的迟延器或定时器，即当时间 $t=t_M$ 时，555 定时器的输出 U_o 由高电位突变为低电位，对下一级负载相当于输出一个负向脉冲，这个负向脉冲出现的时间比 $t=t_N$ 迟后了时间 t_W。

通常定时电阻 R 取值范围为：$\frac{V_{CC}}{5\ \text{mA}} \leqslant R \leqslant \frac{V_{CC}}{5\ \mu\text{A}}$，即受电路中最大、最小电流的限制。

定时电容 C 的最小值应大于分布电容，即 $C_{min} \geqslant 100$ pF，以保证定时稳定。

(3) 555 型施密特触发器

555 定时器构成的施密特触发器基本电路和波形如图 4.13.4 所示。

① 工作原理

图 4.13.4(a)中引脚 5 控制端加一可调直流电压 U_{C0}，其大小可改变 555 定时器比较器的参考电压，U_{C0} 越大，参考电压值越大，输出波形宽度越宽。

输入电路 C 和 R_1、R_2 为耦合分压器，对输入幅度大的正弦波信号进行分压。

② 回差电压

施密特电路可方便地把正弦波、三角波变换成方波。该电路的回差电压为：

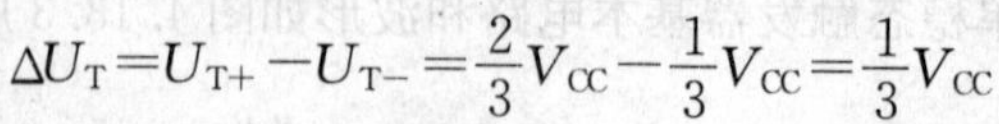

$$\Delta U_T = U_{T+} - U_{T-} = \frac{2}{3}V_{CC} - \frac{1}{3}V_{CC} = \frac{1}{3}V_{CC}$$

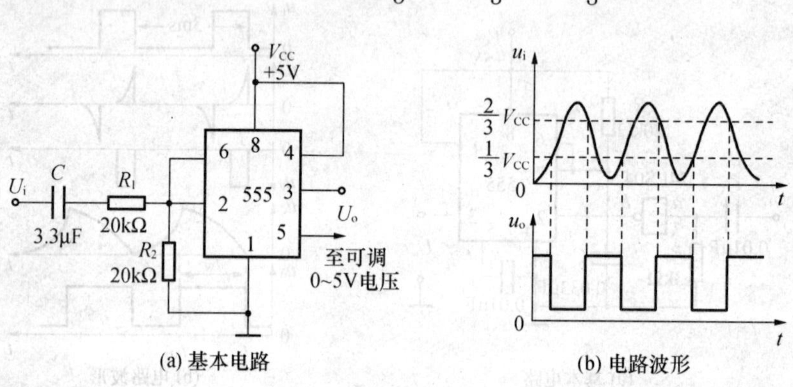

(a) 基本电路　　(b) 电路波形

图 4.13.4　555 型施密特触发器

③ 工作波形

其工作波形如图 4.13.4(b)所示。可用示波器定性观察输入 U_i 和输出 U_o 波形，改变引脚 5 控制电压 U_{CO}，则可用来调节 ΔU_T 值。

4.13.4　实验内容

1) 555 定时器应用之一：多谐振荡器电路

实验电路如图 4.13.2 所示。用 555 定时器构成多谐振荡器电路。图中，R_A、R_B、C_1 为外接元件，分别改变几组参数 R_B、C_1，观察其输出波形，并将测量值与计算值记入表 4.13.4 中，对其误差进行分析。

表 4.13.4　测量、计算结果

参数		测量值		计算值	
R_B	C_1	U_o	T	U_o	T
3 kΩ	0.01 μF				
3 kΩ	0.1 μF				
15 kΩ	0.1 μF				

2) 555 定时器应用之二：彩灯控制电路

实验电路如图 4.13.5 所示。555 定时器构成多谐振荡器，其输出端外接电磁继电器。图中，R_A、R_B、C_1、VD 为外接元件，C_2 为高频滤波电容，以保持基准电压 $2V_{CC}/3$ 的稳定，一般取 0.01 μF。

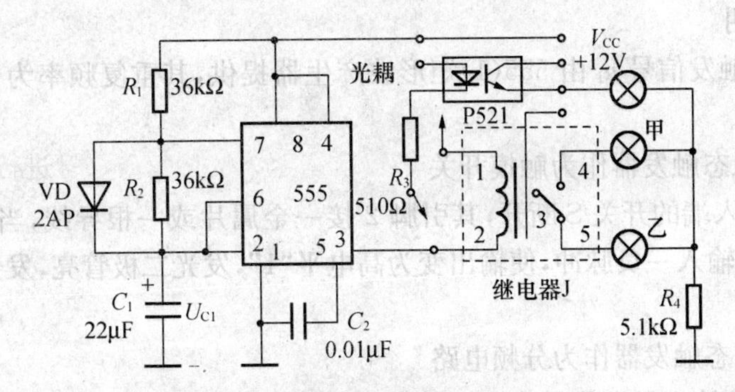

图 4.13.5 彩灯控制电路

接入二极管 VD,可使电路的充、放电时间常数 $R_AC_1 \approx R_BC_1$,产生占空系数约为 50% 的矩形波,通过调整外接元器件,可改变振荡器的振荡频率和输出波形的占空比。

要求通过调整,彩灯交替闪烁的时间间隔均匀地为 1 s 左右。光电耦合器件(P521)可传输 555 定时器输出的彩灯控制信号(熟悉光耦器件的使用)。

3) 555 定时器应用之三:救护车警报器电路

实验电路如图 4.13.6 所示。救护车警报器电路由 2 个矩形波发生器电路构成,555 定时器(1)的振荡频率 $f_1 \approx 1$ Hz;555 定时器(2)的振荡频率 $f_2 \approx 1$ kHz。接入电容 C_3 可改变救护车警报器的报警声音。

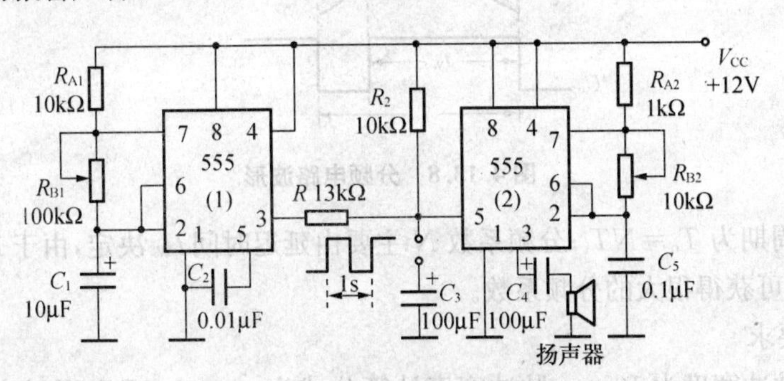

图 4.13.6 救护车警报器电路

要求通过调整,使救护车警报器发出的报警声音"滴…嘟…"音调逼真。

4) 555 定时器应用之四:单稳态触发器电路

实验电路如图 4.13.7 所示。

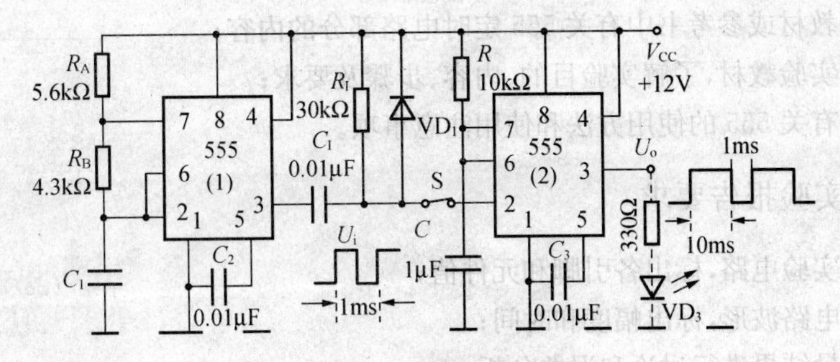

图 4.13.7 单稳态触发器电路

(1) 电路说明

单稳态输入触发信号 u_i 由 555(1)矩形波产生器提供，其重复频率为 1 kHz；555(2)组成单稳态触发器。

(2) 555 单稳态触发器作为触摸开关

将 555(2)输入端的开关 S 断开，其引脚 2 接一金属片或一根导线，当用手触摸该导线时，相当于引脚 2 输入一负脉冲，使输出变为高电平“1”，发光二极管亮，发光时间即为：$t_W \approx 1.1RC$。

(3) 555 单稳态触发器作为分频电路

555(1)提供的输入触发信号为一列脉冲串，当第 1 个负脉冲触发 555(2)的引脚 2 后，555(2)的引脚 3 输出 U_o 为高电平，定时电容 C 开始充电，如果 $RC \gg T_i$，由于 U_C 未达到 $2V_{CC}/3$，U_o 将一直保持为高电平，555 内部放电三极管截止，这段时间内，输入负脉冲不起作用。当 U_C 达到 $2V_{CC}/3$ 时，输出 U_o 将很快变为低电平，下一个负脉冲来到，输出又上跳为高电平，电容 C 又开始充电，如此周而复始。

图 4.13.8 为分频电路波形图。

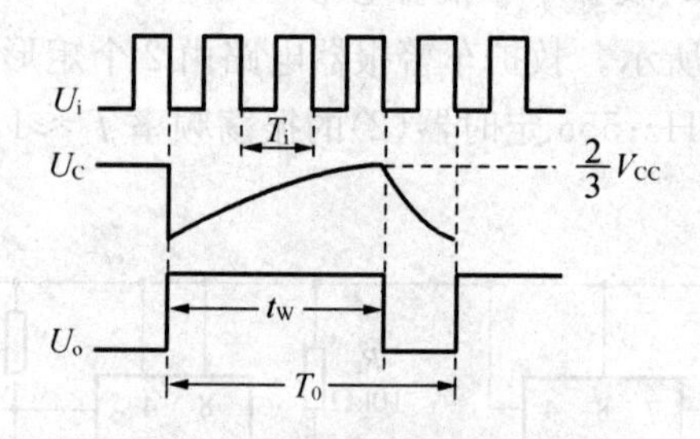

图 4.13.8 分频电路波形

输出脉冲周期为 $T_o = NT_i$；分频系数 N 主要由延迟时间 t_W 决定，由于 RC 时间常数可以取得很大，故可获得很大的分频系数。

(4) 实验要求

要求输出脉冲宽度为 10 ms，脉冲宽度计算公式为：$t_W \approx 1.1RC$，通过实验测量、验证；如果要求输出脉冲宽度为 2 s，确定定时元件值，并通过 555(2)输出端串接发光二极管电路，实验验证触发后的单稳态时间。

4.13.5 预习要求

(1) 预习教材或参考书中有关 555 定时电路部分的内容；

(2) 阅读实验教材，了解实验目的、内容、步骤及要求；

(3) 学习有关 555 的使用方法和使用注意事项。

4.13.6 实验报告要求

(1) 画出实验电路，标出各引脚和元件值；

(2) 画出电路波形，标出幅度和时间；

(3) 对测量结果进行讨论和误差分析；

(4) 小结 555 定时器的使用方法和注意事项；

(5) 回答思考题。

4.13.7 思考题

(1) 555 定时器构成的振荡器其振荡周期和占空比的改变与哪些因素有关？若只需改变周期而不改变占空比应调整什么元件参数？

(2) 555 定时器构成的单稳态触发器，输出脉冲宽度和周期由什么因素决定？

(3) 555 定时器引脚 5 所接电容起什么作用？

(4) 巧妙设计一个由 555 定时器构成的实用电路。

第 3 篇　提高型(设计性)实验

5　模拟电子电路 Multisim 仿真实验

5.1　概述

随着电子技术和计算机技术的迅猛发展,以电子电路计算机辅助设计 CAD(Computer Aided Design)为基础的电子设计自动化 EDA(Electronic Design Automation)技术已成为当今电子学领域的重要学科。

电子工作平台 EWB(Electronics Workbench,现称为 Multisim)就是基于 PC 平台的电子设计软件,该软件是加拿大 Interactive Image Technologies 公司于 20 世纪 80 年代末、90 年代初推出的电路分析和设计软件,是一种利用在计算机上运行电路仿真软件来进行模拟硬件实验的工作平台。由于仿真软件可以形象逼真地模拟许多电子元器件和仪器、仪表,因此它并不需要任何真实的元器件和仪器、仪表,就可以进行模拟电路和数字电路课程中的大多数实验,并且具有成本低、效率高、易学易用等优点,因此可以作为传统实验教学的有益补充。

Multisim 以著名的 SPICE(集成电路校正的仿真程序)为基础,由电路图编辑器(Schematic)、SPICE3F5 仿真器(Simulator)、波形产生与分析器(Wave Generator & Analyzer)三部分组成。

Multisim 具有以下特点:

(1) 采用直观的图形界面创建电路。在计算机屏幕上模仿真实实验室工作台,绘制电路图需要的元器件、电路仿真需要的仪器和仪表均可直接从屏幕上选取。Multisim 提供了简洁的操作界面,绝大部分操作通过鼠标的拖放即可完成,连接导线的走向及其排列由系统自动完成。

(2) 提供了丰富的元器件库,共计 4 000 多种,元器件模型超过 10 000 个。大多数元器件模型参数可设置为理想值。此外,元件库属于开放型结构,用户可根据需要进行新建或扩建工作。

(3) 所提供的测试仪器、仪表,其外观、面板布局以及操作方法与实际的该类仪器、仪表非常接近,便于操作。

(4) 提供了强大的电路分析功能,包括交流分析、瞬态分析、温度扫描分析、传递函数分析以及蒙特卡洛分析等 14 种。此外,可在电路中人为设置故障,如开路、短路以及不同程度的漏电,均可观察到对应电路状况。

(5) 作为设计工具,它可以与其他流行的电路分析、设计和制板软件交换数据。例如可将在 Multisim 中设计好的电路图送到 Protel、OrCAD、PADS 等印制电路板(PCB)绘图软件中绘制 PCB 图。

本教材选用 Multisim 仿真软件版本为 Multisim 10.0。它可以在电路和元器件的 SPICE 参数的基础上,仿真出电路的各种指标,如直流工作点,输入输出波形,晶体管特性曲线和电路通频带、总谐波失真、温度影响、误差影响等。本章在仿真实验中用到了其中大部分指标测试功能。

在 Multisim 10.0 中,有大量的元器件库可以调用,还有很多测试仪器、仪表可以使用,这是实际实验无法做到的,因此,Multisim 10.0 仿真实验可以帮助我们进行更加全面的仿真测试和更加深入的仿真分析。

Multisim 仿真实验是理论与实际实验之间的一个桥梁,通过 Multisim 仿真实验,可以消化和巩固理论知识,还可以预测实际实验的结果。Multisim 仿真实验一般用于预习,也可用于实际实验中进行辅助分析。用好 Multisim 实验仿真,可以达到事半功倍的效果。在设计型实验中,仿真实验可以及时验证电路的设计结果。

5.2 基本操作

1) 编辑原理图

编辑原理图包括建立电路文件、设计电路界面、放置元器件、连接电路、编辑处理及保存文件等步骤。

(1) 建立电路文件

若从启动 Multisim 10.0 系统开始,则在 Multisim 10.0 基本界面上会自动打开一个空白的电路文件;在 Multisim 10.0 正常运行时,也只需点击系统工具栏中的新建(New)按钮,同样将出现一个空白的电路文件,系统自动将其命名为 Circuit 1,可在保存文件时重新命名。

(2) 设置电路界面

在进行具体的原理图编辑前,可通过菜单 View 中的各个命令和 Options/Prefrences 对话框中的若干选项来实现。

(3) 放置元器件

编辑电路原理图所需电路元器件一般可通过元件工具栏中的元件库直接选择拖放。例如:要放置一个确定阻值的固定电阻,先点击元件工具栏中的 Place Basic 图标,即出现一个 Select a Component 对话框,进而点击 Family:RESISTOR,即可进一步选择点击具体阻值和偏差,最后点击 OK 按钮,选定的电阻即紧随鼠标指针,在电路窗口内可被任意拖动,确定好合适位置后,点击鼠标即可将其放置在当前位置。同理,可放置其他电路元器件和电源、信号源、虚拟仪器仪表等。

(4) 连接电路

将所有的元器件放置完毕后,需要对其进行电路连接。操作步骤如下:

① 将鼠标指向所要连接的元器件引脚上,鼠标指针会变成黑圆点状。

② 点击并移动鼠标,即可拉出一条虚线,如需从某点转弯,则先点击,固定该点,然后移动鼠标。

③ 到达终点后点击,即可完成两点之间的电气连接。

(5) 对电路原理图进一步编辑处理

所做的工作如下:

① 修改元器件的参考序号。只需双击该元器件符号,在弹出的属性对话框中就可修改其参考序号。

② 调整元器件和文字标注的位置。可对某些元器件的放置位置进行调整,具体方法为:单击选中该元器件,拖动鼠标到新的合适的放置位置,然后点击即可。

③ 显示电路节点号。

④ 修改元器件或连线的颜色。

⑤ 删除元器件或连线。

(6) 命名和保存文件

最后对文件命名并保存。

2) 电路分析和仿真

根据对电路性能的测试要求,从仪器库中选取满足要求的测试仪器、仪表,拖至电路工作区的合适位置,并与设计电路进行正确的电路连接,然后单击"Run/Simulation"按钮,即可实现对电路的仿真调试。

3) 分析和扫描功能

(1) 基本分析功能

Multisim 10.0 系统具有六种基本分析功能,可以测量电路的响应,以便了解电路的基本工作状态,这些分析结果与设计者用示波器、万用表等仪器、仪表对实际连线构成的电路所测试的结果相同。但在进行电路参数的选择时,用该分析功能则要比使用实际电路方便很多。例如:双击鼠标左键就可选用不同型号的集成运放或其他电路的参数,来测试其对电路的影响,而对于一个实物电路而言,要做到这一点则需花费大量的时间去替换电路中的元器件。

六种基本分析功能是:直流工作点分析、交流频率特性分析、瞬态分析、傅里叶变换、噪声分析、失真分析。

(2) 高级分析功能

高级分析功能有零-极点分析和传递函数分析两种。

(3) 统计分析功能

统计功能分析有最差情况分析和蒙特卡洛分析两种,是利用统计方法分析元器件参数不可避免的分散性对电路的影响,从而使所设计的电路成为最终产品,为有关电路的生产制造提供信息。

(4) 扫描功能

Multisim 10.0 系统中的扫描分析功能是在各种条件和参数随机变化时观察电路的变化,从而评价电路的性能。扫描功能有参数扫描分析、温度扫描分析、交流灵敏度分析、直流灵敏度分析四种。

5.3 使用说明

在计算机中安装 Multisim 10.0 仿真软件之后,使用 Multisim 仿真实验时需要注意的是:Multisim 仿真实验中用到的元器件要与实际实验一致,如果在仿真元件库中找不到相同的元器件时,一定要用相同或相似性能的元器件代替;另外,Multisim 仿真实验永远无法代替实际实验(实际实验会遇到如器件损坏、仪表误操作等方面的问题),但会使我们在处理实际实验问题的过程中,增加调试经验,锻炼动手能力。

由于基础型实验 1(第 4.1 节)和实验 2(第 4.2 节)分别是常用仪器的使用和常用电子元器件的识别和测量,可以不用 Multisim 仿真,因此,用 Multisim 仿真实验电路从基础型实验 3(第 4.3 节)开始。

在基础型实验 3(第 4.3 节)的仿真中,仿真步骤最详细,后面的仿真实验可以此为参考。

5.4 单级阻容耦合放大器 Multisim 仿真

5.4.1 在 Multisim 中组建单级阻容耦合放大器仿真电路

1) 打开 Multisim 10.0

出现如图 5.4.1 所示的界面。

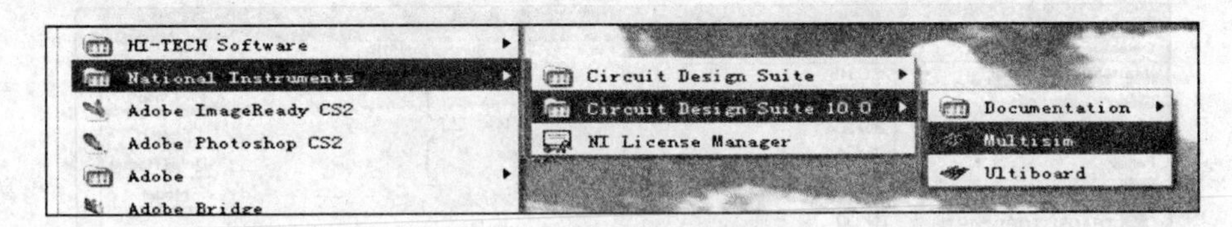

图 5.4.1 打开 Multisim 10.0

2) 打开空白原理图,并保存文件

出现如图 5.4.2 所示的界面。

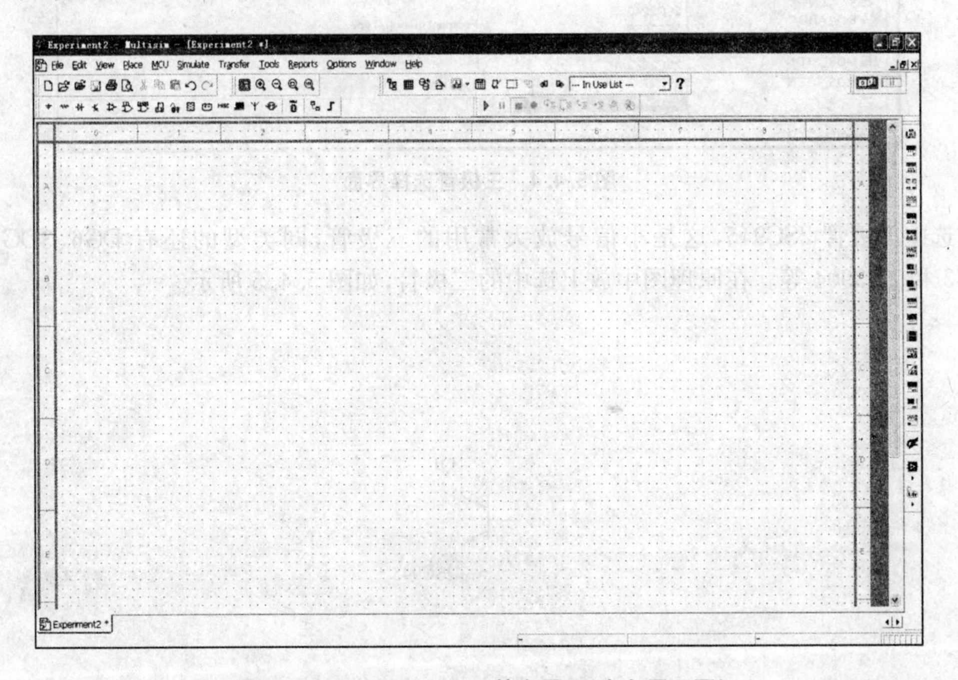

图 5.4.2 Multisim 10.0 基本界面(空白原理图)

该基本界面为 Multisim 10.0 提供的主操作窗口(基本界面),主要由菜单栏、工具栏、元件库栏、电路工作区、状态栏、启动/停止开关、暂停/恢复开关等部分组成。菜单栏用于选择电路连接、实验所需的各种命令;工具栏包含了常用的操作命令按钮;元件库栏包含了电路实验所需的各种元器件和测试仪器、仪表;电路工作区用于电路连接、测试和分析;启动/停止开关用来运行或关闭运行的模拟实验。

3) 添加三极管到原理图中

用鼠标点击图 5.4.3 所示的元件工具栏中的三极管图标,进入三极管选择界面,如图 5.4.4所示。

图 5.4.3　元件工具栏(元件选择图标)

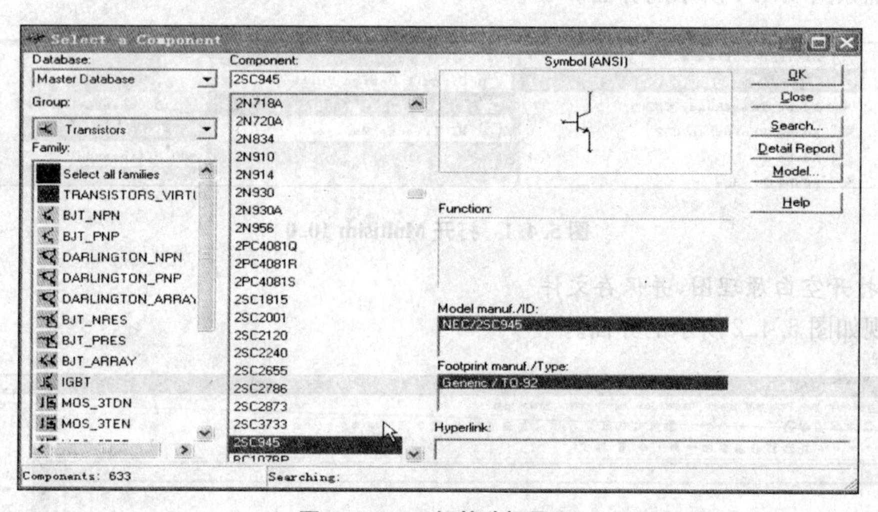

图 5.4.4　三极管选择界面

选中三极管 2SC945,这是小信号放大常用的三极管,同类型的还有 DG6、3DG100、S9013 和 2N3904 等。在原理图中放上选中的三极管,如图 5.4.5 所示。

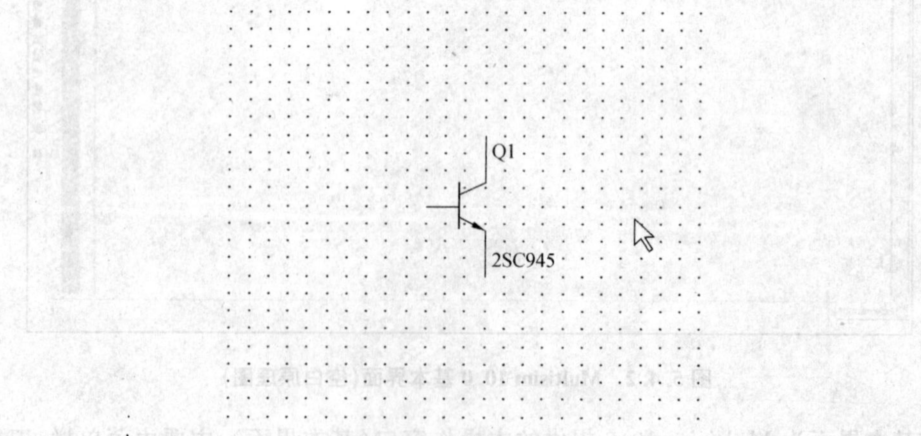

图 5.4.5　放置三极管

4）添加电阻到原理图中

同三极管选择一样，用鼠标点击电阻图标，进入电阻选择界面，如图 5.4.6 所示。在原理图中放上选中的电阻，如图 5.4.7 所示。

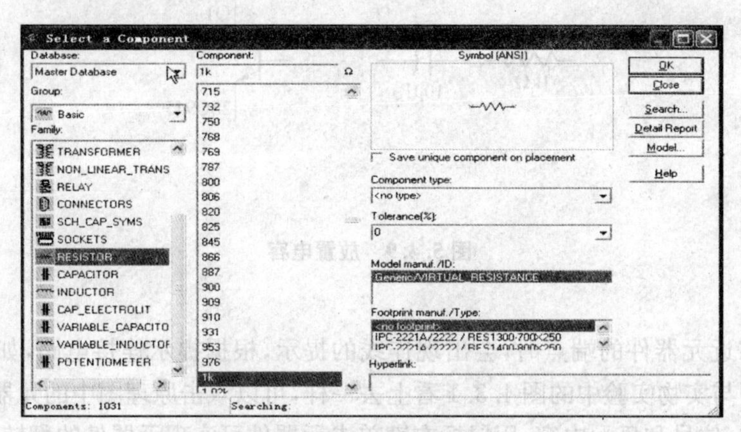

图 5.4.6　电阻选择界面

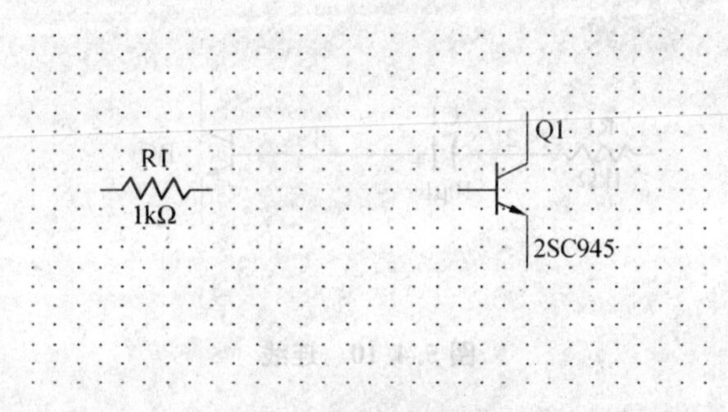

图 5.4.7　放置电阻

5）添加电容到原理图中

用鼠标点击电阻图标，进入电容选择界面，如图 5.4.8 所示。在原理图中放上选中的电容，如图 5.4.9 所示。

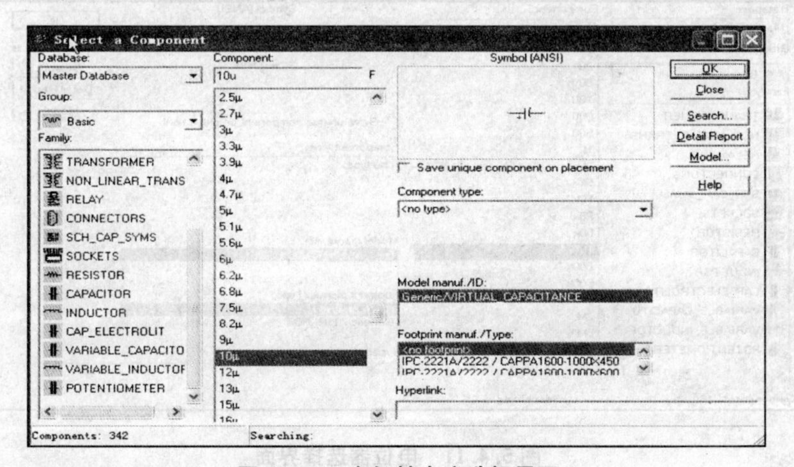

图 5.4.8　有极性电容选择界面

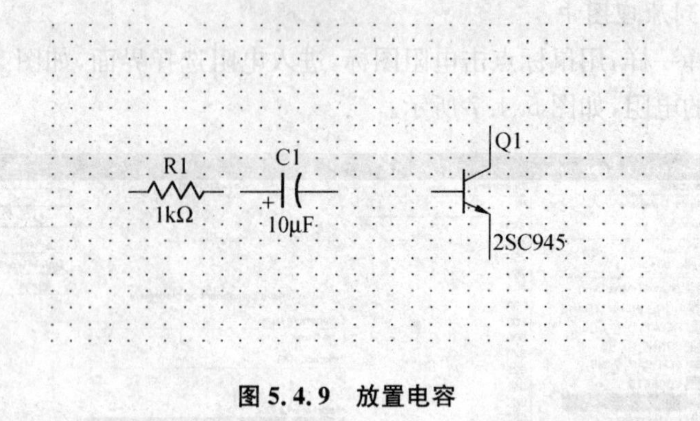

图 5.4.9　放置电容

6）连线

当鼠标靠近元器件的端点时，会出现连线的提示，根据提示连接电路，如图 5.4.10 所示。如果希望与实物实验中的图 4.3.1 看上去一样，可以双击原理图中的元器件，选择更改元器件的参数、位号和显示内容；用鼠标右键单击元器件可实现元器件的翻转。

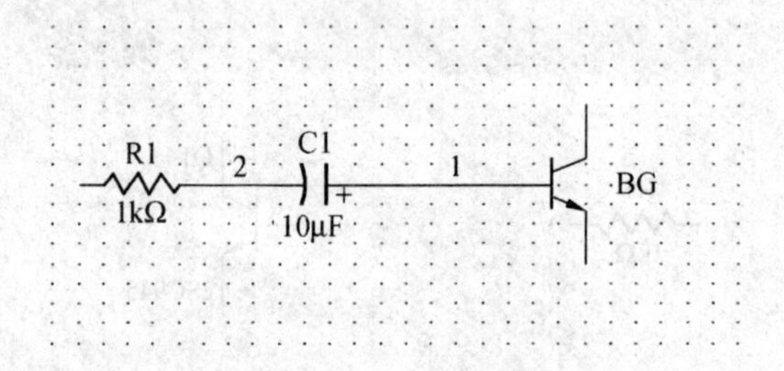

图 5.4.10　连线

7）连接完整的原理图

图 5.4.11 和图 5.4.12 分别给出了电位器和无极性电容器的选择界面。图 5.4.13 为仿真电路图。

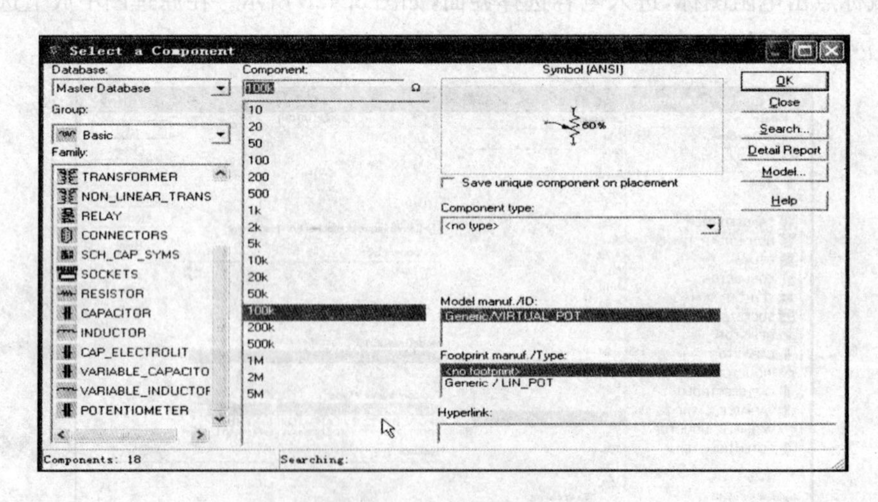

图 5.4.11　电位器选择界面

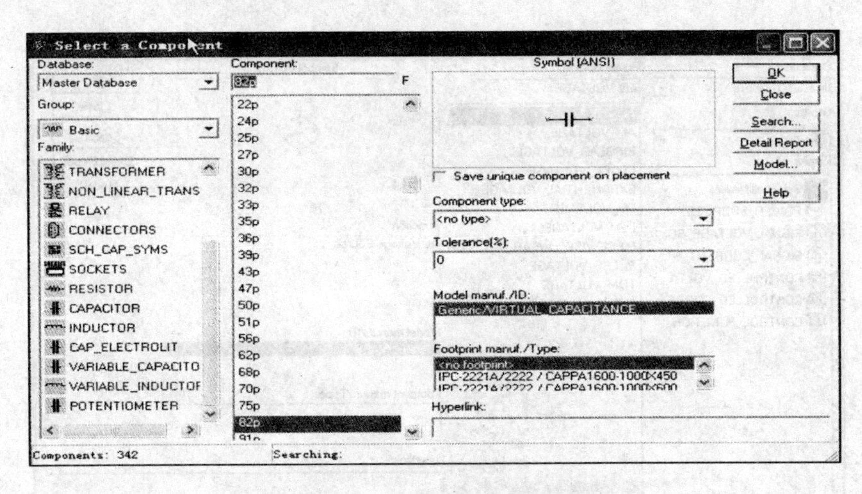

图 5.4.12 无极性电容器选择界面

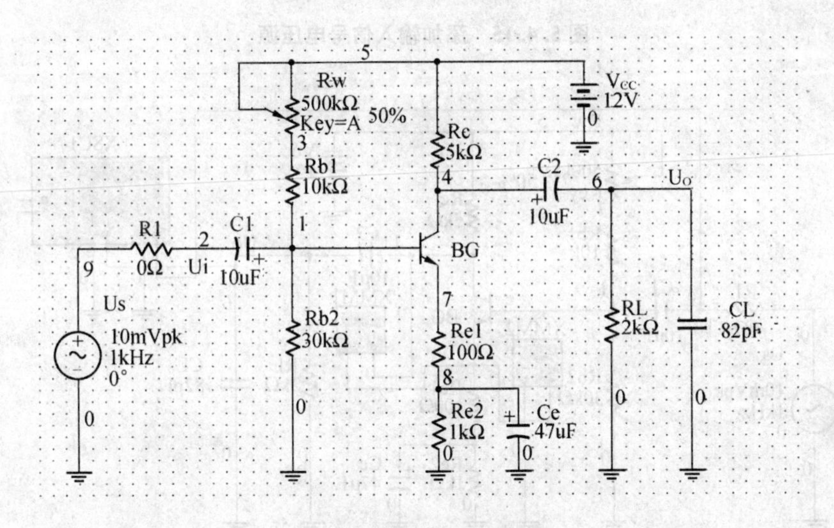

图 5.4.13 仿真电路

8）添加测试仪器、仪表

图 5.4.14 给出了可以在 Multisim 10.0 中添加的各种仿真仪器、仪表，这里用到了万用表、示波器和扫频仪。图 5.4.15 为输入信号源的添加图，图 5.4.16 为添加了万用表和示波器后完整的仿真电路图。

注：图 5.4.14 仿真仪器、仪表图标就是图 5.4.2 右侧纵向所显示的图标。

图 5.4.14 仿真仪器、仪表

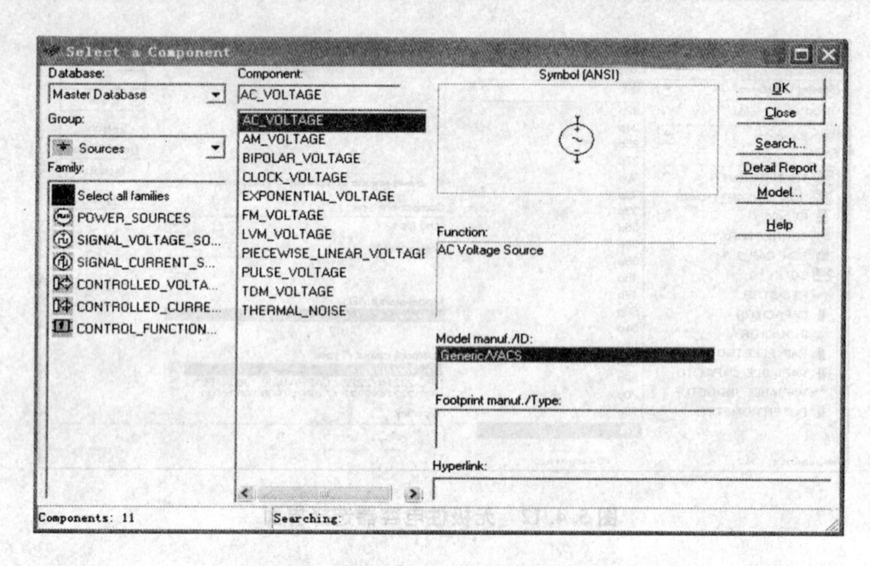

图 5.4.15　添加输入信号电压源

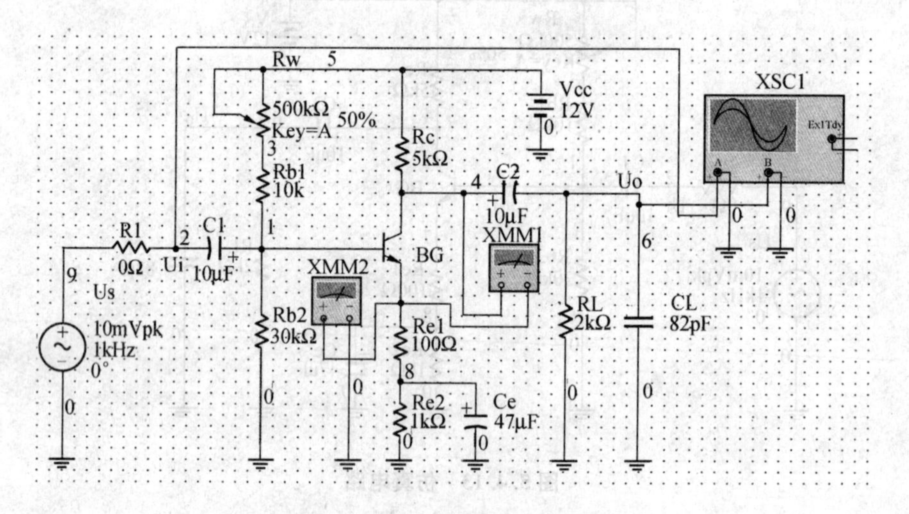

图 5.4.16　完整的仿真电路

5.4.2　单级阻容耦合放大器电路仿真

1) 仿真原理

用鼠标点击仿真开关图标，进行电路仿真，双击仿真电路中的万用表和示波器，得到图 5.4.17。

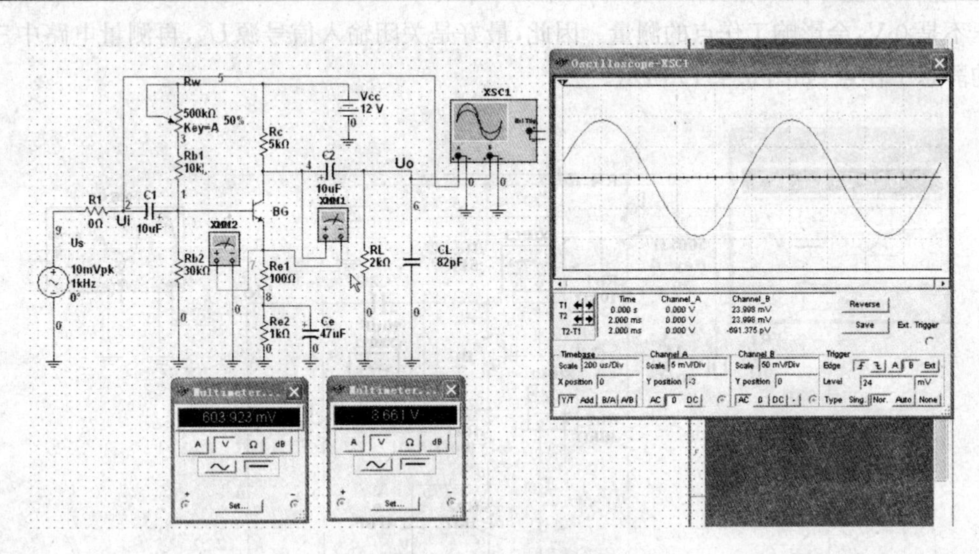

图 5.4.17 仿真结果

最佳工作点调节是实现三极管放大最佳性能的关键。最佳工作点调节方法如下：增大信号源 U_S 的幅度，直到输出波形出现上半周截止失真或下半周饱和失真，再调节 R_W，使失真消失或使上、下半周均有相同程度的失真。

图 5.3.18 中，当 R_W = 100 kΩ 即 20%时，输出波形的失真最小，这时三极管的静态工作点就是最佳的。

后面的仿真实验最好是基于最佳工作点的条件下进行，否则不能测量出电路的最佳交流性能。

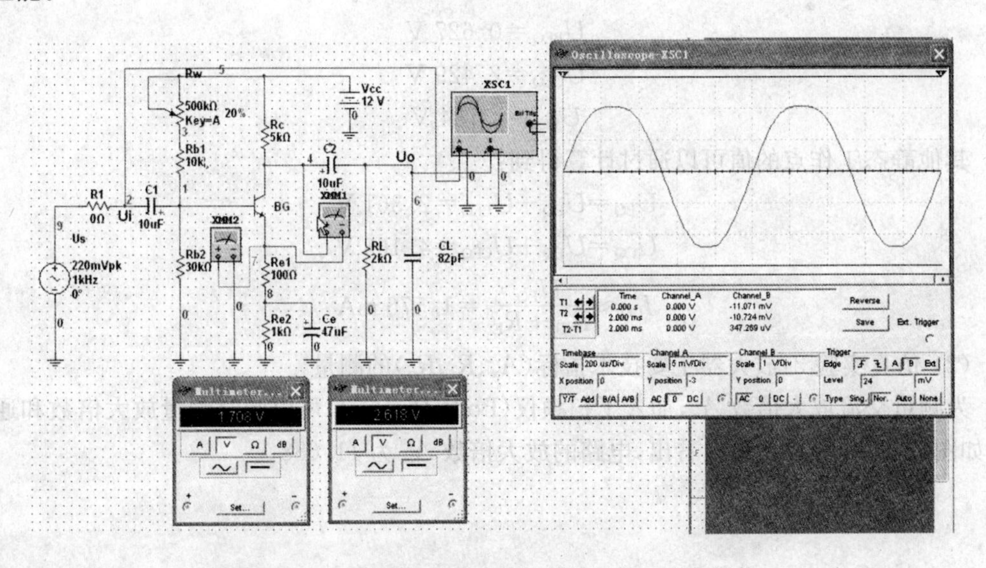

图 5.4.18 单极阻容耦合放大器的最佳工作点调节

2) 仿真实验

(1) 仿真实验 1：静态工作点测量

三极管最佳静态工作点的测量不能在输出波形出现失真时测量，因为失真波形的平均电压不是 0 V,会影响工作点的测量。因此,最好是关闭输入信号源 U_S,再测量电路中三极管的静态工作点,如图 5.4.19 所示。

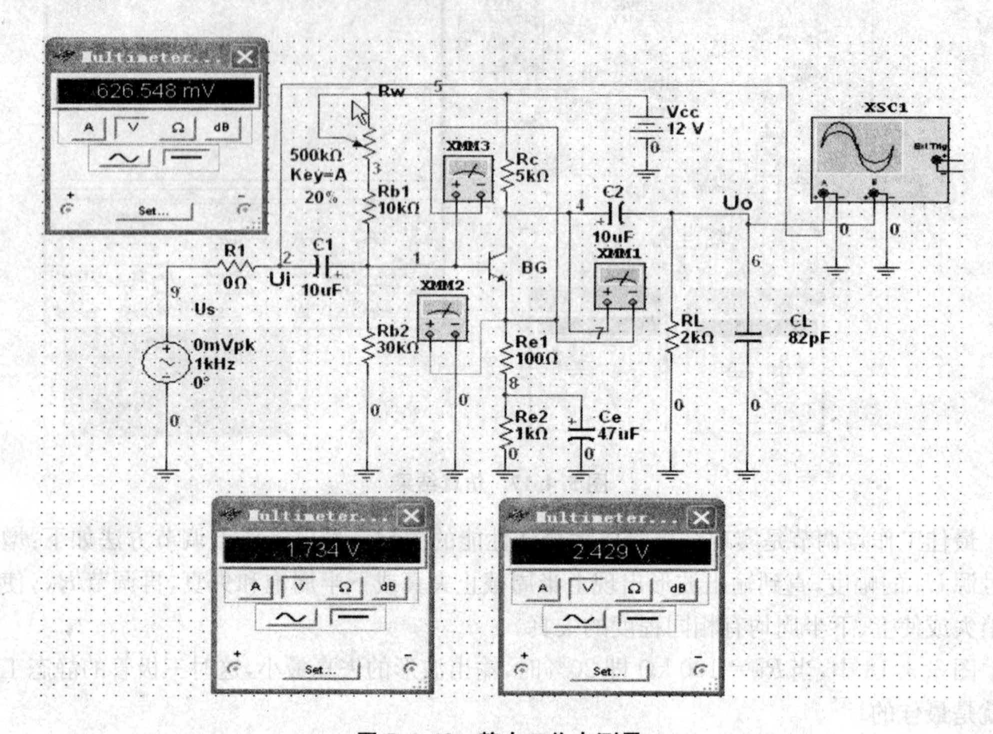

图 5.4.19 静态工作点测量

测量结果为:

$$U_{BEQ}=0.627\ \text{V}$$

$$U_{CEQ}=2.429\ \text{V}$$

$$U_{EQ}=1.734\ \text{V}$$

其他静态工作点的值可以通过计算得到:

$$U_{BQ}=U_{EQ}+U_{BEQ}=2.361\ \text{V}$$

$$U_{CQ}=U_{EQ}+U_{CEQ}=4.163\ \text{V}$$

$$I_{CQ}\approx\frac{U_{EQ}}{R_{E1}+R_{E2}}=1.576\ \text{mA}$$

(2) 仿真实验 2:放大器主要技术指标(A_u、R_i、R_o)的测量

为测量交流放大倍数 A_u,加入了扫频仪(Bode Plotter),可以同时测量放大倍数和通频带,如图 5.4.20 所示。可以看出,电路的放大倍数 A_u 为 11.688。

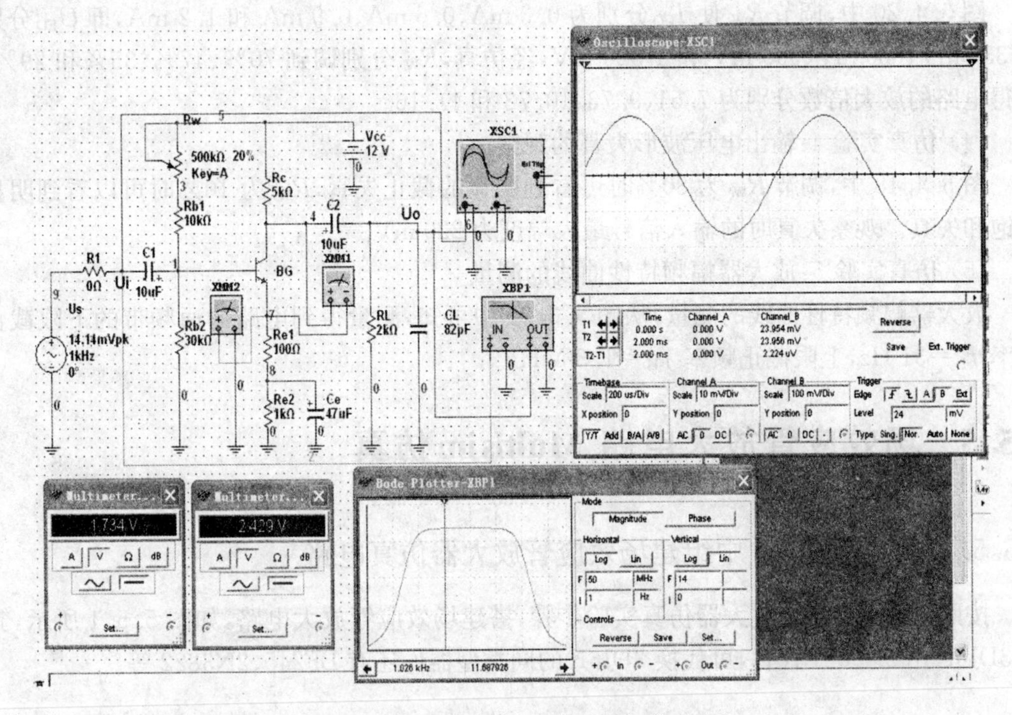

图 5.4.20 交流放大倍数和通频带仿真

输入电阻的测量只需分别测量取样电阻 $R_1=10\ \text{k}\Omega$ 两端对地信号的幅度，例如分别为 28.262 mV 和 14.116 mV，按第 4.3 节输入电阻计算公式，可以得到 $R_i=9.98\ \text{k}\Omega$。

输出电阻的测量只需要测 $R_L=2\ \text{k}\Omega$ 和 R_L 开路(可设置 $R_L=2\ 000\ \text{M}\Omega$)时的输出幅度，分别为 266.732 mV 和 898.808 mV，通过计算可以得到 $R_o=4.74\ \text{k}\Omega$。

负载 R_L 开路时测量仿真见图 5.3.21，输出幅度的峰-峰值在仿真中可以直接采用测量线 T1 和 T2 的差值表示。

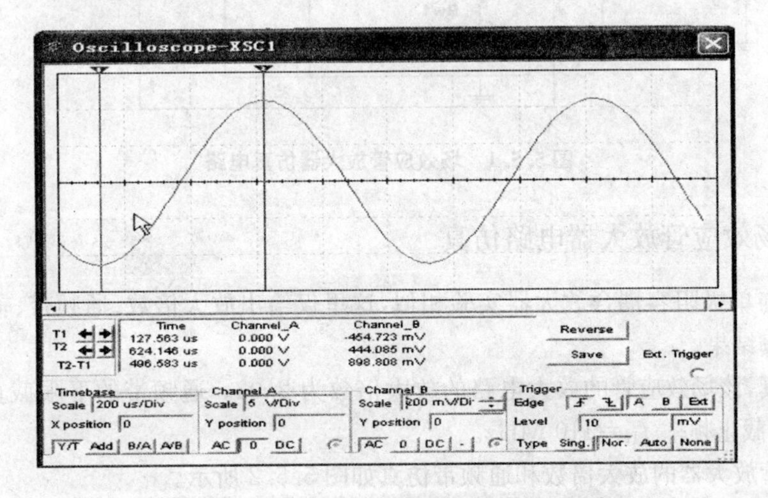

图 5.4.21 输出电阻测量仿真(负载 R_L 开路)

(3) 仿真实验 3：观察静态工作点电流大小对电压放大倍数的影响

图 5.4.20 中，调节 R_W 使 I_{CQ}分别为 0.3 mA、0.6 mA、0.9 mA 和 1.2 mA，即 U_{EQ}分别为 330 mV、660 mV、990 mV 和 1 320 mV，经仿真，R_W 分别调到 70%、47%、35%和 29%，测得电路的放大倍数分别为 7.51、9.73、10.72 和 11.16。

(4) 仿真实验 4：输出电压波形失真的观察

图 5.4.18 中，调节 R_W 为 80%时可看到明显的截止失真，R_W 为 10%时可以看到明显的饱和失真。观察失真时的输入信号最大幅度为 220 mV。

(5) 仿真实验 5：放大器幅频特性曲线的测量

放大器幅频特性曲线的测量，从图 5.3.20 中可知，测量得到电路的通频带的下限截止频率 f_L=31 Hz，上限截止频率 f_H=1.3 MHz。

5.5 场效应管放大电路 Multisim 仿真

5.5.1 在 Multisim 中组建场效应管放大器仿真电路

按照单极阻容耦合放大器仿真实验步骤，搭建场效应管放大电路，如图 5.5.1 所示，其中 3DJ6F 用 2N3821 代替，可代换 3DJ6F 的同类型器件还有 BF245、2N3822 等。

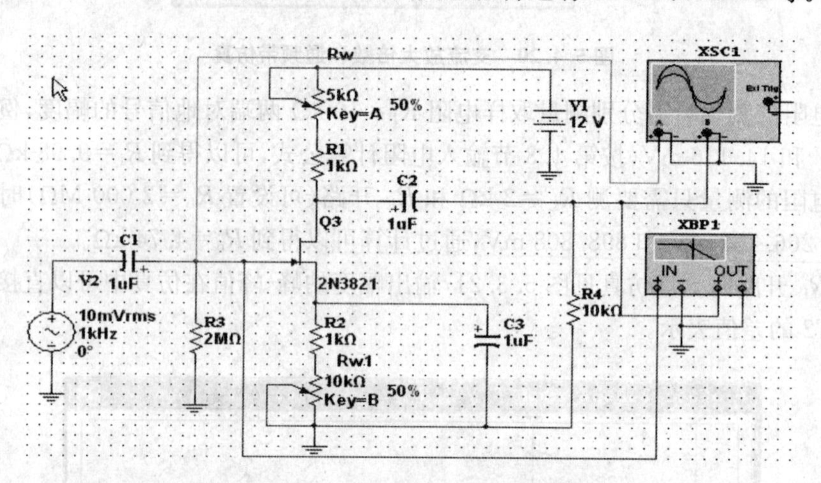

图 5.5.1　场效应管放大器仿真电路

5.5.2 场效应管放大器电路仿真

该实验与单极阻容耦合放大器实验相似，这里仅给出放大倍数、通频带、输入电阻、输出电阻的仿真结果。

经过仿真，该场效应管的放大电路的放大倍数为 2.03。通频带的下限截止频率 f_L=150 Hz，上限截止频率 f_H=110 MHz。

场效应管放大器的放大倍数和通频带仿真如图 5.5.2 所示。

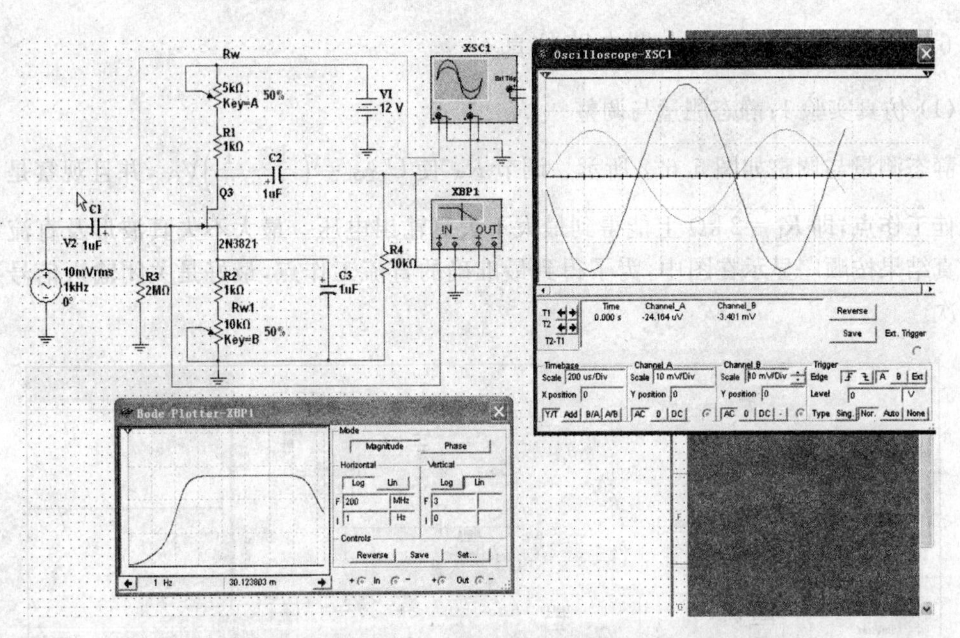

图 5.5.2　场效应管放大器的放大倍数和通频带仿真

5.6　两级负反馈放大器 Multisim 仿真

5.6.1　在 Multisim 中组建两级负反馈放大器仿真电路

按照单极阻容耦合放大器仿真实验步骤，搭建两级负反馈放大电路，如图 5.6.1 所示。

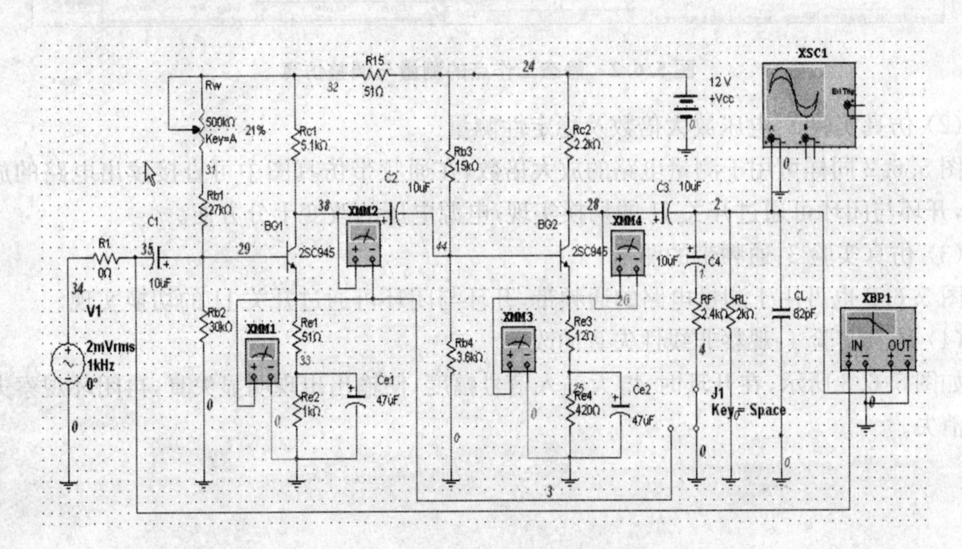

图 5.6.1　两极负反馈放大器的仿真电路

5.6.2　两级负反馈放大器电路仿真

(1) 仿真实验 1:静态测量与调整

静态测量与调整如图 5.6.2 所示。调节 R_W 使 $U_{CEQ1}=\left(\frac{1}{4}\sim\frac{1}{2}\right)V_{CC}$,并且观察是否接近最佳工作点,即 $R_L=2\ \mathrm{k\Omega}$ 上能得到最大不失真输出电压。最大不失真波形及直流工作点仿真结果按顺序显示在图中,为了得到最准确的直流工作点,最好是关闭输入信号再仿真一次。

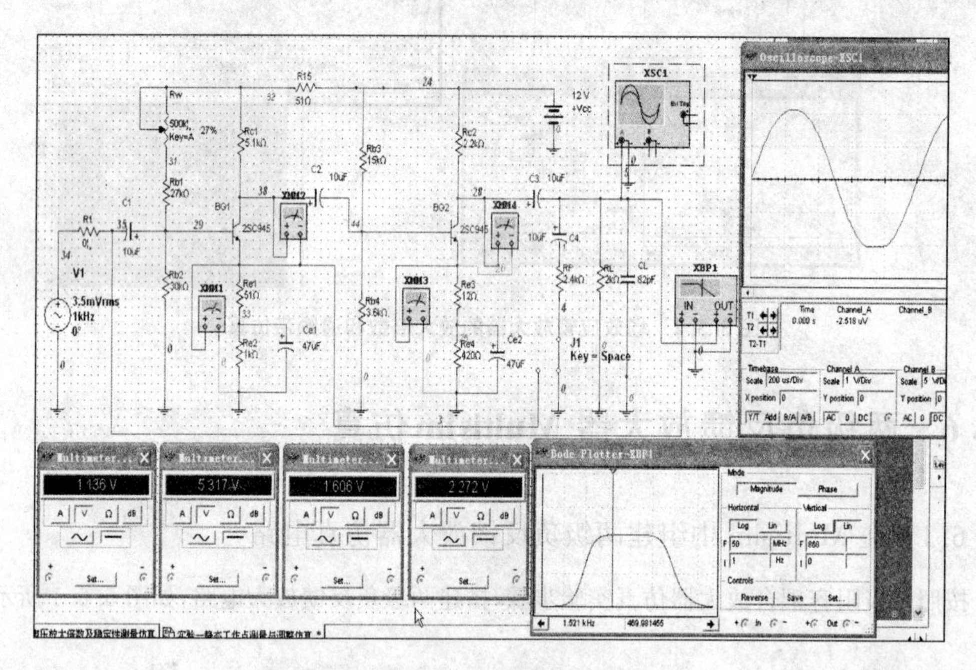

图 5.6.2　静态工作点的测量与调整仿真

(2) 仿真实验 2:电压放大倍数及稳定性测量

图 5.6.2 同样可用于测量电路的放大倍数,在通频带仿真图中可直接读出电路的放大倍数,开环与闭环可通过开关 J1 的切换实现,电源电压的改变十分方便。

(3) 仿真实验 3:通频带的测量

图 5.6.2 也可用于测量电路的通频带,开环与闭环可通过开关 J1 的切换实现。

(4) 仿真实验 4:观察非线性失真的改善

如图 5.6.3 所示,在开环时,增大输入信号幅度,使输出出现明显失真,再闭环观察失真是否消失。

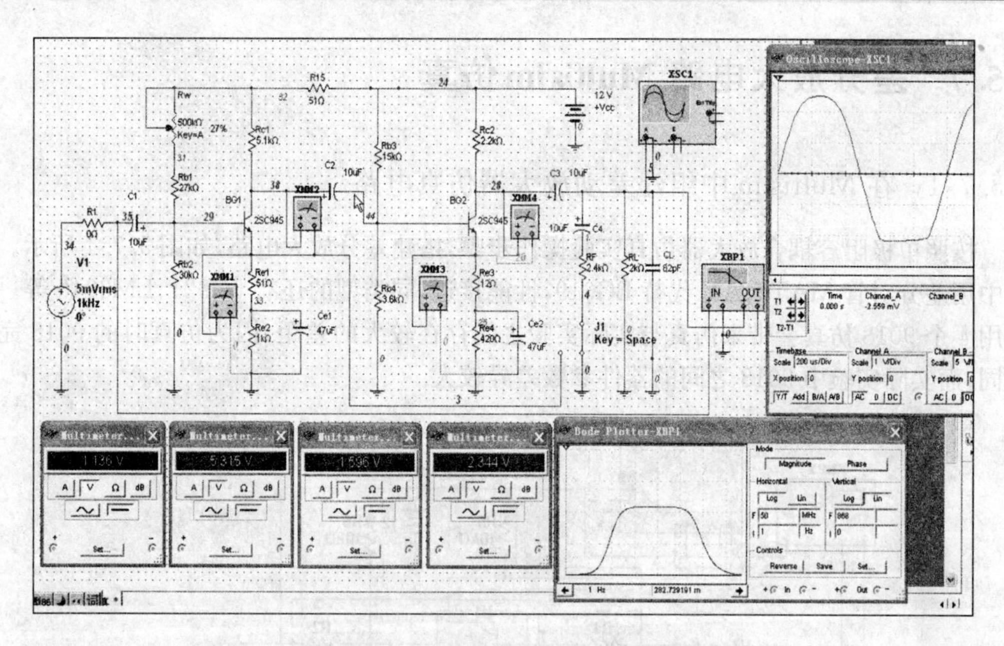

图 5.6.3　观察非线性失真改善的仿真

(5) 仿真实验 5：输入电阻、输出电阻的测量

图 5.6.4 为输入电阻测量仿真图，其中用于测量输入电阻的 $R_1=10\ \text{k}\Omega$，可以测量出开环与闭环两种情况下的输入电阻。输出电路的测量仿真采用图 5.6.2，同样需要分为开环与闭环两种情况。

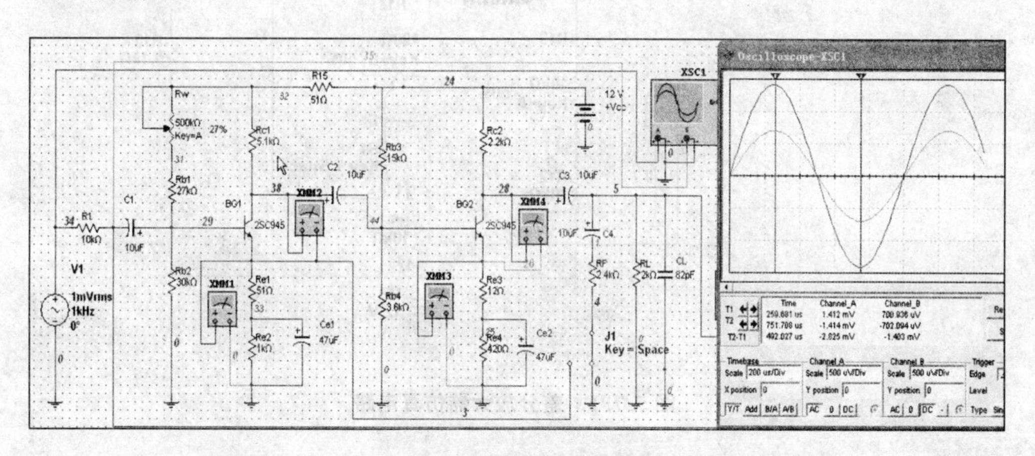

图 5.6.4　输入电阻测量仿真

输入电阻、输出电阻测量的仿真在实验 3(第 4.3 节)中有详细的描述。

5.7　差分放大电路 Multisim 仿真

5.7.1　在 Multisim 中组建差动放大器仿真电路

按照单极阻容耦合放大器仿真实验操作步骤,搭建差分放大电路,如图 5.7.1 所示。仿真中用差分对管 MAT04AY 代替 BG319,性能接近,同类型的还有 5G921、LM3046 等。如果用 4 个 9018 仿真会带来仿真与实际实验之间存在较大的差距,因为仿真时的 9018 完全相同,而实际实验中 9018 之间的器件参数差异较大。

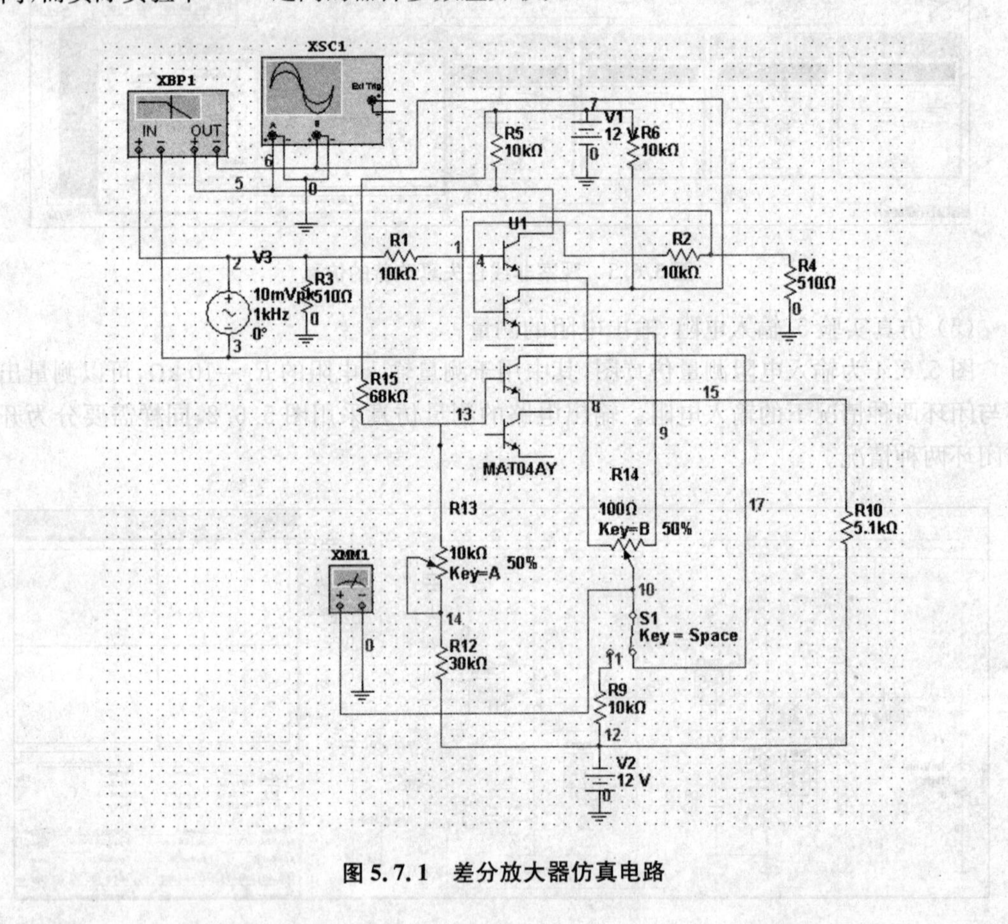

图 5.7.1　差分放大器仿真电路

5.7.2　差分放大器电路仿真

这里仅给出放大倍数、通频带、输入电阻、输出电阻的仿真效果,如图 5.7.2 所示。

经过仿真,该差动放大电路的带宽增益为 39.1 dB,上限截止频率为 28.9 kHz,频带宽度约为 28.9 kHz。

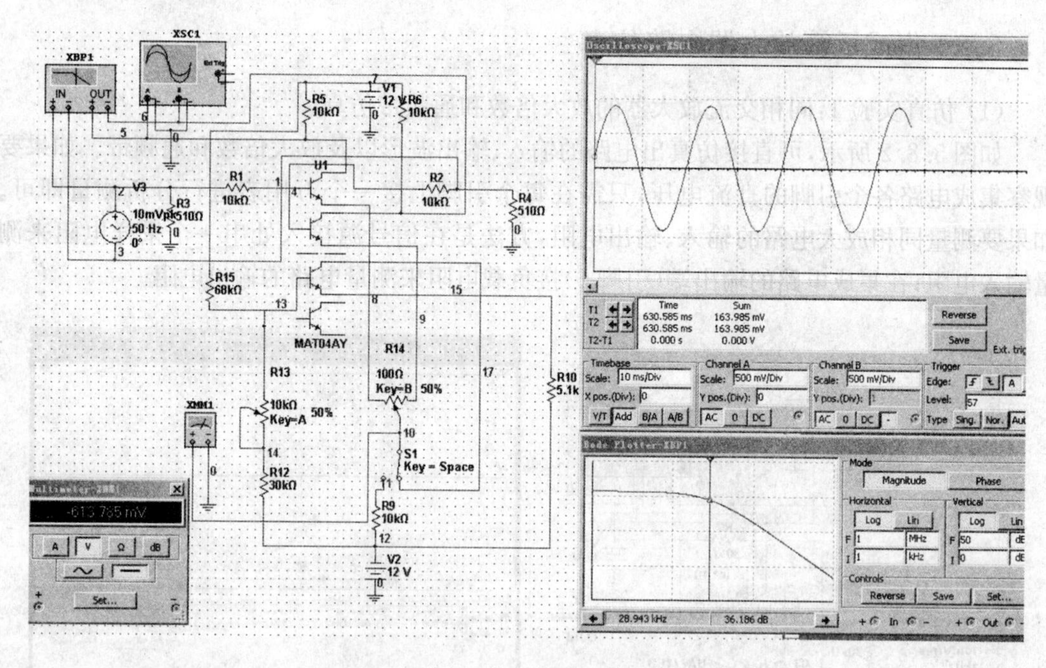

图 5.7.2　差分放大器电路仿真效果

5.8　集成运算放大器线性应用电路 Multisim 仿真

5.8.1　在 Multisim 中组建集成运算放大器仿真电路

按照单极阻容耦合放大器的步骤，搭建集成运放线性应用电路，包括同相放大器、反相放大器和加减法器，如图 5.8.1 所示。

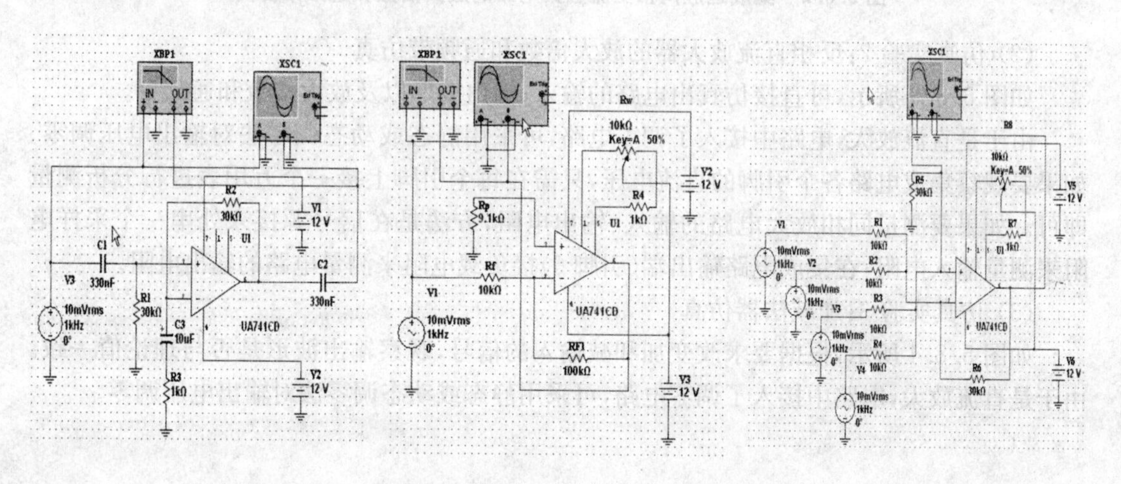

图 5.8.1　集成运放同相放大、反相放大、加减法器仿真电路

5.8.2 集成运算放大器电路仿真

(1) 仿真实验 1:同相交流放大器的放大倍数和通频带仿真

如图 5.8.2 所示,可直接仿真出电路的输入、输出波形以及放大倍数和通频带。如果要观察集成电路各个引脚的直流电压,只需在每个引脚上接一个万用表进行分析测量即可。如果要测量同相放大电路的输入、输出电阻,方法是在信号源接入处串一个采样电阻来测量输入电阻;在集成电路的输出端(引脚 6)接负载电阻来测量电路的输出电阻。

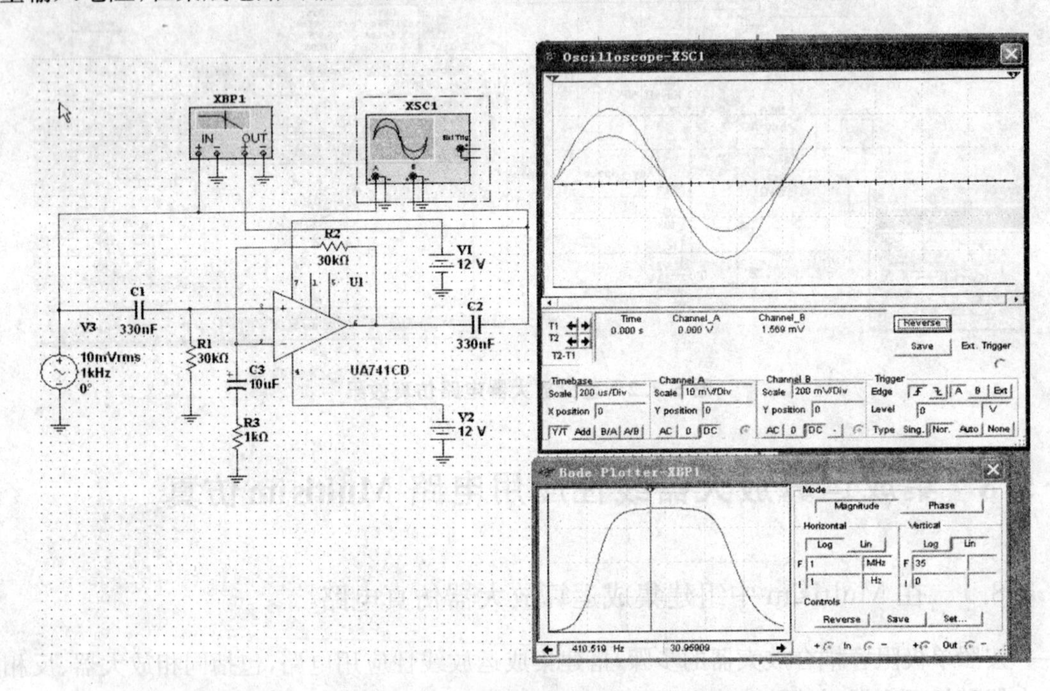

图 5.8.2 集成运放同相交流放大电路的放大倍数和通频带仿真

(2) 仿真实验 2:反相直流放大器的放大倍数和通频带仿真

如图 5.8.3 所示,可直接仿真出电路的输入、输出波形以及放大倍数和通频带。

由于是直流放大,电路中接入了调零电路,可采用静态或动态调零法对输出电压调零。如果要观察集成电路各个引脚的直流电压,只需在每个引脚上接一个万用表进行分析测量即可。如果要测量同相放大电路的输入、输出电阻,方法是在信号源接入处串一个采样电阻来测量输入电阻;在集成电路输出端(引脚 6)接负载电阻来测量电路的输出电阻。

(3) 仿真实验 3:加减法器仿真

如图 5.8.4 所示,根据要求改变加和减输入的信号,观察输出波形是否与理论值一致。由于是直流放大,电路中接入了调零电路,可采用静态或动态调零法对输出电压调零。

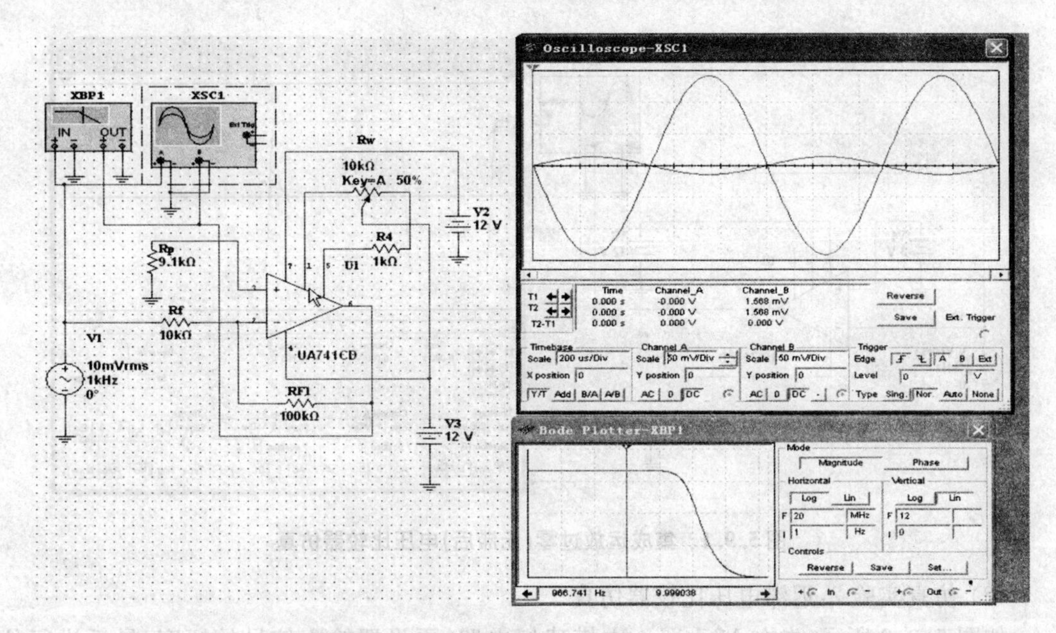

图 5.8.3　集成运放反相直流放大电路的放大倍数和通频带仿真

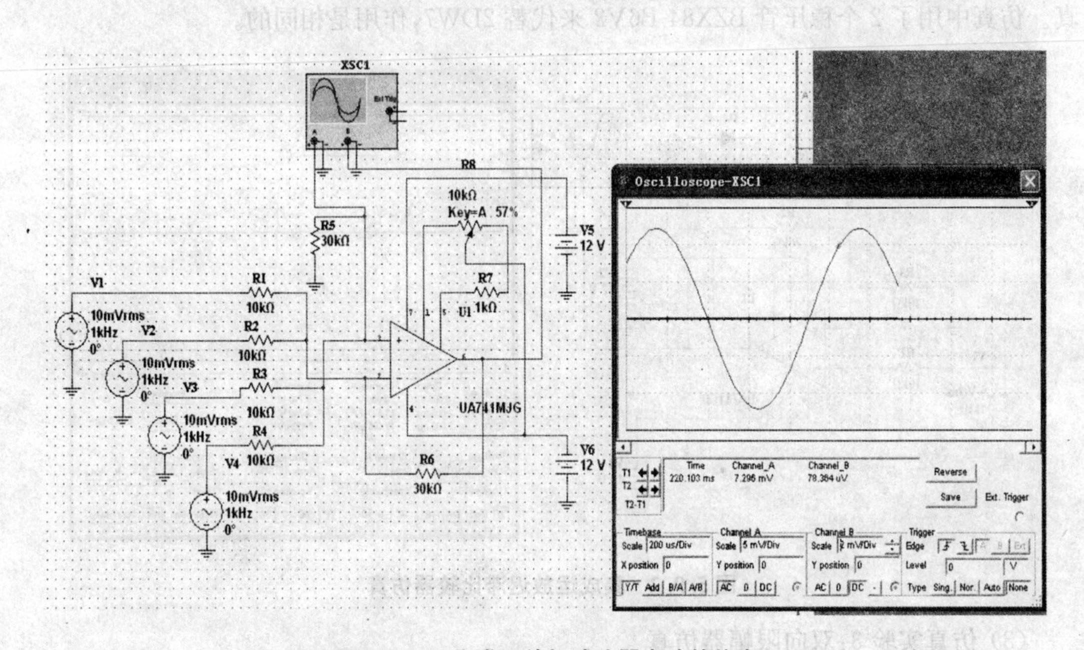

图 5.8.4　集成运放加减法器电路的仿真

5.9　集成运算放大器在信号处理中的 Multisim 仿真

(1) 仿真实验 1:过零(无滞后)电压比较器仿真

如图 5.9.1 所示,先在 Multisim 中搭建好电路,再设置输入信号的幅度,然后进行仿真。

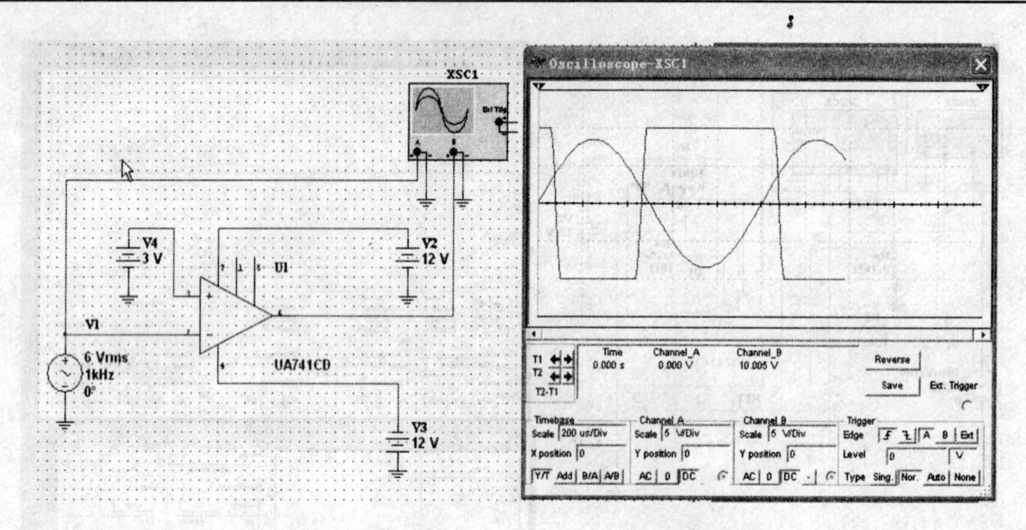

图 5.9.1　集成运放过零(无滞后)电压比较器仿真

(2) 仿真实验 2:迟滞电压比较器仿真

如图 5.9.2 所示,先在 Multisim 中搭建好电路,再设置输入信号的幅度,最后进行仿真。仿真中用了 2 个稳压管 BZX84-B6V2 来代替 2DW7,作用是相同的。

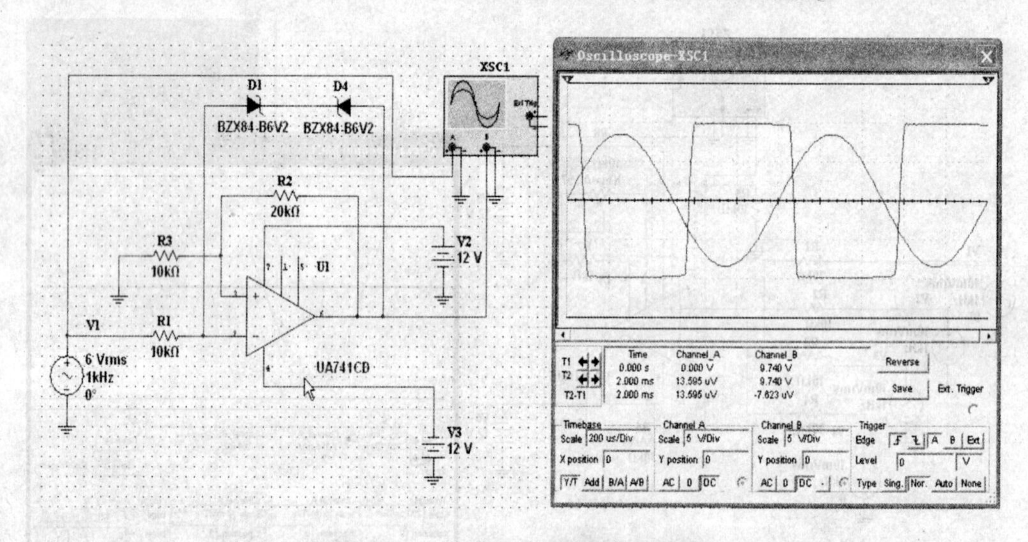

图 5.9.2　集成运放迟滞比较器仿真

(3) 仿真实验 3:双向限幅器仿真

如图 5.9.3 所示,先在 Multisim 中搭建好电路,再设置输入信号的幅度,最后进行仿真。仿真中用了 2 个稳压管 BZX84-B6V2 来代替 2DW7,作用是相同的。

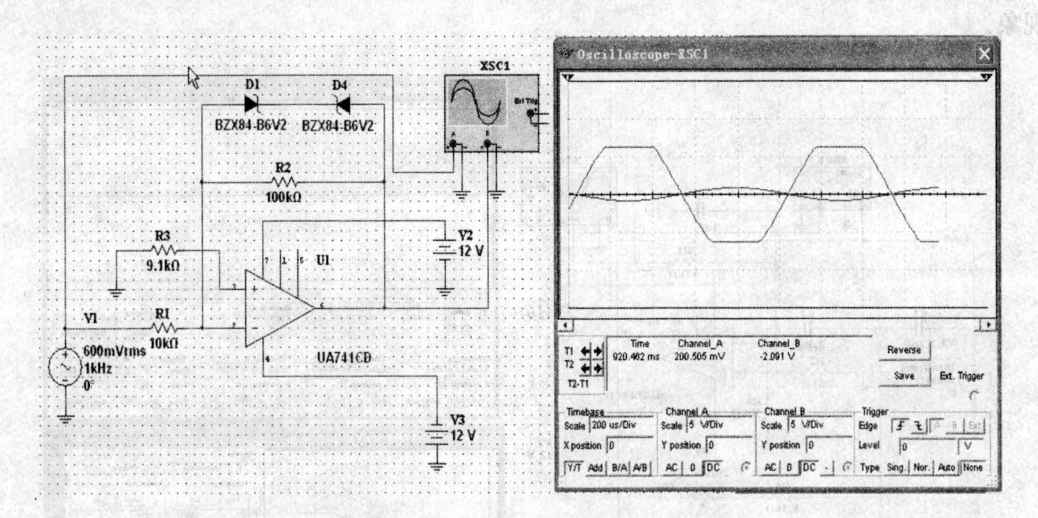

图 5.9.3 集成运放双向限幅器仿真

(4) 仿真实验 4:有源低通滤波器(LPF)仿真

如图 5.9.4 所示,先在 Multisim 中搭建好电路,再进行仿真,调节电位器可观察到通带内的变化。移动扫频仪中的测试线可以直接测量通带的各项指标。

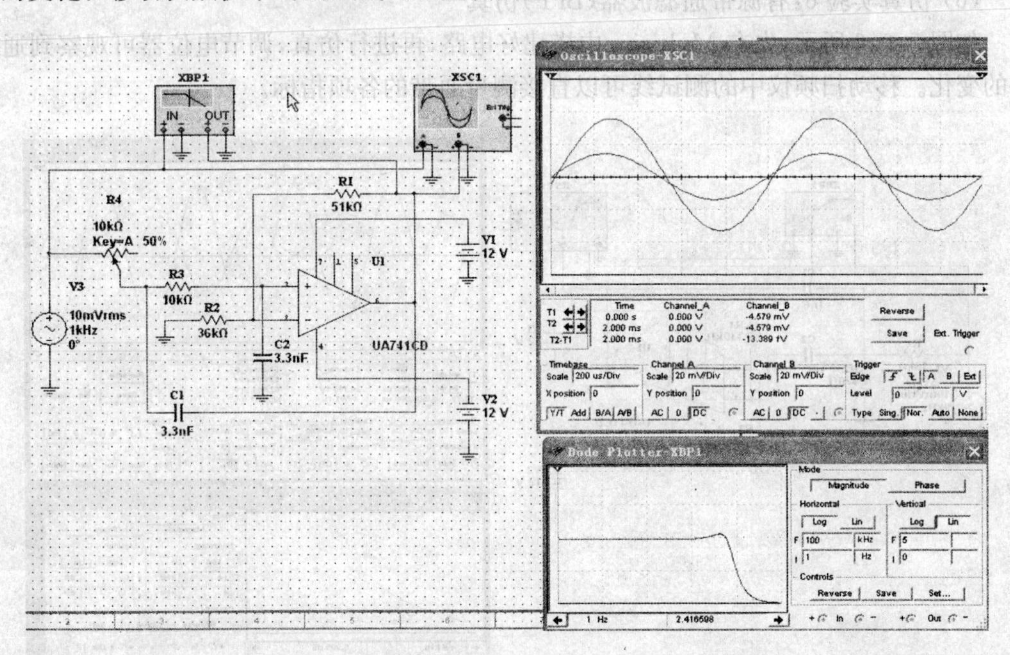

图 5.9.4 集成运放有源低通滤波器(LPF)仿真

(5) 仿真实验 5:有源高通滤波器(HPF)仿真

如图 5.9.5 所示,先在 Multisim 中搭建好电路,再进行仿真,调节电位器可观察到通带内的变化。移动扫频仪中的测试线可以直接测量通带的各项指标。为了消除自激,仿真中在反馈支路上并联了 1 μF 的电容。在频率很高时,电路的增益会下降,这是由集成运放有限的截止频率所造成,更换理想运放或更高速的运放会消除或缓解这种高频增益下降的现象。

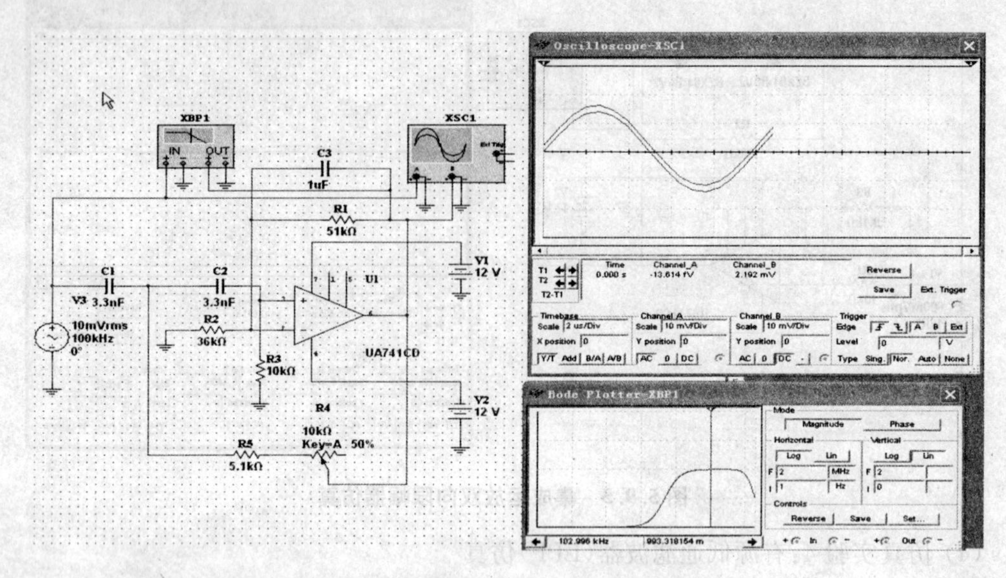

图 5.9.5　集成运放有源高通滤波器(HPF)仿真

(6) 仿真实验 6:有源带通滤波器(BPF)仿真

如图 5.9.6 所示,先在 Multisim 中搭建好电路,再进行仿真,调节电位器可观察到通带内的变化。移动扫频仪中的测试线可以直接测量通带的各项指标。

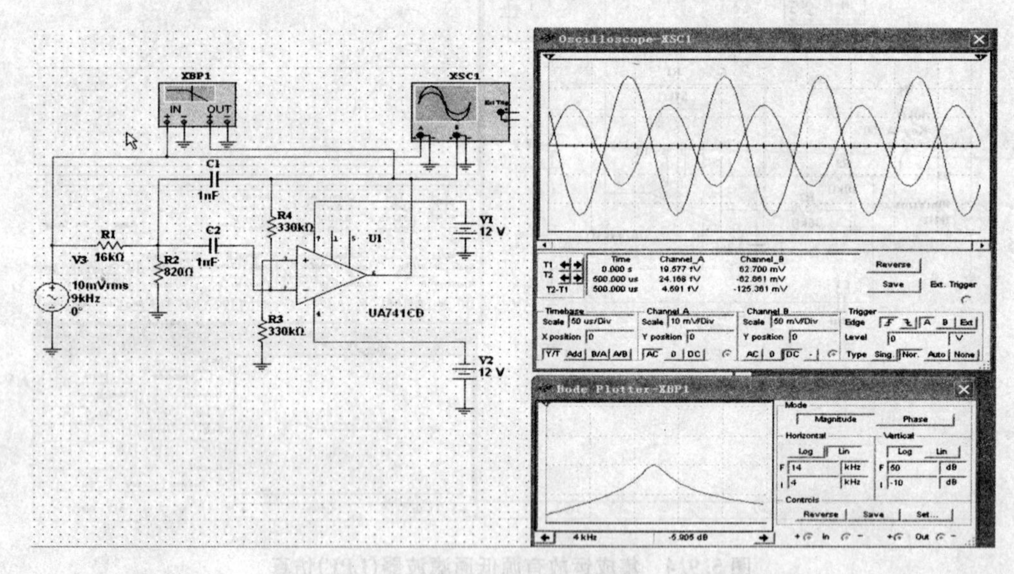

图 5.9.6　集成运放有源带通滤波器(BPF)仿真

5.10　集成运算放大器在波形产生电路中的 Multisim 仿真

(1) 仿真实验 1:正弦波发生器仿真

如图 5.10.1 所示,先在 Multisim 中搭建好电路,再进行仿真。需注意调节电位器对输出波形的影响。

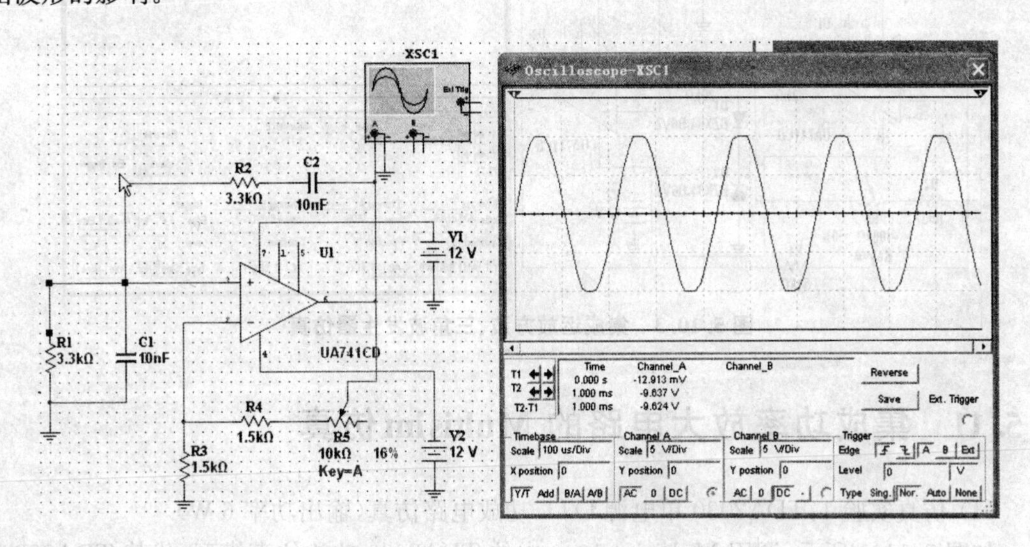

图 5.10.1　集成运放正弦波发生器仿真

(2) 仿真实验 2:方波信号发生器仿真

如图 5.10.2 所示,先在 Multisim 中搭建好电路,再进行仿真。

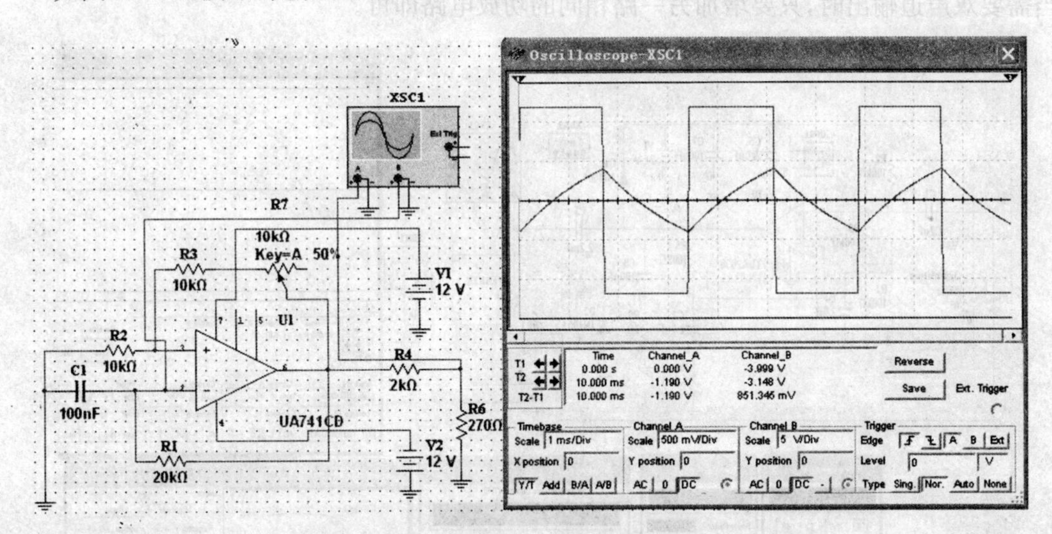

图 5.10.2　集成运放方波信号发生器仿真

(3) 仿真实验 3:方波、三角波发生器仿真

如图 5.10.3 所示,先在 Multisim 中搭建好电路,再进行仿真。仿真中用了 2 个稳压管 BZX84-B6V2。

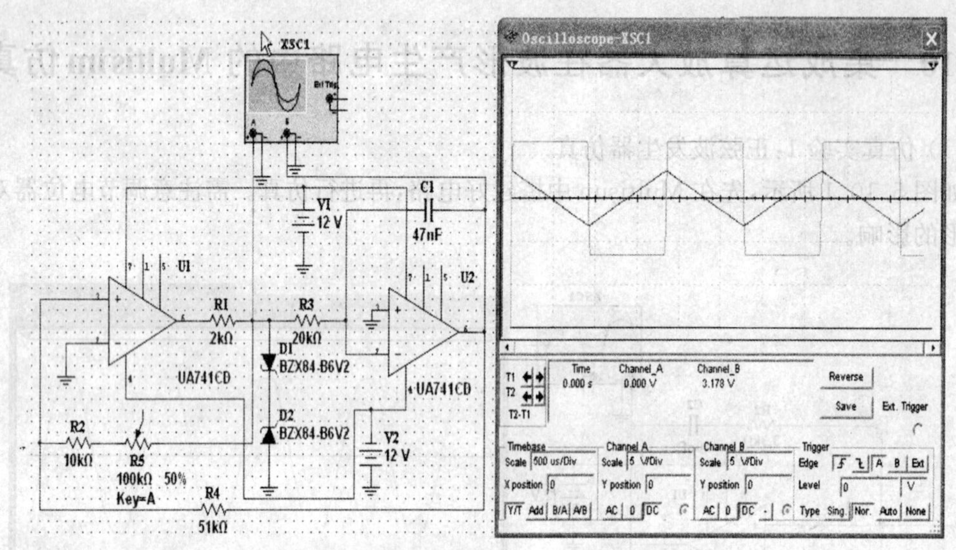

图 5.10.3　集成运放方波、三角波发生器仿真

5.11　集成功率放大电路的 Multisim 仿真

(1) 仿真实验 1:TDA2030 单电源 OTL 功放电路仿真(输出功率 6 W)

如图 5.11.1 所示,调用 Multisim 10.0 中的 TDA2030 功放仿真模型,代替 TDA2822,由于 TDA2030 最大可输出 20 W 的功率,比 TDA2822 的 2 W 大很多,采用单电源无输出变压器(OTL)电路的 TDA2030 也可输出 6 W 以上的功率,因此仿真中采用了这样的电路。当需要双声道输出时,只要增加另一路相同的功放电路即可。

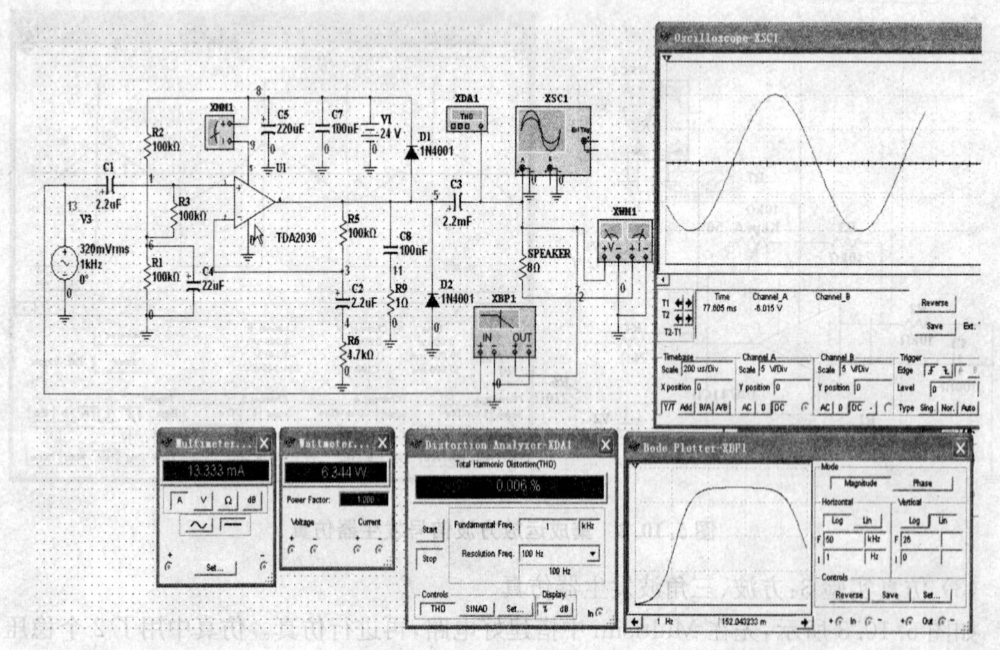

图 5.11.1　TDA2030 单电源 BTL 功放电路仿真(输出功率 6 W)

先在 Multisim 中搭建好电路，再进行仿真。注意仿真电路中调用了较多的测试仪器、仪表：用万用表测试功放电路的静态工作电流，实验测得 13.3 mA；用示波器观察输出波形是否有明显失真；用功率计测得输出功率为 6.3 W；用总谐波失真仪测得在 6 W 输出功率时音频谐波功率总和仅为有用功率的 0.006%；用扫频仪测得电路的通频带为 19 Hz～26.8 kHz。

(2) 仿真实验 2：TDA2030 双电源 BTL 功放电路仿真（输出功率 34 W）

如图 5.11.2 所示，调用 Multisim 10.0 中的 TDA2030 功放仿真模型，代替 TDA2822，由于单个 TDA2030 最大可输出 20 W 的功率，采用双电源平衡式无输出变压器(BTL)电路的 TDA2030 可输出 34 W 以上的功率，电路形式与实验电路相同，但输出功率大了很多。

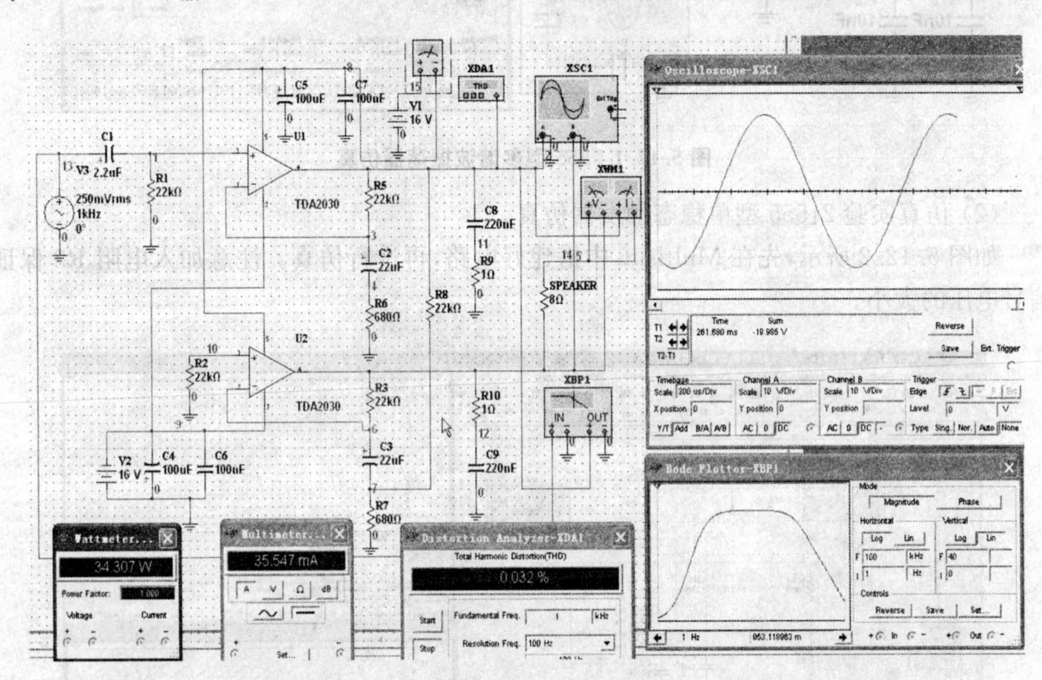

图 5.11.2 TDA2030 双电源 BTL 功放电路仿真(输出功率 34 W)

先在 Multisim 中搭建好电路，再进行仿真。注意仿真电路中调用了较多的测试仪器、仪表：用万用表测试功放电路的静态工作电流，实验测得 35.5 mA；用示波器观察输出波形是否有明显失真；用功率计测得输出功率为 34.3 W；用总谐波失真仪测得在 34 W 输出功率时音频谐波功率总和仅为有用功率的 0.032%；用扫频仪测得电路的通频带为 11.7 Hz～11.6 kHz。

5.12 555 定时器及其应用的 Multisim 仿真

(1) 仿真实验 1：555 型多谐振荡器电路

如图 5.12.1 所示，先在 Multisim 中搭建好电路，再进行仿真。注意阻容值对输出频率和占空比的影响。

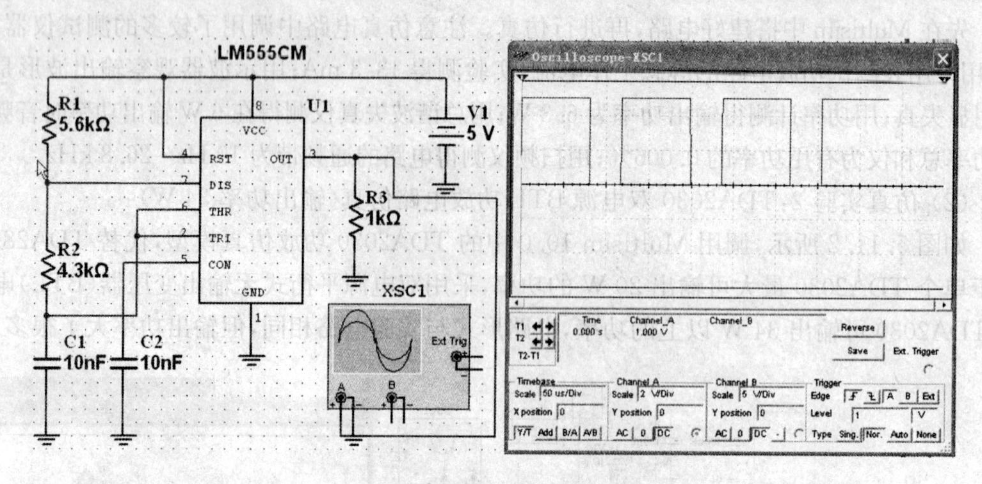

图 5.12.1　555 型多谐波振荡器仿真

(2) 仿真实验 2:555 型单稳态触发器仿真

如图 5.12.2 所示,先在 Multisim 中搭建好电路,再进行仿真。注意加入电阻 R3 保证信号电压的大小。

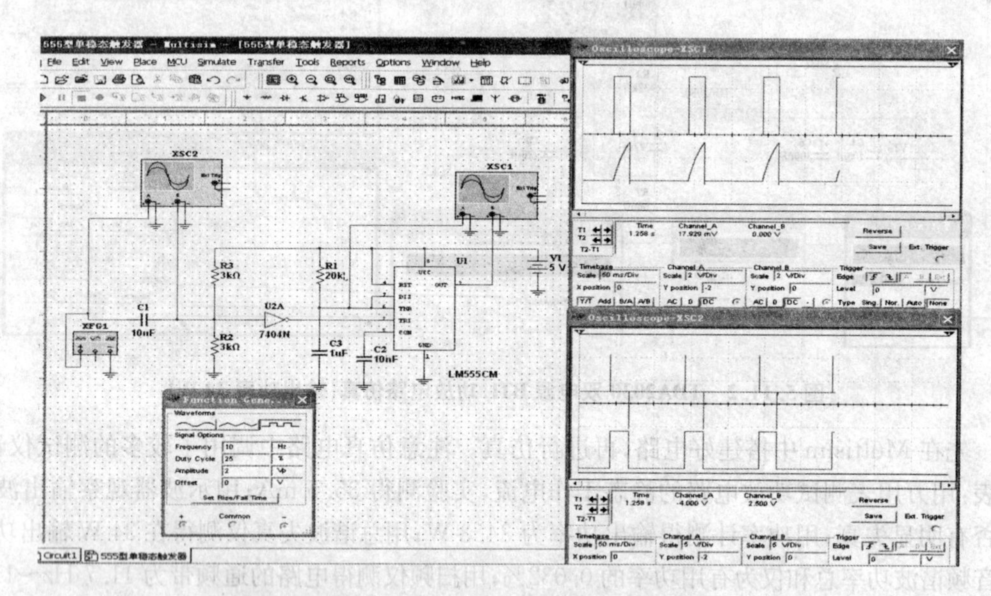

图 5.12.2　555 型单稳态触发器仿真

(3) 仿真实验 3:555 型施密特触发器仿真

如图 5.12.3 所示,先在 Multisim 中搭建好电路,再进行仿真。

(4) 仿真实验 4:555 定时器应用之一——彩灯控制电路

如图 5.12.4 所示,先在 Multisim 中搭建好电路,再进行仿真。电路中的继电器换成了反相器电路,实现了相同的功能。

(5) 仿真实验 5:555 定时器应用之二——救护车警报器电路

如图 5.12.5 所示,先在 Multisim 中搭建好电路,再进行仿真。图中用了一个 8 Ω 电阻代替扬声器进行仿真。

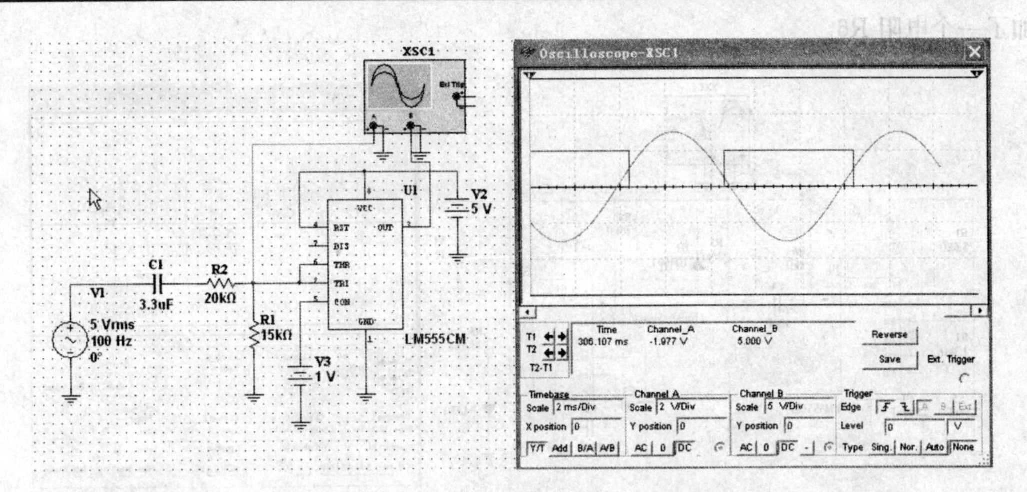

图 5.12.3 555 型施密特触发器仿真

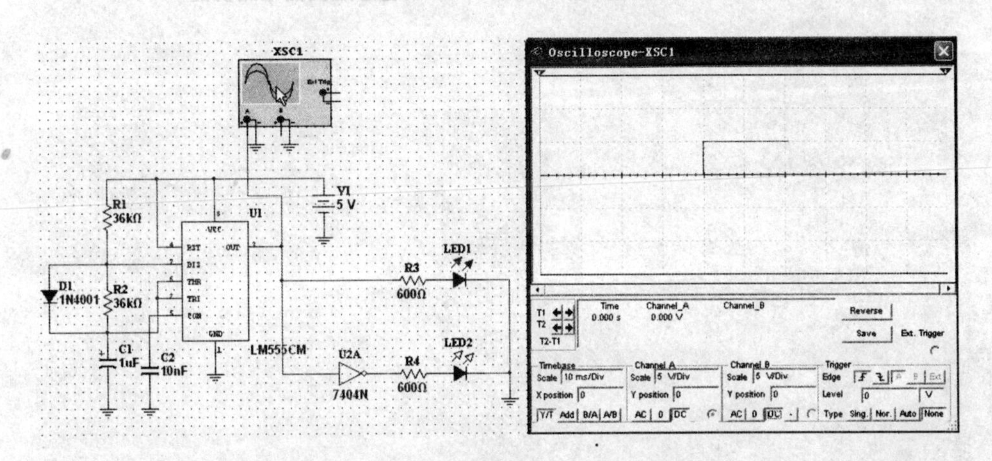

图 5.12.4 555 定时器应用之一——彩灯控制电路仿真

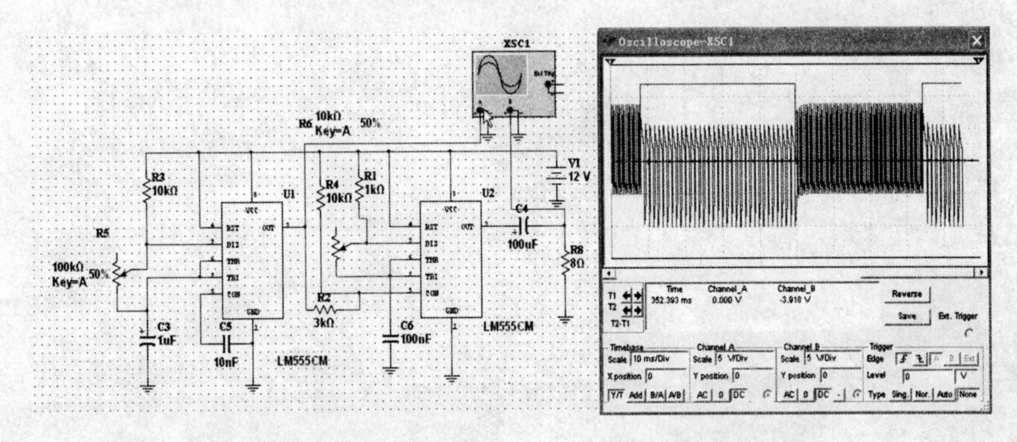

图 5.12.5 555 定时器应用之二——救护车警报器电路仿真

(6) 仿真实验 6:555 定时器应用之三——单稳态触发器电路

如图 5.12.6 所示,先在 Multisim 中搭建好电路,再进行仿真。图中在 U1 的输出脚增加了一个电阻 R6。

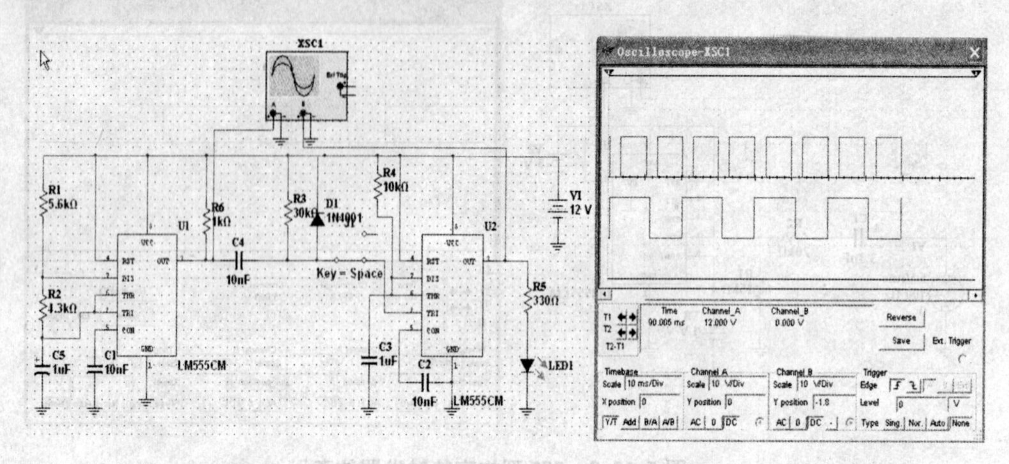

图 5.12.6 555 定时器应用之三——单稳态触发器电路仿真

6 模拟电子电路设计型实验

6.1 负反馈放大器电路设计

6.1.1 设计任务和目的

1) 设计任务

设计一放大器,性能指标如下:

(1) 开环增益 A_u:≥300;

(2) 闭环增益 A_{uf}:≥30;

(3) 反馈深度$(1+AF)$:10;

(4) 输入电阻 R_{if}:400 kΩ。

2) 设计目的

(1) 研究负反馈对放大器性能的影响。

(2) 掌握负反馈放大器的设计方法。

(3) 研究各类负反馈对放大器性能的影响。

6.1.2 设计原理

1) 负反馈基本原理

反馈是指放大电路输出信号(输出电压或电流)的一部分或全部通过反馈网络回送到放大电路的输入端的过程。使放大器的放大倍数减小的反馈称为负反馈,反之则为正反馈。反馈信号取自输出电压(电流),称为电压(电流)反馈。根据反馈信号与放大器输入信号的关系,若反馈信号与输入信号并联(串联)接入称为并联(串联)反馈。

因此,负反馈可概括为四种类型:电压串联、电压并联、电流串联、电流并联。负反馈放大器可以看做是由基本放大器和反馈网络两部分组成,图 6.1.1 为方框图。

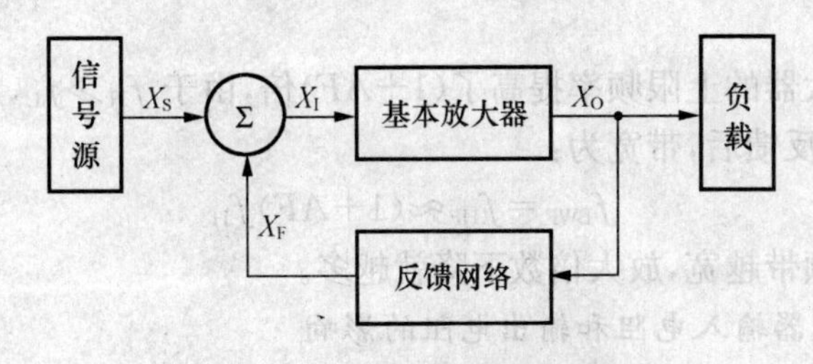

图 6.1.1 反馈方框示意图

由图 6.1.1 可见,开环放大倍数 A、闭环放大倍数A_F、反馈系数 F 分别为:

$$A=\frac{X_o}{X_i}$$

$$A_F=\frac{X_o}{X_S}$$

$$F=\frac{X_F}{X_o}$$

反馈放大器闭环放大倍数的推导和一般表达式如下:

$$A_F=\frac{X_o}{X_S}=\frac{X_o}{X_i+X_F}=\frac{X_o}{X_i\left(1+\frac{X_F X_o}{X_i X_o}\right)}=\frac{A}{1+AF}$$

式中:$|1+AF|$称为反馈深度。

若$|1+AF|>1$,则$|AF|<|A|$,放大倍数降低,为负反馈。

若$|1+AF|<1$,则$|AF|>A$,放大倍数增大,为正反馈。

若$|1+AF|=0$,则$|AF|\to\infty$,放大器此时不需要输入就有输出,电路变为自激振荡器。

若$|1+AF|\geqslant1$,则放大器称为深度负反馈放大器,此时反馈放大器闭环放大倍数表达式可简化为:

$$A_F=\frac{A}{1+AF}\approx\frac{A}{AF}=\frac{1}{F}$$

由此可见,在深度负反馈条件下,闭环放大倍数 A_F 几乎与放大网络的开环放大倍数无关,而主要取决于反馈网络的反馈系数 F。实际的反馈网络通常由电阻和电容等元件组成,基本不受温度等因素的影响。

2) 负反馈对放大器性能的影响

引入负反馈虽然放大倍数降低了,但是,这个代价换取的是对电路性能的改善。

(1) 使输出电压稳定

电流负反馈能使输出电流更稳定,电压负反馈能使输出电压更稳定。衡量放大器放大倍数的稳定程度,常采用有无反馈时放大器放大倍数的相对变化量。而放大倍数的相对变化量是开环时的 $1/(1+AF)$倍,所以电路的工作状态更稳定。

(2) 减小非线性失真

引入负反馈可以减小非线性失真,例如,由于三极管输入特性曲线的非线性,可能会使波形出现正半周大、负半周小的现象,引入负反馈后,反馈信号也是正半周大、负半周小,它与原输入信号相减后得到的净输入信号的波形却变成正半周小、负半周大,这样就把输出信号的正半周压缩、负半周扩大,从而减小了非线性失真,改善了输出波形。

(3) 展宽通频带

引入负反馈,放大器的上限频率提高了$(1+AF)$倍,由于 $f_H\gg f_L$,所以无负反馈时带宽为 $f_{BW}=f_H$。引入负反馈后,带宽为:

$$f_{BWF}=f_{HF}\approx(1+AF)f_H$$

反馈越深,展宽频带越宽,放大倍数下降就越多。

3) 负反馈对放大器输入电阻和输出电阻的影响

(1) 串、并联负反馈对输入电阻 R_i 的影响串联负反馈使输入电阻增大。引入串联负反馈后，输入电阻为：$R_{iF}=(1+AF)R_i$。

并联负反馈使输入电阻减小。引入并联负反馈后，输入电阻为：$R_{iF}=R_i/(1+AF)$。

(2) 电压负反馈对输出电阻 R_o 的影响

引入电压负反馈，放大电路的输出电阻减小为无反馈时的 $1/(1+AF)$，放大电路的输出电阻越小，当负载 R_L 变化时，输出电压越稳定。

(3) 电流负反馈对输出电阻 R_o 的影响

引入电流负反馈，放大电路的输出电阻增大到无反馈时的 $(1+AF)$ 倍，放大电路的输出电阻越大，当负载 R_L 变化时，输出电流越稳定。

6.1.3 设计内容和要求

1) 设计参考电路

根据设计要求，可以采用两级电压串联负反馈放大，典型设计参考电路如图 6.1.2 所示，该电路的反馈网络由 R_F 和 R_{E1} 组成。

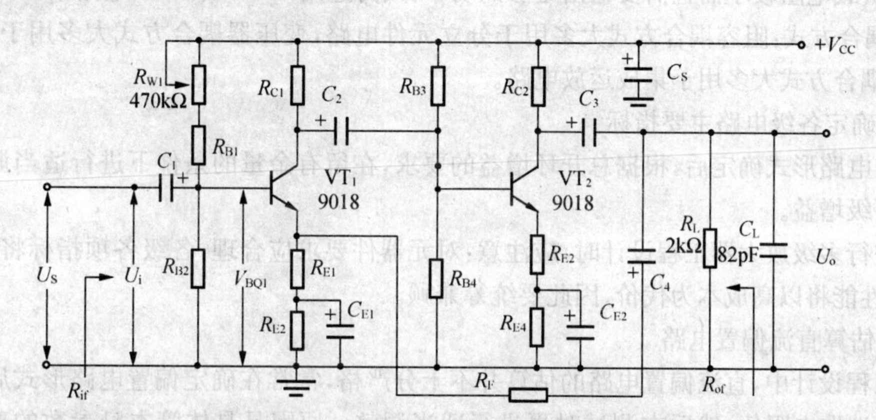

图 6.1.2 串联电压负反馈放大器设计参考电路

2) 设计内容

(1) 画出设计电路原理图，计算出电路中各元件参数并取成标称值。三极管选小功率高频管；电容的选择主要考虑频率特性；各电阻参数的计算过程参见理论教材。

(2) 拟定测试内容、步骤和记录表格，确定测量仪器。

(3) 根据开环增益 $A_u \geqslant 300$、闭环增益 $A_{uf} \geqslant 30$、反馈深度为 10，确定反馈电阻 R_F。亦即，根据

$$A_u = A_{uf}(1+A_uF) = A_{uf}\times 10 = 300$$

$$1+A_uF=10$$

$$F=\frac{R_{E1}}{R_{E1}+R_F}=\frac{10-1}{A_u}=\frac{9}{300}$$

可确定R_{E1}、R_F

$$R_F \gg R_{E1}$$

3) 设计方法

(1) 根据设计要求确定设计方案

要求设计人员熟悉常见负反馈放大器的种类、适用场合、级间耦合方式及优缺点,根据设计指标确定电路形式、反馈方式和反馈深度。

(2) 确定电路

① 放大器电路级数:根据无反馈时的放大倍数确定,为避免电路自激,极少采用4级以上。在实际电路中,由于分布参数、寄生电容、耦合电容的影响,很难保证电路中引入的必定是负反馈,一般只能做到在一定的频率范围内是负反馈,因此,除采取特殊措施外,一般负反馈的深度不宜过深,否则容易使放大器自激,破坏放大器的正常工作。

② 输入级采用的电路形式:主要取决于信号源,信号源内阻大,则输入级应具有较高的输入电阻。大多采用射随器或结型场效应管放大器作为输入级。

③ 中间级:是决定多级放大器增益的主要部分,应尽可能获得高增益,宜采用共射电路。

④ 输出级:主要取决于负载的要求,若负载电阻较大,而且主要是输出电压,可选共射电路,若负载电阻较小而且需要输出足够的功率,则可选用OTL或OCL电路。

⑤ 耦合方式:阻容耦合方式大多用于分立元件电路,变压器耦合方式大多用于功放电路,直接耦合方式大多用于集成运放电路。

(3) 确定各级电路主要指标

各级电路形式确定后,根据总开环增益的要求,在留有余量的条件下进行适当调整,就可确定各级增益。

在进行多级放大器工程设计时,应注意:对元器件要求应合理,各级各项指标将会互相制约,高性能将以高成本为代价,因此要统筹兼顾。

(4) 估算直流偏置电路

在工程设计中,直流偏置电路的估算并不十分严格,常常在确定偏置电路形式后,凭经验粗略地选取电阻值,然后在测试时再进行适当调整。原因是晶体管本身参数的离散性,即使计算很精确,但在实际电路组装后,仍须进行调整,才能使工作点电流近似达到设计值,所以没有必要进行精确计算。

在小信号放大器中一般可按以下方式选择元件参数:

$$\frac{U_{Lm}}{R_C//R_L} \leqslant I_{CQ} \leqslant \frac{(V_{CC}-U_{Lm})}{R_C}$$

$$I_{CQ}R_E \approx (0.05\sim0.2)V_{CC}$$

$$R_{B2} \approx (3\sim10)r_i$$

$$R_{B1} \approx (5\sim10)R_{B2}$$

$$R_C \approx (0.2\sim2)R_L$$

式中:U_{Lm}为最大不失真输出电压;r_i 为共射放大器输入电阻,$r_i \approx 1\text{k}\Omega$;$R_E$ 为几百欧～几千欧;$R_{B2} \approx 5\ \text{k}\Omega \sim 10\ \text{k}\Omega$;$R_{B1} \approx 20\ \text{k}\Omega \sim 100\ \text{k}\Omega$。

(5) 估算耦合电容、旁路电容

根据频率响应要求,确定耦合电容和旁路电容。由从图6.1.2可见,阻容耦合放大器的下限截止频率 f_L 主要决定于耦合电容 C_1、C_2、C_3 及旁路电容 C_{E1}、C_{E2}、C_S 的大小,上限截止频率 f_H 主要决定于三极管的特征频率 f_T 和负载电容 C_L 的大小,也与三极管的结电容和电路中的杂散电容有关。

$$C_E > \frac{10}{2\pi f_L R_E}$$

$$C_1 > \frac{10}{2\pi f_L r_i}$$

$$C_3 > \frac{10}{2\pi f_L R_L}$$

$$C_S > \frac{10}{2\pi f_L R_L // R_C}$$

4) 电路安装与调试

(1) 静态工作点的测量与调整

在实验板上连接好所设计的电路,要求电路布局合理、美观,导线连接横平、竖直;用万用表检测电路连接是否正确;检查无误后,接通电源。

静态测量时,令输入和输出为0,用万用表直流电压挡检测并调整各三极管的静态工作电压。

(2) 动态指标的测量与调整

连接测量仪器进行动态测试。输入信号由低频信号发生器提供,频率应调在中频区的某个点;用示波器观察每一级放大器的输出波形,并测量各级动态技术指标。测试内容自定。

(3) 测量误差分析

在实验中,往往实际测量值与理论值有较大误差,因此要学会误差分析,找出原因,进行调整改进。

通常产生误差的原因有:仪器仪表自身误差、实验人员读数误差、元器件参数误差、工程近似计算误差等。

6.1.4 思考题

(1) 负反馈放大电路的反馈深度$(1+AF)$决定了电路性能的改善程度,但反馈深度是否越大越好?为什么?

(2) 负反馈为什么能改善放大电路的波形失真?

(3) 若将实验电路中反馈网络的取样点由第1级发射极与第2级发射极相接,将出现什么现象?为什么?

(4) 已知负反馈放大器的开环增益A为10^5,若要获得100倍的闭环增益,其反馈系数应取多大?

6.2 方波-三角波发生器电路设计

6.2.1 设计任务和目的

1) 设计任务

设计一个方波-三角波发生器,性能指标如下:

(1) 频率范围:500 Hz～10 kHz;

(2) 输出电压 U_{PP}:方波≤10V,三角波≈6V;

(3) 波形特性:t_r≤100μs,三角波非线性失真系数≤20%。

2) 设计目的

(1) 掌握方波-三角波发生器的主要性能和特点;

(2) 学会方波-三角波发生器的设计方法;

(3) 掌握方波-三角波发生器的基本调试方法和参数测量方法。

6.2.2 设计原理

实现方波-三角波的电路方案有很多种,最常用的一种产生方波-三角波发生器的设计方法其电路框图如图 6.2.1 所示。

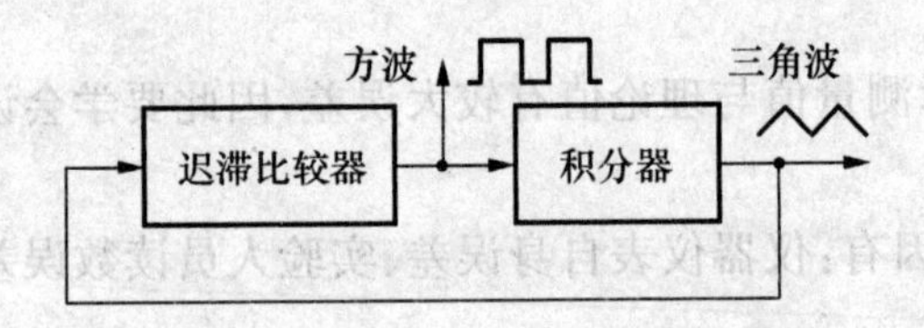

图 6.2.1　方波-三角波发生器构成框图

该振荡电路由积分器与迟滞比较器和反馈网络(含有电容元件)构成,其中迟滞比较器产生的方波通过积分电路变成三角波,电容的充放电时间决定三角波的频率。

6.2.3 设计内容和要求

1) 设计参考电路

设计参考电路如图 6.2.2(a)所示。

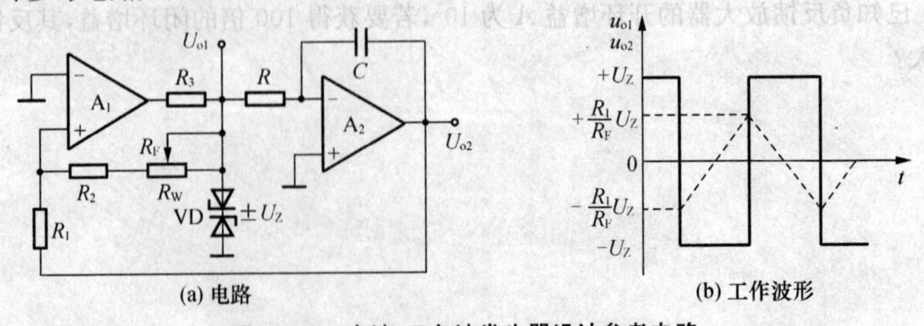

图 6.2.2　方波-三角波发生器设计参考电路

2）设计内容

(1) 根据电路的设计指标选择电路形式

设计参考电路是一个迟滞比较器和积分器构成的方波-三角波发生器电路。图中运放 A_1 接成同相输入迟滞电压比较器形式，输出方波；运放 A_2 为积分器，输出三角波，振荡频率和幅度可以方便地调节。在第 2 级输入信号不变的情况下，积分电容 C 是恒流充（放）电。图中 2 级电路联成正反馈，两者首尾相连构成一个闭环，使整个电路自激振荡。电路的工作波形如图 6.2.2(b)所示。

输出方波的幅度由稳压管 VD 确定，被限制在稳压值 $\pm U_Z$ 之间。

三角波的幅度为：

$$U_{om}=-\frac{R_{W2}}{R_2}U_Z$$

方波-三角波振荡频率为：

$$f_o=\frac{R_2}{4R_{W1}R_{W2}C}$$

(2) 确定电路元器件参数

① 选择稳压管 VD

稳压管的作用是限制和确定方波的幅值；此外，方波振幅的对称性也与稳压管的性能有关。所以，为了保证输出方波的对称性和稳定性，一般应选用高精度双稳压二极管（如 2DW7）；R_1 是稳压管的限流电阻，其值由所选用的稳压管参数决定。

② 确定电阻 R_2 和 R_{W2}

R_2 和 R_{W2} 的作用是提供一个随输出电压变化的基准电压，决定三角波的幅值，调整 R_{W2} 的数值可改变三角波的幅值。它们的取值可根据公式确定，一般取 $R_2=20\ \text{k}\Omega$，$R_{W2}=47\ \text{k}\Omega$。

③ 确定 R_{W1} 和电容 C

R_{W1} 和 C 的值可根据三角波的振荡频率 f_0 确定。当 R_2 和 R_{W2} 的值确定后，可先选定电容 C 的值，再由公式确定 R_{W1} 的值。一般为减小积分漂移，应尽量将 C 值取大一些，但 C 值越大，漏电也越大。因此，一般积分电容 C 的取值最好不超过 1μF。

④ 选择集成运放

在方波-三角波发生器电路中，集成运放的选择应考虑其转换速率是否满足方波频率的要求，若方波的频率较高，则应选择高速集成运放。

3）电路安装与调试

(1) 安装并调试所设计的方波-三角波发生器电路，使其正常工作。

(2) 用示波器测量方波的幅值和频率，测量三角波的频率、幅值及调节范围，检验电路是否满足设计指标。在调整三角波幅值时，注意波形有什么变化，并简单说明变化原因。

调试方波-三角波发生器的目的就是使电路输出信号的电压幅度和振荡频率均达到设计要求。因此，调试可分 2 步进行。如振荡频率不符合要求，可相应改变电路参数；若三角波幅值未达到设计指标，可相应改变分压系数，调整 R_{W2} 与 R_2 的比值，使之达到设计要求。应注意，有时要相互兼顾、反复调整多次后才能达到设计指标要求。

6.2.4 思考题

(1) 三角波的输出幅度是否可以超过方波的幅度？如果正负电源电压不等，输出波形如何？通过实验证明。

(2) 如果使方波的幅度减小为低于电源电压的某一固定电压值，比较器的输出电路应如何变化？画出设计电路图，并通过实验验证。

(3) 如何将方波-三角波发生器电路改变成矩形波-锯齿波发生器？画出设计电路，并进行实验验证。

6.3 有源低通滤波器电路设计

6.3.1 设计任务和目的

1) 设计任务

设计一个有源二阶低通滤波器，性能指标如下：

(1) 截止频率 f_H:5 kHz;

(2) 通带增益 A_{uP}:1;

(3) 品质因数 Q:0.707。

2) 设计目的

通过设计型实验，进一步学习有源滤波器的设计应用方法，体会调试方法在电路设计中的重要性，了解品质因数对滤波器特性的影响。

6.3.2 设计原理

1) 有源滤波器基本原理

有源滤波器是由运算放大器和阻容元件组成的一种选频网络，用于传输有用频段的信号，抑制或衰减无用信号。滤波器的阶数越高，其性能就越逼近理想滤波器特性。高阶滤波器可以由若干个一阶或二阶滤波电路级联组成，因此，一阶、二阶滤波器的设计可作为滤波器的设计基础。

滤波器的设计任务是：根据所要求的指标，确定电路形式，列出电路传递函数，计算和选择电路中各元件的参数，通过实验测试和调整电路参数，达到设计指标要求。

实际设计和分析常常是通过计算和实验交叉进行，也可以借助计算机辅助设计完成。

2) 有源滤波器电路分析

二阶有源低通滤波器具有元件少、增益稳定、频率范围宽等优点。电路中 C_1、C_2、R_1、R_2 构成反馈网络。运算放大器接成电压跟随器的形式，在通带内增益为 1。

可以证明，二阶低通滤波器的传递函数由下式决定：

$$A_u(s)=\frac{A_{uP}}{1+\frac{1}{Q}\frac{s}{\omega_0}+\left(\frac{s}{\omega_0}\right)^2} \tag{6.3.1}$$

式中：A_{uP}为通带增益，表示滤波器在通带内的放大能力；ω_0 为中心角频率，表示滤波器的通带与阻带的分界频率；Q 为品质因数，是一个选择因子，其值的大小决定幅频特性曲线的形状。

将 $s=\mathrm{j}\omega$、$A_{uP}=1$ 代入式(6.3.1)，整理后得到：

$$A_u(\mathrm{j}\omega)=\frac{1}{\left(1-\frac{\omega^2}{\omega_0^2}\right)+\mathrm{j}\frac{\omega}{Q\omega_0}} \tag{6.3.2}$$

由式(6.3.2)可得到滤波器幅频特性的表达式为：

$$|A_u|=\frac{1}{\sqrt{\left(1-\frac{\omega^2}{\omega_0^2}\right)^2+\left(\frac{\omega}{\omega_0 Q}\right)^2}} \tag{6.3.3}$$

相频特性的表达式为：

$$\varphi(\omega)=-\arctan\frac{\frac{\omega}{Q\omega_0}}{1-\frac{\omega^2}{\omega_0^2}} \tag{6.3.4}$$

由幅频特性表达式可知，在阻带内幅频特性曲线以－40dB/十倍频程的斜率衰减。当$\omega=\omega_0$ 时，$A_u(\omega_0)=Q$。

由此可见，保持 ω_0 不变，改变 Q 值将影响滤波器在截止频率附近幅频特性的形状。$Q=1/\sqrt{2}$时，特性曲线最平坦，此时$|A_u(\omega_0)|=0.707A_{uP}$。

如果 $Q>1/\sqrt{2}$，则使频率特性曲线在截止频率处产生凸峰，此时幅频特性下降到$0.707A_{uP}$处的频率就大于 f_C；如果 $Q<1/\sqrt{2}$，则幅频特性下降到 $0.707A_{uP}$处的频率就小于 f_C。上述分析说明：二阶低通滤波器的各项性能指标主要由 Q 和 ω_0 决定。

可以证明，图 6.3.1 所示电路的 Q 和 ω_0 值分别由下式确定：

$$\omega_0=\frac{1}{\sqrt{R_1R_2C_1C_2}} \tag{6.3.5}$$

$$\frac{1}{Q}=\sqrt{\frac{C_2R_2}{C_1R_1}}+\sqrt{\frac{C_2R_1}{C_1R_2}} \tag{6.3.6}$$

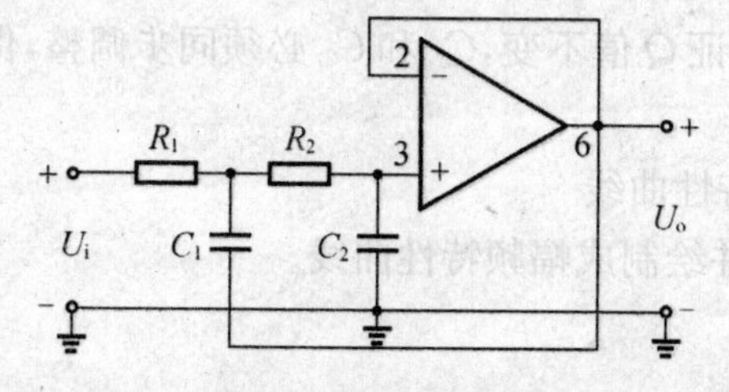

图 6.3.1　二阶有源低通滤波器设计参考电路

若取 $R_1=R_2=R$，则 Q 和 ω_0 为：

$$\omega_0=\frac{1}{R\sqrt{C_1C_2}} \tag{6.3.7}$$

$$\frac{1}{Q}=2\sqrt{\frac{C_2}{C_1}} \tag{6.3.8}$$

6.3.3 设计内容和要求

1) 设计参考电路

二阶有源低通滤波器设计参考电路如图 6.3.1 所示。

2) 设计内容

(1) 写出设计报告,包括设计原理、设计电路和元器件参数。

(2) 组装和调试设计电路,检验该电路是否满足设计指标。若不满足,应调整电路参数值,使其满足设计指标要求。

(3) 测量电路的幅频特性曲线,研究品质因数对滤波器特性的影响。

3) 设计方法

(1) 选择电路。原则是力求结构简单、调整方便、容易满足指标要求。

(2) 根据已知条件确定电路元件参数,例如,已知截止频率 f_0,先确定 R 值,然后根据已知条件由式(6.3.7)和式(6.3.8)求出 C_1 和 C_2 为:

$$C_1=\frac{2Q}{\omega_0 R}$$

$$C_2=\frac{1}{2Q\omega_0 R}$$

4) 电路安装与调试

(1) 定性检查电路是否具备低通特性

组装电路,接通电源,输入端接地,调零,消振。在输入端加入固定幅度的正弦信号电压,改变信号的频率,在输出端用示波器或毫伏表粗略观察输出信号 U_o 的变化,检验电路是否具备低通特性。若不具备,应排除电路存在的故障;若已具备低通特性,可继续调试其他指标。

(2) 调整特征频率

在特征频率附近调节信号频率,使输出电压 $U_o=0.707U_i$;当 $U_o=0.707U_i$ 时,若频率低于 f_0,应适当减小 R_1 和 R_2;反之,则可在 C_1、C_2 上并接小容量电容,或在 R_1、R_2 上串接低阻值电阻。注意,若要保证 Q 值不变,C_1 和 C_2 必须同步调整,保证比值不变,直至达到设计指标为止。

(3) 测试并绘制幅频特性曲线

测试、计算幅频特性,并绘制成幅频特性曲线。

6.3.4 思考题

(1) 某学生在调试图 6.3.1 所示电路时,输入频率为 1 kHz 的信号,发现输出电压远低于输入电压,认为电路存在故障,此结论是否正确?

(2) 怎样用简便方法判别滤波器电路属于哪种类型(低通、高通、带通、带阻)?

(3) 高通滤波器的幅频特性为什么在工作频率很高时其电压增益会随频率升高而下降?

6.4 OTL功率放大器电路设计

6.4.1 设计任务和目的

1) 设计任务

设计一个集成功率放大器,性能指标如下:

(1) 负载电阻 R_L:8 Ω;

(2) 电源电压 V_{CC}:+12 V;

(3) 最大不失真输出功率 P_{omax}:1 W;

(4) 通频带:f_L=100 Hz,f_H=20 kHz;

(5) 电路的电压增益 $A_u \geqslant 40$($U_i \leqslant 160$ mV)。

2) 设计目的

在模拟电子电路中,功率放大器的作用是给音响放大器的负载 R_L(扬声器)提供一定的输出功率。功率放大器的常见电路形式有:单电源供电的OTL电路、正负双电源供电的OCL电路、集成运放和晶体管组成的功率放大器以及由专用集成功放芯片构成的功率放大器电路。

通过设计一个功率放大器,可以熟练掌握集成功率放大器外围电路元件参数的选择、电路的调整、指标的测试方法以及功率放大器电路的特点和使用方法。

6.4.2 设计原理

1) 设计方案

根据设计指标,要达到最大不失真输出功率,可以选择两种方案来实现:一种是采用分立元件组成的OTL(或OCL)功率放大器;另一种是采用集成功率放大器。

当前,集成功率放大器的制作工艺已有提高,电路结构简单,工作性能稳定,对实际设计者来说无疑是一种优选方案。

由分立元件组成的功率放大器,要保证工作性能稳定,通常要采用三级放大,即前置级、推动级、功率输出级。因此,元器件多,电路复杂,电路设计和调试难度大。但是,为了培养学生动手能力,通过分立元器件电路的设计和装调使学生亲自动手,能更有效地提高学生解决实际问题的能力。

2) OTL功率放大器电路的基本特点

图6.4.1为OTL功率放大器设计参考电路。图中 VT_1 为前置放大兼电压放大,VT_2、VT_3 是一对参数对称的NPN和PNP三极管,它们组成互补推挽OTL功率放大电路的输出级。由于每一个三极管都接成射极输出器形式,因此输出电阻低,带负载能力强,能够向负载提供足够大的功率,以便推动负载。因此,功率放大电路的主要任务是放大信号的功率。

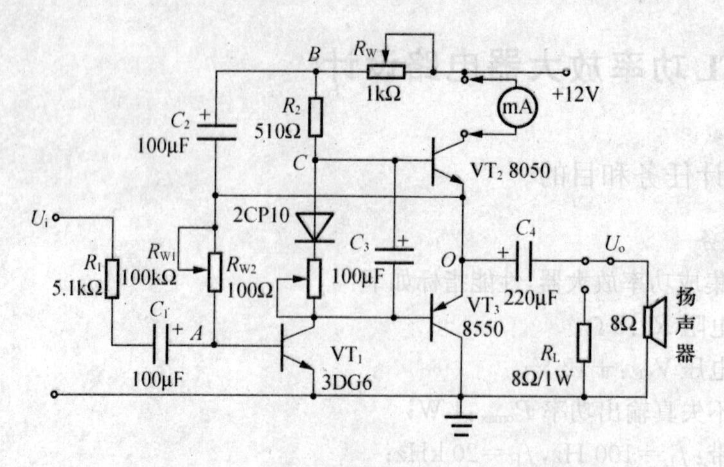

图 6.4.1　OTL 功率放大器设计参考电路

VT_1 工作在甲类工作状态，电位器 R_{W1} 调节 VT_1 的静态工作点，I_{C1} 流过二极管及电位器 R_{W2}，预先给 VT_2、VT_3 提供一定偏压，通过调节 R_{W2}，使 VT_2、VT_3 得到合适的静态电流而工作在甲乙类工作状态，以克服交越失真。

静态时，要求调节 R_{W1} 使得输出端 O 点的电位 $V_o = V_{CC}/2$。当 U_i 为负半周时，VT_3 导通，VT_2 截止，C_4 充电；当 U_i 为正半周时，VT_2 导通，VT_3 截止，此时已充好电的电容器 C_4 起着电源的作用，通过负载 R_L 放电，因此在 R_L 上就得到完整的正弦波。

C_2 和 R_{W2} 构成自举电路，用于提高输出电压正半周的幅度，以得到大的动态范围。

6.4.3　设计内容和要求

根据设计任务要求，采用分立元器件组成 OTL 功率放大器电路。

1) *设计参考电路*

OTL 功率放大器设计参考电路如图 6.4.1 所示。

2) *指标要求*

功率放大电路的主要性能指标如下：

(1) 最大不失真输出功率 P_{omax}

理想情况下，$P_{omax} = V_{CC}^2/(8R_L)$，在实验中可通过测量 R_L 上的电压有效值 U，来求得实际的最大不失真输出功率，$P_{omax} = U^2/R_L$。

(2) 效率 η

$$\eta = \frac{P_{omax}}{P_E} \times 100\%$$

式中：P_E 为直流电源供给的平均功率。

理想情况下，功率放大器的最大效率 $\eta_{max} = 78.5\%$，在实验中可测量电源供给的平均电流 I_{DC}，从而求得直流电源供给的平均功率 $P_E = V_{CC} I_{DC}$，因而可计算出实际效率。

(3) 输入灵敏度

输入灵敏度是指输出最大不失真功率时输入信号 U_i 的值。

功率放大电路和电压放大电路所完成的任务不同，所以对功率放大电路的要求也不一样，具体来说，当负载一定时，对功率放大器有以下要求：

(1) 输出功率尽可能大；

(2) 效率尽可能高；

(3) 非线性失真尽可能小；

(4) 管耗尽可能小。

3) 设计方法

功率放大电路设计方法主要依据设计任务和性能指标而定。

(1) 由额定输出功率 P_o、负载电阻 R_L 确定电源电压 V_{CC}

电源电压的高低决定输出电压的大小，而输出电压的大小又是由输出功率来决定的。所以，在给定输出功率和负载电阻的条件下可以求出电源电压 V_{CC}，即

$$P_o=\frac{1}{2}V_{om}I_{om}=\frac{U_{om}^2}{2R_L}$$

$$U_{om}=\sqrt{2P_oR_L}=\sqrt{2\times1\ \mathrm{W}\times8\ \Omega}\approx4\ \mathrm{V}$$

有效值为：

$$U_o=U_{om}/\sqrt{2}=\sqrt{P_oR_L}\approx3\ \mathrm{V}$$

应选为：

$$V_{CC}\geqslant2U_{om}=8\ \mathrm{V}$$

由于 OTL 功率放大器的额定输出功率比最大输出功率低，即 $P_{omax}>P_o$，因此，最大输出电压振幅值比额定输出电压振幅值要大，即 $U_{omax}>U_{om}$。而在输出电压为最大值时，VT_2 或 VT_3 接近饱和，考虑到功率管的饱和压降，为留有一定的功率余量，电源电压可选大一些，即 $V_{CC}=12$ V。

(2) 估算功率输出级电路

① 选择复合管中的输出功率管 VT_2 和 VT_3

选择功率管要考虑 3 个极限参数：基极开路、C、E 间最大反向击穿电压 U_{CEO}；集电极最大允许电流 I_{Cm}；集电极最大允许耗散功率 P_{Cm}。

可根据指标给定的 P_o、R_L、V_{CC}来求功率管的 U_{CEO}、I_{Cm} 和 P_{Cm}，并且可设其饱和压降为 0。求出这些最大值后，再查表(或手册)选择合适的功率管。

例如：因为 $V_{CC}=12$ V，则 $U_{CEO}>V_{CC}=12$ V；

$$I_{Cm}\approx\frac{V_{CC}}{2R_L}=\frac{12\ \mathrm{V}}{16\ \Omega}=0.75\ \mathrm{A}$$

单管最大集电极耗散功率为：

$$P_{omax}=\frac{1}{2}I_{Cm}^2R_L\approx\frac{V_{CC}^2}{8R_L}=\frac{(12\ \mathrm{V})^2}{8\times8\ \Omega}=2.25\ \mathrm{W}$$

VT_2 和 VT_3 在推挽工作时，单管的最大集电极功耗为：

$$P_{C1max}=P_{C2max}=0.2P_{omax}=0.45\ \mathrm{W}$$

互补对称电路要求 2 个输出管参数对称。该电路工作在甲乙状态时，静态集电极电流一般为几十毫安。设 VT_2 和 VT_3 的静态集电极电流为 20 mA，可知：电流 I_{C2} 和 I_{C3} 的变化范围为 20 mA～0.75 A。

通过查晶体管手册,可知8050(NPN管)和8550(PNP管)的参数为:$U_{CEO}=25\ V$;$I_{Cm}=1.5\ A$;$I_{Cm}=1\ W$。

② 求VT_2、VT_3基极C、D两点之间的偏置电路

VT_2、VT_3基极C、D两点之间VD_1可选IN4007,其正向导通管压降为0.7 V,R_{W3}上压降应为0.7 V,设VT_1静态集电极电流为3 mA,则R_{W3}的阻值为:

$$R_{W3}=\frac{0.7\ V}{3\ mA}\approx 230\ \Omega$$

可选R_{W3}为1 kΩ电位器进行调节。

(3) 计算VT_1工作状态及偏置电路

① 确定VT_1静态集电极电流

VT_1接成共射电路,工作于甲类放大状态。为保证VT_2、VT_3有足够的推动电流,要求:$I_{CQ1}\gg I_{B2}$,一般可取$I_{CQ1}=2\sim10\ mA$,这里取$I_{CQ1}=3.5\ mA$。VT_1可选3DG系列高频小功率管,设其$h_{FE1}=60$,则

$$I_{BQ1}=\frac{I_{CQ1}}{h_{FE1}}=\frac{3\ mA}{60}=0.05\ mA$$

② 确定R_{W2}和R_3

R_{W2}和C_2组成自举电路,而$R_{W2}+R_3$是VT_1的集电极负载电阻,忽略流过VT_2和VT_3的基极电流,则VT_1的静态集电极电流全部流过$R_{W2}+R_3$,则有:

$$R_{W2}+R_3=\frac{V_{CC}-U_o-U_{BEQ2}}{I_{CQ1}}=\frac{12\ V-6\ V-0.7\ V}{3.5\ mA}=1.5\ k\Omega$$

可取$R_3=510\ \Omega$,$R_{W2}=1\ k\Omega$。

③ 确定R_{W1}和R_2

$R_{W1}+R_2$是VT_1的上偏置电阻,流过的电流$I_{RW1}\geqslant(5\sim10)I_{BQ1}$,取

$$I_{RW1}=10I_{BQ1}=10\times0.05\ mA=0.5\ mA$$

忽略I_{BQ1},则

$$R_{W1}+R_2=\frac{U_o-0.7\ V}{0.5\ mA}=\frac{6\ V-0.7\ V}{0.5\ mA}\approx 11\ k\Omega$$

实际可取$R_2=2.4\ k\Omega$,$R_{W1}=100\ k\Omega$。

(4) 选择电容器的容量及耐压

① 选择耦合电容C_1和C_4

根据频率响应的要求确定C_1和C_2的值。下限频率f_L主要取决于耦合电容和旁路电容;上限频率f_H主要决定于三极管的特征频率f_T和负载电容C_L,也与三极管的结电容和电路中的杂散电容有关。

C_1和C_4一般可按下式选择:

$$C_1>\frac{10}{2\pi f_L r_i}$$

$$C_2>\frac{10}{2\pi f_L R_L}$$

式中:r_i为共射电路的输入电阻,约为1 kΩ。

② 选择自举电容C_2

$$C_2 > \frac{10}{2\pi f_L R_{W2}}$$

4）电路安装与调试

（1）安装

可采用印制电路板、铆钉板焊接或采用面包板插装的形式组装实验电路。元器件需经筛选后再插装和焊接，所有元器件必须完好，位置必须正确。为保证焊接质量，元器件外引线脚需先进行镀锡处理，要确保无虚焊和错焊。

（2）调试

① 检查电路

检查电路元器件数值和位置是否正确，电解电容器极性是否正确，各连线通断与否可用万用表检查。

② 检查电源电压

用万用表直流电压挡测量和调节电源电压，使其达到设计要求的数值。

③ 测量各级静态工作点

调节 R_{W1} 使 O 点电位 $U_o = V_{CC}/2$，R_2 为保护电阻，以免 R_{W1} 为 0 时 VT_1 基极电流太大而烧毁 VT_1。

调节 R_{W3} 使电路的静态电流满足要求，亦即使静态 C、D 两点间的电位 $U_{CD} \approx 2.1$ V，使输出级互补管静态处于微导通状态。在调 R_{W3} 的同时，要保证 O 点电位 $V_o = V_{CC}/2$ 不变（可再调 R_{W1} 使 U_o 保持不变）。

注意：由于 $VT_1 \sim VT_3$ 采用的是直接耦合方式，故以上两步调整是互相有影响的，一般这 2 步的调整应当反复进行，直到 V_o 和静态电流均达到指标值。

（3）静态测量

通过用万用表直流电压挡静态测量各三极管的 U_{BE} 和 U_{CE}，其大小应能反映三极管是否工作在放大区，三极管不应工作在饱和或截止状态。

（4）动态调试

① 调节输出级电流：输入频率为 1 kHz、幅度为 50 mV 的交流信号 u_i，调节 R_{W3} 使输出波形刚好不产生交越失真，再去掉输入信号，测量 VT_2 和 VT_3 的 I_C，应满足 $I_C \leqslant 20$ mA。

② 测量最大不失真输出功率 P_{omax}

输入频率为 1 kHz 的信号 u_i，逐渐加大其幅度使达到最大不失真，此时：

$$P_{omax} = \frac{1}{2} U_{om} I_{om} = \frac{U_{omax}^2}{2R_L} > 1 \text{ W}$$

③ 测量输入灵敏度

输入灵敏度为达到额定不失真输出功率时所需的输入电压值 u_i。据额定输出功率 $P_o = 1$ W，电压增益 $A_u \geqslant 40$，则可求得额定不失真输出功率时所需的输入电压。因为 $P_o = u_o^2 / R_L$，所以

$$u_o = \sqrt{P_o R_L} = 2.8 \text{ V}$$

$$u_i = \frac{u_o}{A_u} = 70 \text{ mV}$$

测量方法如下：输入仍接频率为 1 kHz 的信号 u_i，其幅度由小到大调节，直到接在输出

端的毫伏表读数为 $u_o=2.8$ V 时为止,测量此时的输入信号即为输入灵敏度,$u_i \leqslant 70$ mV,则满足设计指标要求。

④ 测量通频带和增益

测量通频带和增益是否满足设计指标要求。

(5) 调试注意事项

① 在 I_{C1} 一定时,R_{W3} 阻值越大,C、D 两点间的电位 U_{CD} 也越大,VT_2 和 VT_3 静态集电极电流也越大。如果 R_{W3} 开路,接通电源,将会烧坏复合管。

② 为防止功率管温度过高,在不产生明显失真的情况下,VT_2 和 VT_3 的静态电流应尽可能小,使电路接近乙类工作状态。因此,在输入信号后可用示波器观察输出波形,再重新调节 R_{W3},以交越失真刚好消除为好。

6.4.4　思考题

(1) 如何区分功率放大器的甲类、乙类、甲乙类三种工作状态,各有什么特点? 图 6.4.1 设计参考电路中的 VT_1、VT_2、VT_3 属于哪类工作状态?

(2) OTL 功率放大器与 OCL 功率放大器有什么区别?

(3) 已知功率放大器的额定输出功率,则所接扬声器的功率应小于还是大于功率放大器的额定功率? 各有什么影响?

(4) 通常功率放大器也有电压增益,功率放大器的电压放大倍数和电压放大器的电压放大倍数计算方法有无差别?

6.5　直流稳压电源电路设计

6.5.1　设计任务和目的

1) 设计任务

设计一个单路输出电压连续可调的直流稳压电源,性能指标如下:

(1) 输入电压:~200 V±20 V;

(2) 输出电压 U_o:+3 V~+9 V,连续可调;

(3) 最大输出电流 I_{omax}:800 mA;

(4) 输出纹波电压 ΔU_{OPP}:≤5 mA;

(5) 稳压系数 S_V:$\leqslant 3\times10^{-3}$。

2) 设计目的

通过设计一个单路输出且输出电压连续可调的直流稳压电源,使学生独立完成小功率稳压电源的电路设计、元器件选择、安装调整和指标测试。进一步加深对稳压电源工作原理、性能指标实际意义的理解,达到提高工程实践能力的目的。

6.5.2 设计原理

1) 直流稳压电源的组成

直流稳压电源一般由电源变压器、整流电路、滤波电路和稳压电路 4 部分组成。图6.5.1为直流稳压电源结构构成框图。

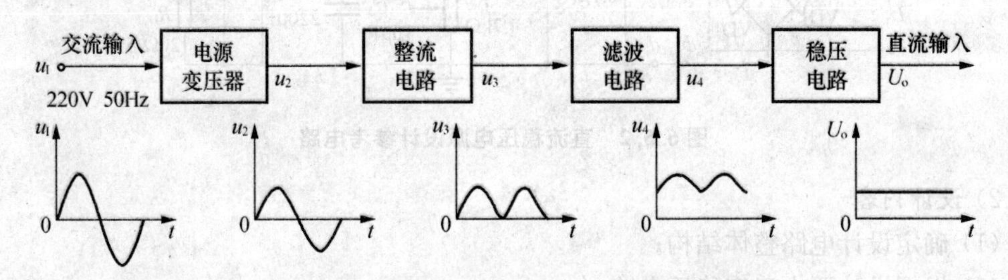

图 6.5.1 直流稳压电源结构构成框图

各部分构成电路的作用如下：

(1) 电源变压器：直流电源的输入为 220 V、50 Hz 交流市电，一般情况下，所需直流电压的数值与电网电压的有效值相差较大，因而需要通过电源变压器降压后，再对交流电压进行处理。变压器次级(副边)电压有效值取决于后面电路的需要。

(2) 整流电路：变压器次级电压通过整流电路由交流电压转换为脉动的直流电压。

(3) 滤波电路：为了减小电压的脉动，需要通过低通滤波电路滤波，使其输出电压平滑，即将脉动直流电压转换为平滑的直流电压。

(4) 稳压电路：清除电网波动及负载变化的影响，保持输出电压的稳定。

2) 直流稳压电源设计方案

通常可选用的直流稳压电源设计方案有以下五种：

(1) 硅稳压管并联式稳压电路

该方案对应的电路结构简单，易于实现，但输出电压值固定，不可调，且输出电流小，带负载能力差。

(2) 集成运放、三极管、稳压管构成的串联反馈式线性稳压电路

该方案输出电压可调，稳定性好，带负载能力强，缺点是电路较复杂。

(3) 三端可调式集成稳压器

该方案实质上是第二种设计方案稳压电路的集成化。

(4) 串联或并联型开关稳压电源

该方案的最大优点是电路的转换效率高，可达 75％～90％。

(5) 直流变换型电源

此设计方案通常应用于将不稳定的直流低压转换为稳定的直流高压。

6.5.3 设计内容和要求

根据设计任务要求，可采用第三种设计方案。

1)设计参考电路

直流稳压电源设计参考电路如图 6.5.2 所示。

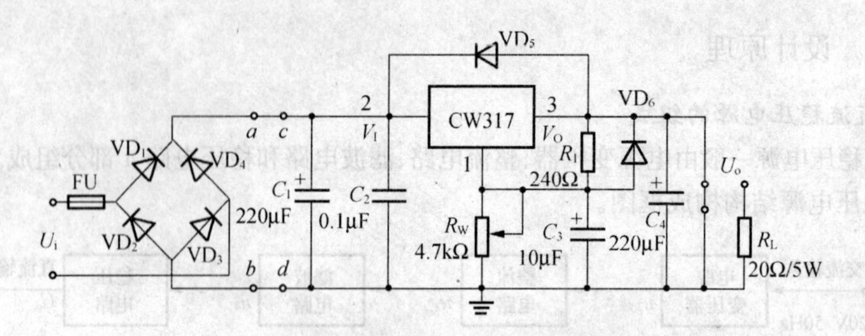

图 6.5.2　直流稳压电源设计参考电路

2) 设计内容

(1) 确定设计电路整体结构;

(2) 根据设计要求确定稳压电路;

(3) 选择电源变压器;

(4) 选择整流二极管和滤波电容。

3) 设计方法

(1) 根据参考电路确定设计电路的整体结构

整流滤波电路采用桥式全波整流、电容滤波电路;稳压电路部分选用三端可调式集成稳压器 CW317 来实现。

(2) 确定稳压电路的有关参数

① CW317 三端可调稳压器的输入与输出端电压差范围为 3～40 V,输入端电压高于输出端电压,即它的最小输入输出电压差为$(U_i-U_o)_{min}=3$ V,最大输入输出电压差为$(U_i-U_o)_{max}=40$ V,因此,CW317 稳压器输入端的电压取值范围根据设计要求应该为:

$$9\ V+3\ V\leqslant U_i\leqslant 3\ V+40\ V$$

② 泄放电阻 R_1 最大值计算公式为:

$$R_{1max}=\frac{1.25\ V}{5\ mA}=250\ \Omega$$

实际取值为标称值 240 Ω。

③ 输出电压对应值为:$U_o=(1+R_{W1}/R_1)\times 1.25$ V。调节电位器 R_{W1},即可完成输出电压大小的调节。由于设计要求为:3 V$\leqslant U_o\leqslant$9 V,所以 3 V$\leqslant(1+R_{W1}/240\ \Omega)\times 1.25$ V$\leqslant$9 V,即 R_{W1} 范围为:336 Ω$\leqslant R_{W1}\leqslant$1.49 kΩ,因此,$R_{W1}$ 可选 4.7 kΩ,最好选择精密金属膜电位器或精密线绕电位器。

④ 电容 C_4 的作用在于减小电位器两端的纹波电压,电容值为 10 μF;二极管 VD_5 和 VD_6 均是给电容器提供放电回路,对 CW317 稳压器起保护作用,可选型号为 1N4148。

(3) 确定电源变压器的有关参数

① 电源变压器的初级(原边)电压 u_i 为交流 220 V,次级(副边)电压 u_2 的选择要根据 CW317 输入端的电压 u_i 来确定,一般取 $u_2\geqslant u_{imin}/1.1$,根据设计要求:$u_2\geqslant 12\ V/1.1\approx 11$ V。

② 电源变压器的次级电流 i_2 应大于整个直流稳压电源最大输出电流 800 mA,所以 i_2

应选定为 1 A。

③ 电源变压器次级输出功率为：$P_2 \geqslant i_2 u_2 = 11$ W。若选定变压器的效率 $\eta = 0.7$，则变压器初级输入功率为：$P_1 \geqslant P_2/\eta = 1.57$ W，因此，电源变压器可选择功率为 20 W 的小型变压器。

(4) 确定整流二极管和滤波电容的参数

① 整流二极管承受的极限电压参数为：$V_{RM} \geqslant 1.1\sqrt{2}u_2 = 17$ V，因此，可选 1N4001 整流二极管，其 $U_{RM} \geqslant 50$ V，$I_f = 1$ A。

② 滤波电容值可由纹波电压和稳压系数的设计参数确定。根据 $U_o = 9$ V，$U_i = 12$ V，纹波电压 $\Delta U_{OPP} \leqslant 5$ mV，电压调整率 $S_V \leqslant 3 \times 10^{-3}$，以及稳压系数

$$S_r = \frac{\Delta U_o / U_o}{\Delta U_i / U_i}$$

可得 $\Delta U_i = 2.2$ V。滤波电容值近似求解表达式为：

$$C = \frac{I_{omax} t}{\Delta U_i}$$

式中：$t = T/2 = 0.01$ s。

因此，滤波电容的计算值为 3 636 μF，其耐压值应大于 $1.1\sqrt{2}u_2 = 17$ V。所以，电容滤波电路由 2 个 2 200 μF/25 V 电解电容器并联实现，即图 6.4.2 中的 C_1 和 C_2。

4) 电路安装与调试

(1) 为防止电路短路而损坏变压器等器件，应在电源变压器次级接入熔断器 FU(可用自恢复保险丝)，其熔断电流选定为 1 A。

(2) CW317 型三端可调稳压器要加适当大小的散热片。

(3) 连接和调试电路按稳压、整流滤波、变压器等电路的先后次序进行；

(4) 稳压电路部分主要测试 CW317 型三端可调集成稳压器是否正常工作，可在其输入端加大于 12 V、小于 43 V 的直流电压，调节电位器 R_{W1}，若输出电压随之变化，说明稳压电路工作正常。

(5) 整流滤波电路主要检查整流二极管是否接反，在接入整流二极管和电解电容器之前要注意对其进行优劣检测，电解电容器使用时要注意正负极性。

6.5.4 思考题

(1) 若对设计电路进行调试时发现输出电压纹波较大，可能原因是什么？

(2) 当负载电流超过额定值时，稳压电路的输出电压 U_o 会有什么变化？

(3) 调整管在什么情况下功耗最大？

(4) 简单叙述保护电路的工作原理。

参 考 文 献

1 罗杰,谢自美主编.电子线路设计.实验.测试.北京:电子工业出版社,2008

2 童诗白,华成英主编.模拟电子技术基础.第三版.北京:高等教育出版社,2000

3 谢嘉奎主编.电子线路(线性部分).第四版.北京:高等教育出版社,1999

4 陈大钦主编.模拟电子技术基础学习与解题指南.武汉:华中科技大出版社,2001